清水万由子 *Shimizu Mayuko*

「公害地域再生」とは何か

大阪・西淀川「あおぞら財団」の軌跡と未来

藤原書店

1　**淀川河口部の空**（1964 年）　煙の手前は大阪製鋼（のちの合同製鐵）と古河鉱業（当時）の工場。（本文 24 頁参照）

2　**西淀川患者会臨時総会で提訴を決議**（1977 年）　班会議と学習会を繰り返して提訴の意志を固めた患者と家族。（本文 64 頁参照）

3　**共感ひろば**（1990 年）　かわさきゆたか作詞・作曲「手渡したいのは青い空」を合唱する参加者。（本文 68 頁参照）

4　**公害地域再生シンポジウム**（1996 年）　専門家の討論。環境庁長官と大阪市長からのメッセージも読み上げられた。（本文 102 頁参照）

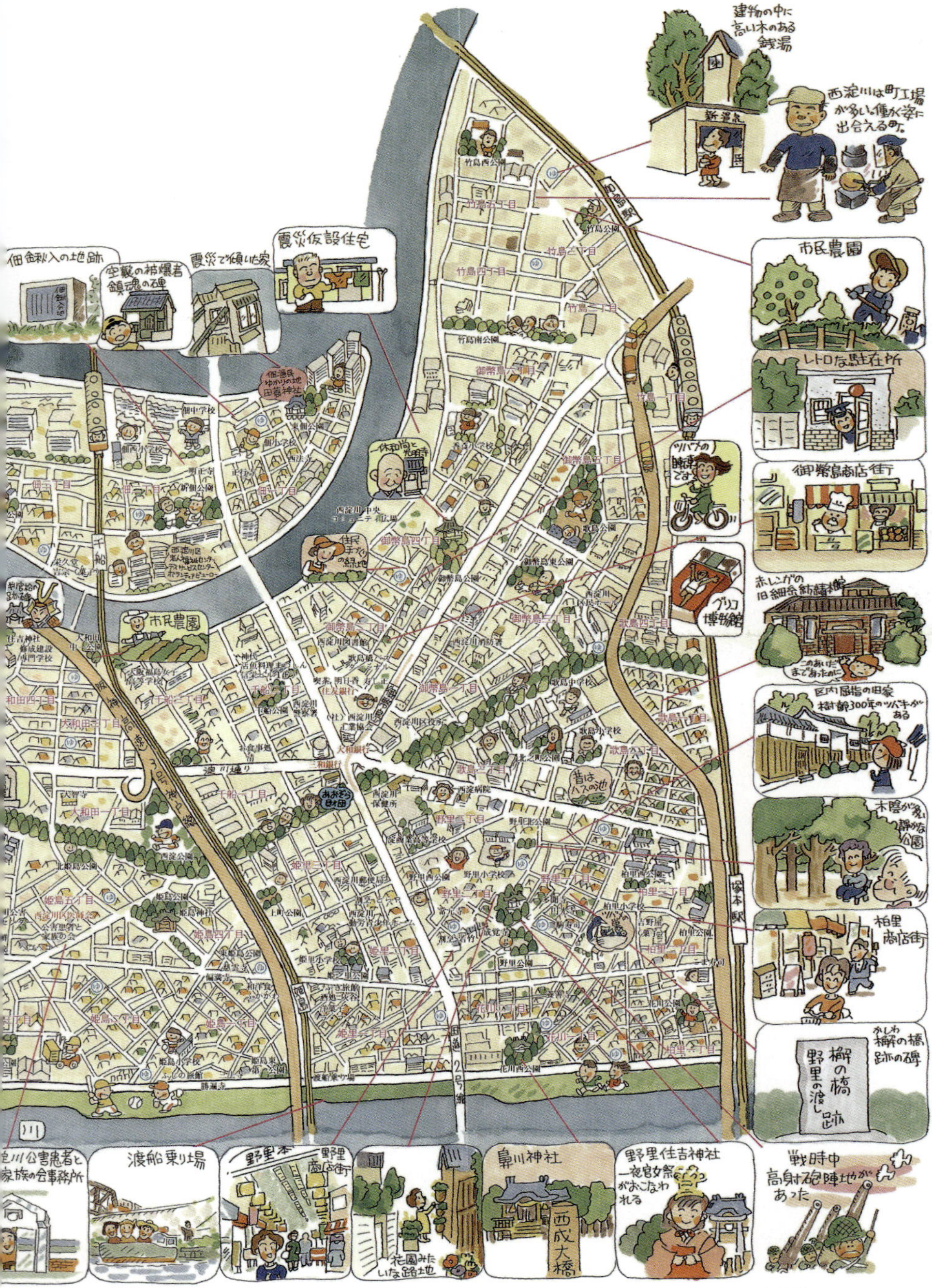

発見された地域資源やまちへの気づきが書きこまれている。（本文 128～129 頁参照）

西淀川のまちかどの様子、自然、風土、歴史、思い出、意見などを書き込んだマップ、第1弾です。まだまだ不十分なところがいっぱいありますので、みなさんの手でぜひ完成させて下さい。

5　西淀川フィールドミュージアム まちあるきマップ（画・高宮信一）　まちづくりたんけん隊で

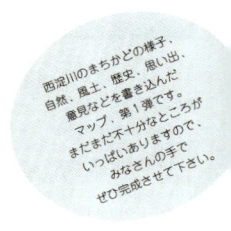

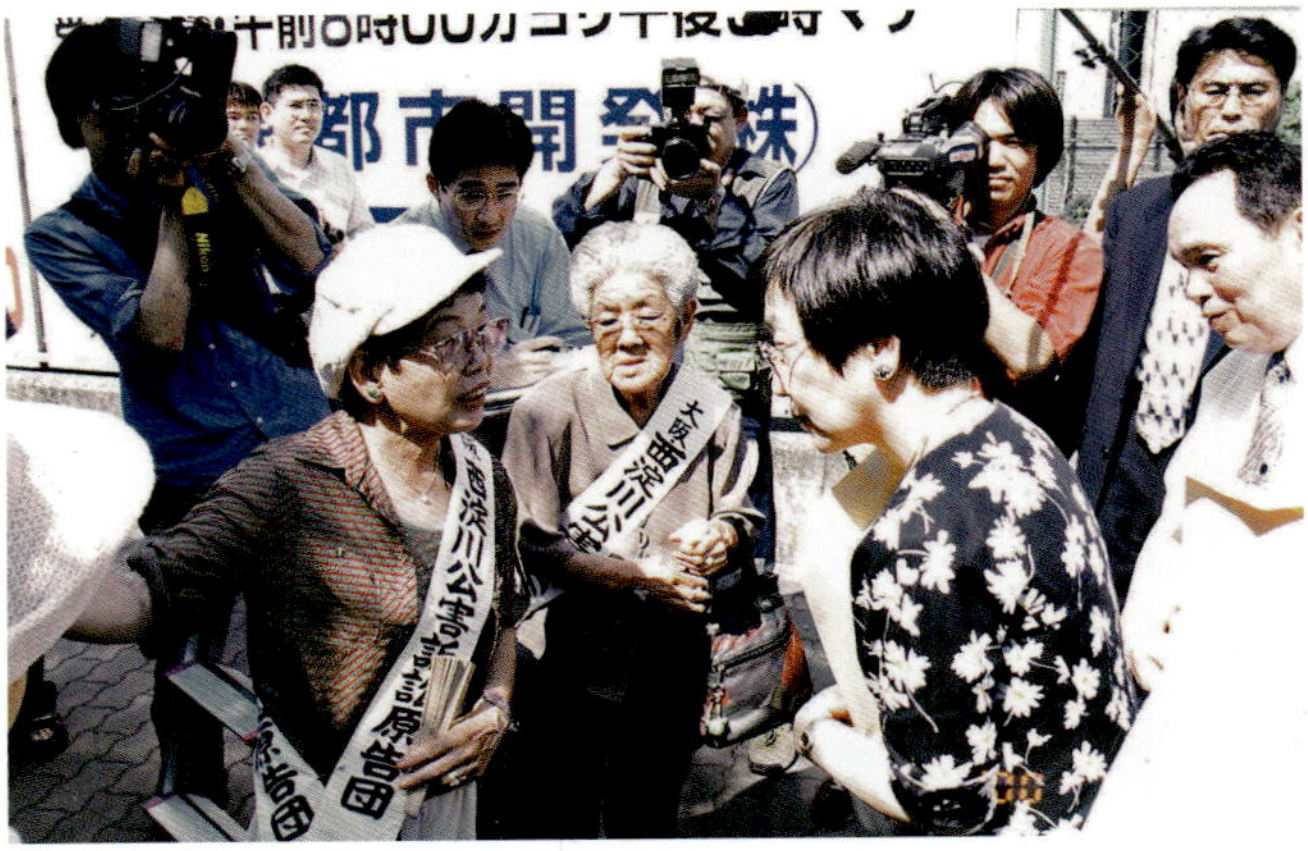

6　**環境庁長官（当時）の「ふくの庭」視察**（2000 年）　原告による説明に耳を傾ける川口順子環境庁長官。（本文 187 頁参照）

8　**エコミューズ開館**（2006 年）
右は小田康徳・エコミューズ館長、左は森脇君雄・あおぞら財団理事長（当時）。（本文 154 頁参照）

7　**道路環境市民塾**（2003 年）　フードマイレージ買物ゲームの開発過程で、商店街で実際に買い物をする。（本文 133 頁参照）

9　**交通まちづくり意見交換会**（2009 年）　あおぞら財団と初めて接点を持った人びとが西淀川の交通まちづくりを語り合った。（本文 138 頁参照）

（口絵写真は全て公害地域再生センター提供）

はじめに

「公害を起こさないまちをつくる」という挑戦

本書は、大阪市西淀川区で、公害訴訟を契機に誕生した「あおぞら財団」の活動を通して、公害地域再生＝「公害を起こさないまちをつくる」という挑戦が続けられてきた軌跡を描くものである。今年で設立から三〇年目を迎えるその軌跡をたどりながら、激甚な公害を経験した地域がどこまで再生を遂げたのか、その到達点と残されている課題、またそれがどのようにして前進してきたかを描き、進むべき方向性を示すことが、本書のねらいである。小さな地域の経験から、公害を起こした社会が、公害を起こさない社会へと変革する道筋――その困難さも含めて――を浮かび上がらせたい。

今日のまちづくりが多様な価値を包含するものであることを考えると、「公害を起こさない」まちとは、消極的な言い方に聞こえるかもしれない。公害を起こさなければ、それがよいまちなのか。経済環境も技術水準も大きく変化した現在、過去に起きた公害と同じ公害をもう一度繰り返すことなどあるだろうか。あるいは、公害はより潜在化された形で今も生じ続けていることを認識すべきである［藤川・友澤 2023］とすれば、公害は地域住民の意志とは関係なく起きることがある。「公害を起こさない」などと言い切ることに、意味はあるだろうか。

本書でいう「公害を起こさないまち」とは、「公害を起こさない」ことをめざし続ける地域を意味する。「公害を起こさない」ことをめざすまちづくりは、公害以外にもさまざまに生じる地域課題にも対応しうる力、すなわち、よりよい地域をつくる力を持とうとする潜在的な意志を、地域の内部に生みだす。そして、「公害を起こさない」という状態を実現するための諸条件を地域社会の中に構築することが、結果として「公害を起こさないまち」を維持し、真に住みよい持続可能なまちをつくることにつながる。本書は、公害を経験した地域によるそうしたまちづくりを指して、「公害地域再生」と位置付ける。

公害と闘ってきた地域の歴史は過去と現在を貫く地域の「根っこ」［除本《よけもと》・佐無田 2020］となる。公害に直面した人びとにとって、公害をなくそうとする闘い――例えば企業や行政と交渉したり、裁判を起こしたりすること――が、地域に根を張って生き続けるためには必要なことだった。西淀川で生きようとして公害と闘った人びとが張った「根っこ」は、「公害を起こさないまち」をめざそうとする人びとに、さらなる力を与える。

このことは、公害を経験した地域だけに言えることではない。災害や事故などの災禍による地域社会の疲弊と分断から地域が立ち直る力、災禍によって失われない「根っこ」をもつレジリエントなまちをつくろうとする意志と力は、どのように生まれてくるのか。本書のテーマである公害地域再生を考えることは、今後も私たちが遭遇するであろう様々な災禍に向き合うための手がかりにもなるだろう。

西淀川・あおぞら財団の先駆性

本書で取り上げる「あおぞら財団」（公益財団法人公害地域再生センター）は、大阪市西淀川区という小さなまちで、公害訴訟の和解金をもとに一九九六年につくられ、現在まで活動を続けている。

あおぞら財団の先駆性は、公害被害者運動との関係性を理解することで見えてくる。激しい公害を体験していない若い世代の論客の一人である斎藤幸平は、高度経済成長期の公害反対運動の理論的リーダーの一人であった宮本憲一との対談の中で「公害反対運動は、どこへ行ったんですか?」と問いかけている［宮本・斎藤 2022］。公害反対運動は、公害の問題だけでなく平和や人権など包括的な訴えを掲げていたのに、それが今どこにつながっているのかが見えないと言うのだ。宮本は、公害反対運動はＣＡＳＡ（地球環境と大気汚染を考える全国市民会議）やＪＥＣ（日本環境会議）の活動に引き継がれたと応じているが、斎藤の問いは、かつての公害反対運動の経験は、現代の日本社会に十分に活かされておらず、「忘却」されているのではないか、という痛烈な批判を含んでいた。一九六〇～七〇年代の高度経済成長のひずみの中で、全国各地の住民の切実な要求として湧き起こった公害反対運動は、現代の社会運動やまちづくりに、接合されているのかどうか。この問いに対する一つの答えとなるのが、あおぞら財団の実践なのである。

のちに述べるように、西淀川の公害反対運動は、足元の地域生活環境の保全から始まり、全国的な公害被害者運動の連帯、消費者運動やまちづくり運動などとも交錯し、独自の発展を遂げて現在に至る。公害反対運動の延長線上に、公害地域再生をめざすまちづくりの実践が生まれている。公害反対運動を正面から受け継ぎ、時代の変化に応じて今も地域再生をめざして取り組んでいる地域は、国内にいくつか存在する。西淀川と同じように大気汚染公害訴訟があった岡山県倉敷市水島、兵庫県尼崎市にも、公害反対運動を出発点としたまちづくりの取り組みがある［藤原 2022; 除本・林 2022; 若狭 2024］。熊本県水俣市や新潟県阿賀野川流域でも、「もやい直し」と呼ばれる地域再生の取り組みがある［吉井 2016; 阿賀野川流域再生プロジェクトウェブサイト 2013］。

特に各地域の大気汚染公害の被害者団体は、全国的な公害反対運動を展開するため「全国公害患者の会連合会」を組織し、訴訟においても運動においても連帯してきた。訴訟後には、各地域で被害者運動を受け継ぎ地域再生を担う組織をつくることを全国組織の方針とし、地域再生が取り組まれてきた（**表1**）。

各地の公害地域再生に向けた取り組みは、地域課題や組織体制が異なるため、単純に比較することはできないが、西淀川の地域再生はいくつかの点で先駆性を持っている。第一に、西淀川ではもっとも早く地域再生を担う

表１　大気汚染公害訴訟後の地域再生組織

地域	団体名	設立年・設立経緯	活動内容
大阪・西淀川	公益財団法人公害地域再生センター(あおぞら財団)	1996年9月、西淀川公害訴訟の被告企業との和解金の一部を原資として設立された。	公害のないまちづくり、公害・環境学習、国際交流、環境保健の分野で地域と連携した活動を展開してきた。
川崎	川崎公害裁判の成果を生かし、公害根絶・環境再生をめざす市民連絡会(川崎公害根絶・市民連絡会)	1999年の川崎公害訴訟の被告企業との和解金の一部を原資として活動する。	国・公団との交渉により国道における沿道対策と緑化対策を、川崎市との交渉により、地下街や駅前広場の改造を実現してきた。
倉敷・水島	公益財団法人水島地域環境再生財団(みずしま財団)	2000年に倉敷公害訴訟の和解金の一部を原資として設立された。	八間川の環境調査や海ごみ調査、公害患者の生活調査、環境学習ツアーの開催などに取り組む。
尼崎	尼崎南部再生研究室（あまけん） ※株式会社地域環境計画研究所内	2001年3月、尼崎公害訴訟の被告企業との和解金の一部を原資として活動する。	尼崎南部を紹介する広報誌『南部再生』を編集、発行するほか、尼いもの保存活用や尼崎運河でのクルーズツアーなど地域資源の活用に取り組んできた。
名古屋	NPO法人名古屋南部地域再生センター（あおぞらセンター）	2004年1月、名古屋南部公害訴訟の被告企業との和解金の一部を原資として設立された。2014年に解散した。	道路環境改善のための提言、公害患者への聞き取り調査、菜の花プロジェクト、地産地消ツアーなどの活動に取り組んだ。

出典：公害再生地域センター［2005c］、各団体ウェブサイトを参照して筆者作成

組織（以下、地域再生組織）が設立されたことである。あおぞら財団の設立以前に、公害地域を再生するという明確な目的で設立された組織は、筆者が知る限り存在していない。(1) なお、あおぞら財団は、水島と尼崎での環境再生プランづくり支援や、名古屋と水島の地域再生組織の職員研修などを行なったことがある。大気汚染公害地域の再生において、あおぞら財団が先行する組織であるという認識があったのである。第二に、地域再生組織の活動内容を比較した際、あおぞら財団の活動展開の幅広さと蓄積の深さ、社会的なインパクトの強さは抜きん出ている。詳細は第3章以降で述べるが、地域レベルの活動にとどまらず、広域的・全国的な他団体との協働事業や政策提言活動の実績もある。あおぞら財団は、内閣総理大臣が行政庁（公益法人認定法第三条）である公益財団法人(2)であることから、その活動が広域的なものとなることは組織の性格に組み込まれており、後述するように設立趣意書には他の地域での実践のモデルとなる

意図を読み取ることができる。

もちろん、公害地域再生の実現は簡単なことではなく、あおぞら財団だけでなく各地のユニークな取り組みによって、その到達点が明らかになっていくものであろう。しかし、公害地域再生の明確な理念をはじめに提起したあおぞら財団の活動の到達点と課題を踏まえずに、公害地域再生を論じることはできないだろう。その意味で、本書はあおぞら財団の活動の軌跡を詳細にたどることで、公害地域再生という理念が現代社会に持つ意味と、それが具現化される条件、そしてその困難さをあぶり出そうとするものである。

公害地域再生論の枠組み——対象・主体・継承

公害は地域住民の生活環境の質、社会関係や地域経済の自律性をも損なうものであり、公害被害の放置と拡大によってそれらはさらに損なわれ続ける。起点としての加害–被害関係は局所的なものであっても、社会関係を通じて被害が増幅する〔飯島 1989=1993〕ことからも、公害は社会全体の病理として理解されるべきものである。公害地域再生というテーマも、個々の地域をどう再生していくかについては個別具体の検討が必要である。

後述するように、これまでも公害地域再生の意義は何人かの論者によって論じられてきた。しかし、公害地域再生論がどのように構成されるべきか、という議論は十分に蓄積されていない。そこで本書は、三つの視角からなる公害地域再生論の構築を試みたい。第一に、公害地域の何を再生するのか、という「対象」の問題である。公害は、人間の生活の質（well-being）を支える物質的・非物質的なストックを損なう。つまり物質的・非物質的なストックを回復・再生することが、広い意味での公害被害の総合的な救済となり、それが次世代へと受け渡されることで、公害地域は再生される。公害地域において再生されたものが何であったのか、西淀川での二六年にわたる取り組みを対象として考察する。第二に、公害地域の再生を進める「主体」は誰なのか。公害地域の再生は、公害被害者だけが取り組むものではない。公害被害者たちが運動と裁判によって制度・政策を勝ち取ってきた歴史と、多様な主体との協働関係をつくりながら地域のストックを再生してきたあおぞら財団の歴史はどのように接合されているのか。両者の関係を描くことで、公害地域再生に取り組む「主体」のあり方を明らかにする。

第三に、公害の経験を未来にどう継承するか。当然のこととして、公害被害はなくなったほうがよい。しかし、公害を克服するとは、公害を忘れることではない。現在を生きる私たちが公害の経験をどのように受け止め、伝えていくか。公害地域再生を、過去の公害経験を未来に「継承」することを含むものとして考えたい。

現実の地域再生組織がより総合的な「公害を起こさないまち」をつくることに寄与してきたかどうかは、個別地域の「主体」のあり方や地域の文脈を視野に入れて考える必要がある。その際、あおぞら財団の特徴的なアプローチである「協働」――異なる立場、経験を持つ人びとの間での――の効果と、世代を超えた継続的な社会変革に向けた努力のための「継承」という視点は、多くの示唆を導くはずである。

注

(1) 宮本憲一は、西淀川などの複合型大気汚染裁判の和解金を原資として地域再生に取り組むことについて、戦前の別子銅山の煙害被害農民団体が、汚染者である住友金属鉱業が拠出した賠償金を地域の教育施設や実験農場などに使った先例をあげ、西淀川の公害被害者が地域再生のための財団法人をつくったことはその公共心の高さに匹敵するとしている[宮本 2014]。
(2) 現在の公益法人制度では、公益法人認定法第五条に定められた一八の公益認定基準をすべて満たすことが求められる。あおぞら財団が設立された当時は、民法により財団法人設立の手続きが規定されており、財団法人の設立には主務官庁による許可が必要であった。あおぞら財団設立時は、環境庁が主務官庁である。環境庁は一九七一年に設置され二〇〇一年に環境省となった。なお、本書では環境庁と環境省の組織的な連続性を前提として、あおぞら財団との関係性を理解する。

「公害地域再生」とは何か　目次

第5章　公害地域再生に向かう軌跡　181

終章　西淀川からの公害地域再生論

「公害地域再生」とは何か——大阪・西淀川「あおぞら財団」の軌跡と未来

凡例

一　注は（1）（2）……で示し、各章末に置いた。
一　引用文に対する筆者の補足は〔　〕で示した。
一　参考文献は［　］で示し、巻末に一覧した。
一　原則として文中の敬称は略した。

序章　「公害のまち」から「公害を起こさないまち」へ

本書で取り上げるのは、大阪市西淀川区という小さなまちの歴史に生じた、「公害のまち」から「公害を起こさないまち」への転換点の歴史である。本章では、その転換の前段において西淀川が「公害のまち」へ至った過程をたどっておく。

一 「公害のまち」西淀川の変容

まちの風景からたどる履歴

西淀川区は大阪市の北西部に位置し、淀川、神崎川、左門殿川《さもんどがわ》、中島川の四つの川に囲まれた大阪平野の中央部、海から見ると大阪湾の最奥部にあたる（図1、図2）。かつて淀川河口部の低湿地であった現在の西淀川区は、古くから人が住んでいた記録がある。江戸時代には半農半漁の村と、干拓や埋立によって造られた新田からなり、「魚庭《なにわ》」と呼ばれた好漁場と、大消費地である大坂の近郊という立地に恵まれた地域であった。

明治期以降、西淀川区には中小規模の工場が集積するようになり、阪神工業地帯の中核地の一つとして、工場、住宅、商業施設等が混在する住工混在地域であった。現在も、都市計画上の用途地域図を見ると、西淀川区は準工業地域（環境悪化をもたらす恐れのない工業の利便の増進を図る地域）、工業地域（主として工業の利便の増進を図る地域）、工業専用地域（工業の利便の増進を図るための専用地域）が多く、住工混在地域という基本的性格は変わっていない（図3）。

現在の西淀川区は平坦な市街地で、JR線（神戸線、東西線）、阪神線（本線、なんば線）の駅があり、大阪都心（梅田、難波）や西宮といった繁華街にもアクセスしやすい、交通至便なエリアとなっている。その割には下町らしい雰囲気が残っており比較的に地価が安いため、ファミリー層がマンションや戸建て住宅を購入しやすい地域で

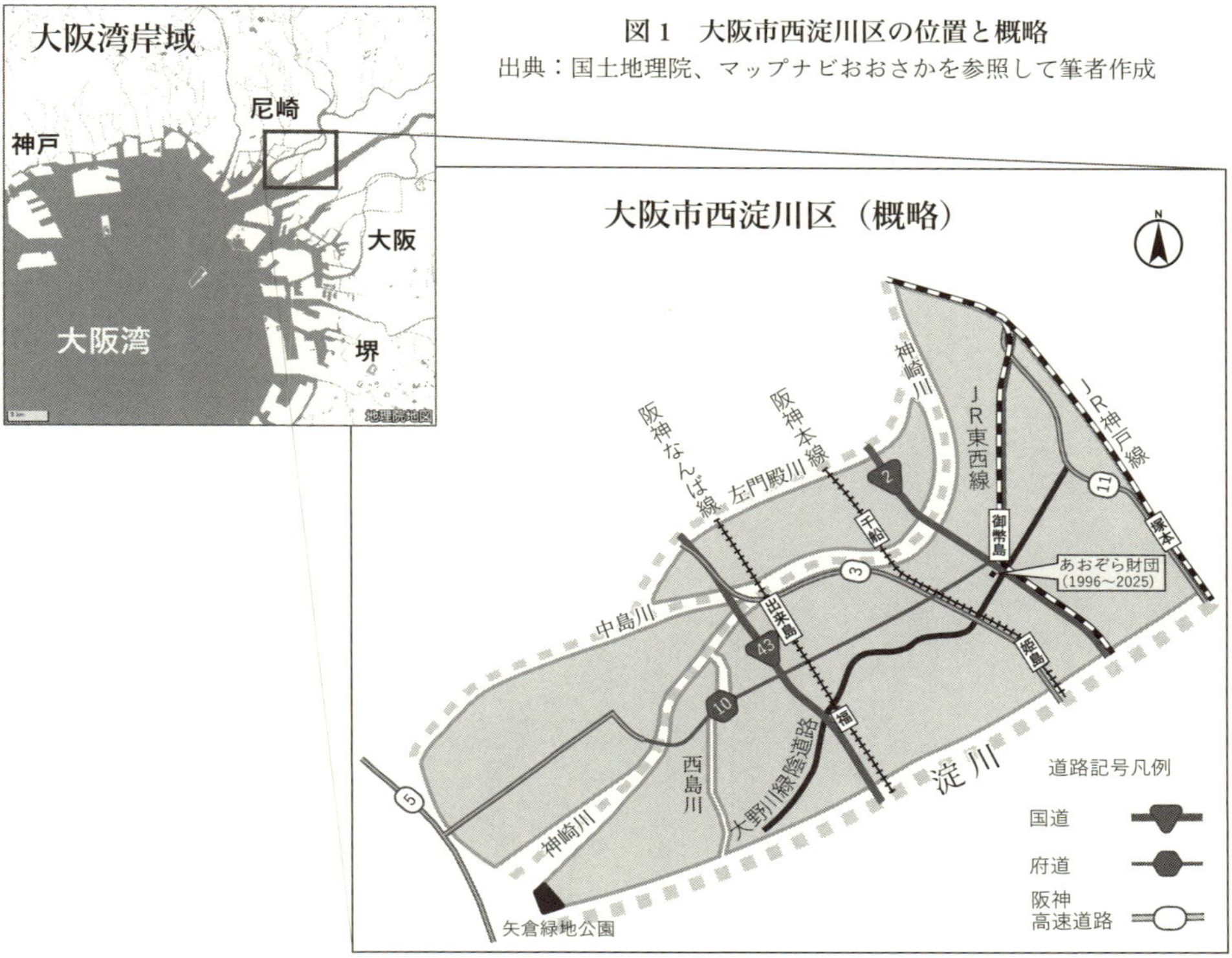

図 1　大阪市西淀川区の位置と概略
出典：国土地理院、マップナビおおさかを参照して筆者作成

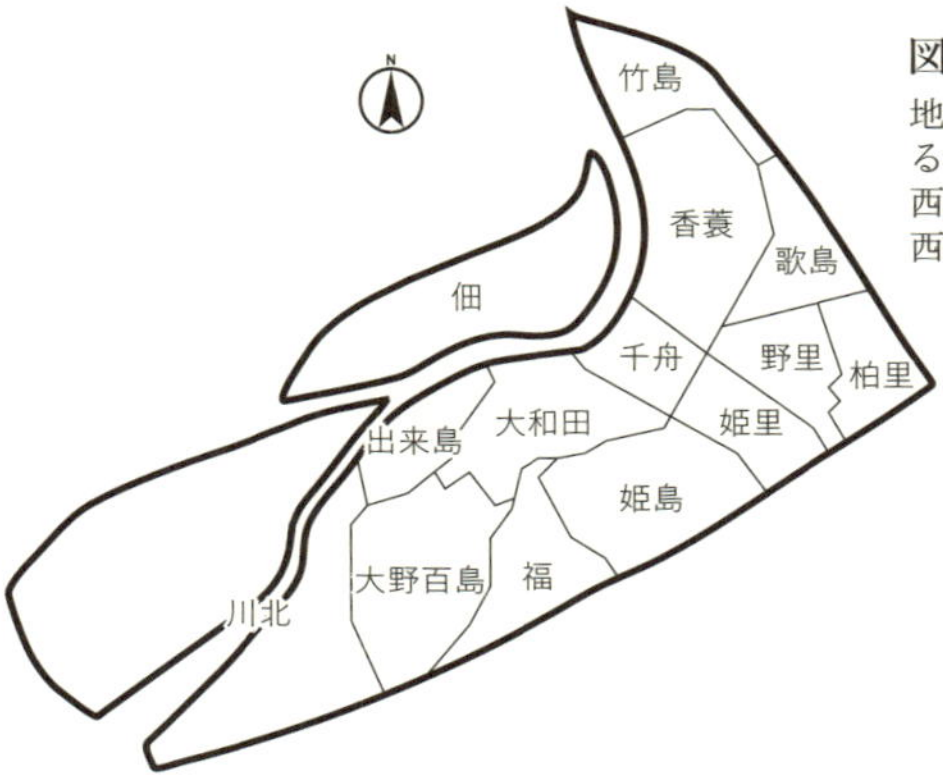

図 2　大阪市西淀川区の各地区
地域活動協議会の区割りを示したものである。御幣島（みてじま）は香蓑地区、中島、西島は川北地区に含まれる。出典：大阪市西淀川区ウェブサイトを参照して筆者作成

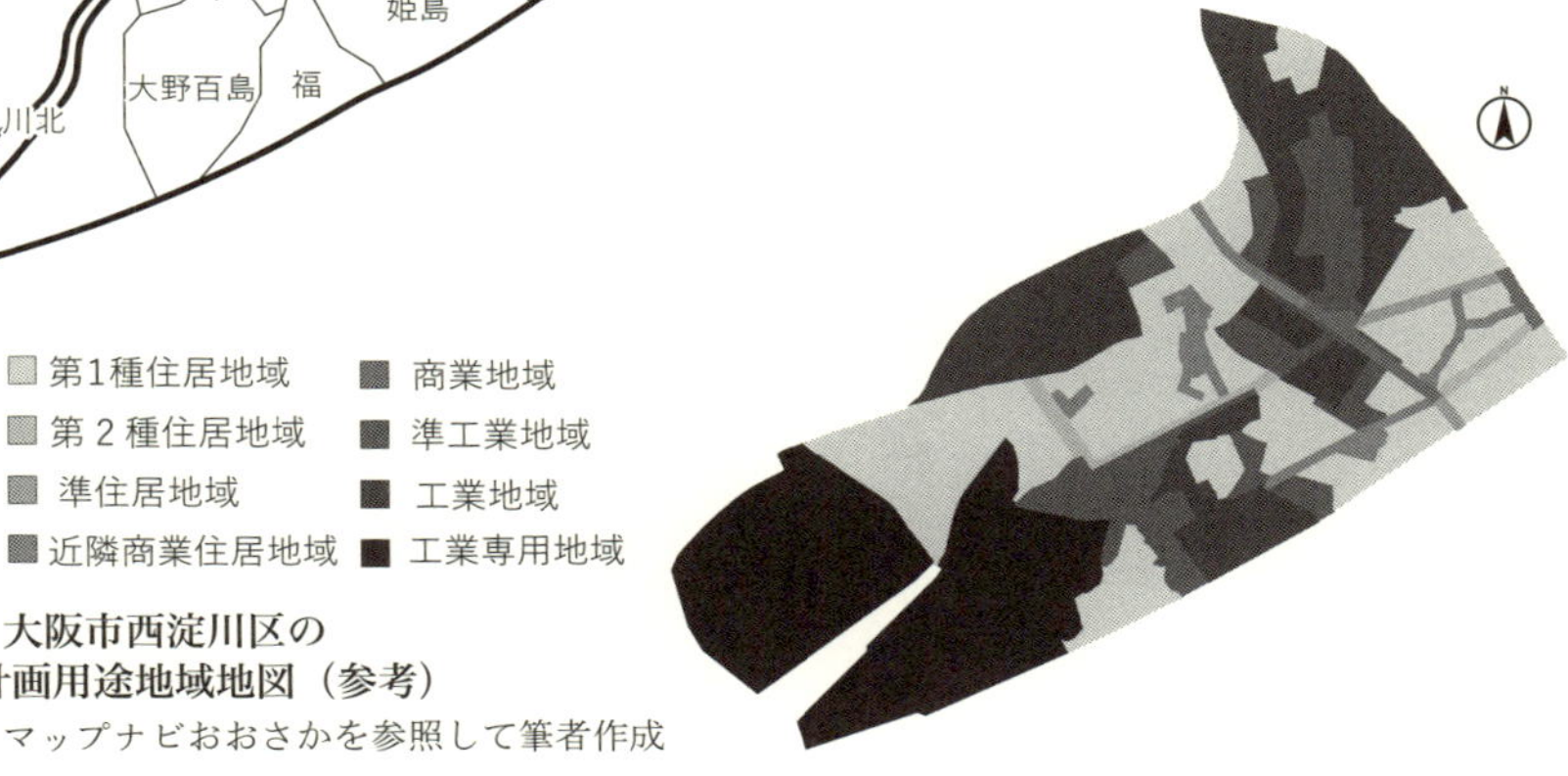

図 3　大阪市西淀川区の
都市計画用途地域地図（参考）
出典：マップナビおおさかを参照して筆者作成

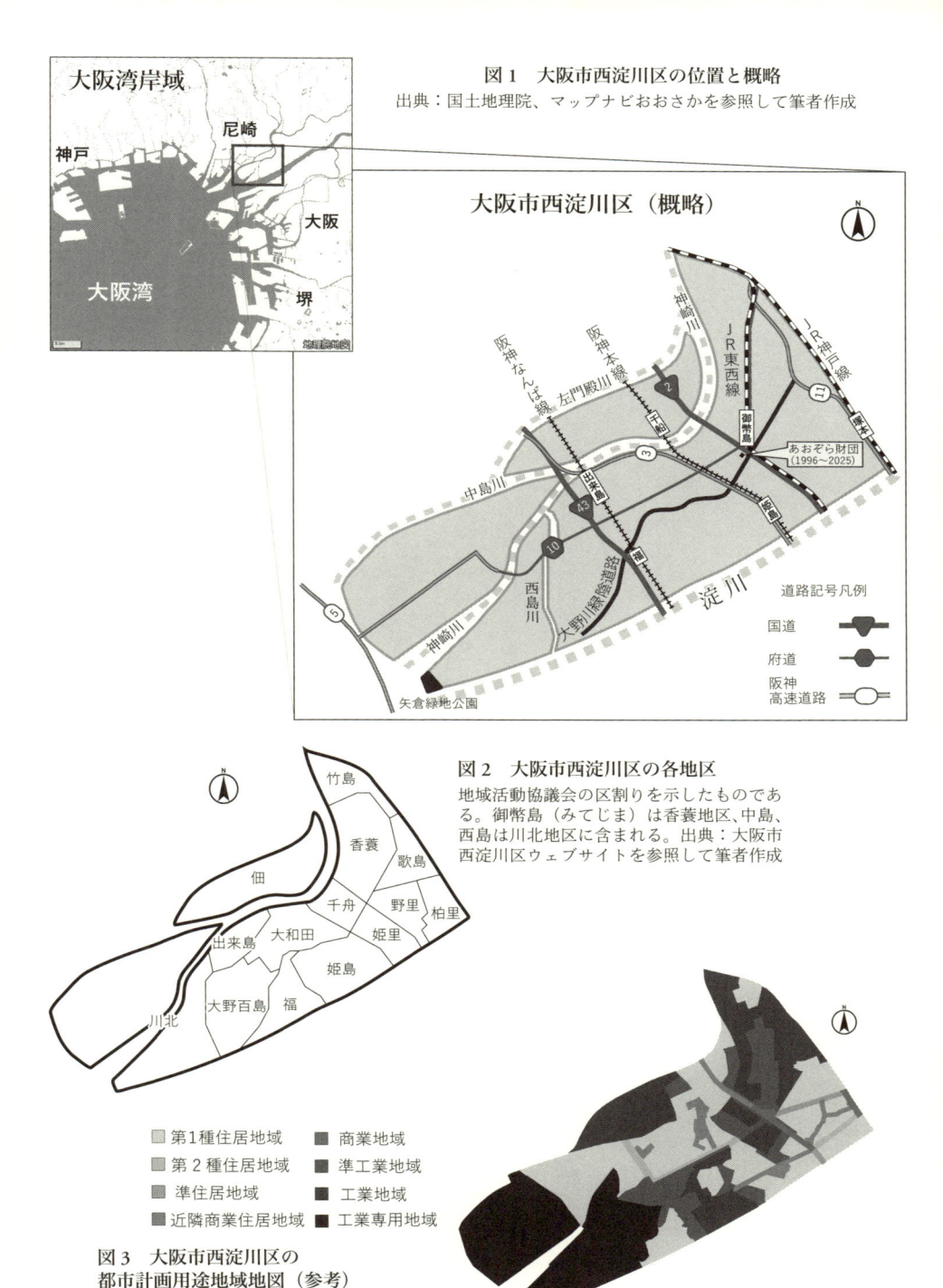

もある。二〇二四年四月一日現在で人口は約九万六〇〇〇人（大阪市推計人口）である。工業地帯の中の大規模マンションや、公園などの公共施設は、かつての工場跡地であることも少なくない（図4）。

二〇二三年に、西淀川区にある西淀公園で住民向けに開催されたイベントに参加した際、来場者に「西淀川の好きなところは？」と尋ねたことがある。少なくない人が「自然が身近にあるところ」と答えた。やや意外に感じたが、淀川、矢倉緑地公園、大野川緑陰道路など、たしかに都市の自然に親しむことができる。淀川河川敷で釣りを楽しむ人、大野川緑陰道路を散歩する人の姿は、西淀川の日常的な風景である。便利で、身近な自然もあり、住みやすいまちだと西淀川に住む人びとは感じているようである。しかし、少し歴史を遡れば、そうした都市的自然も最初から今と同じ姿であったわけではないことがわかる。

淀川河口に面した矢倉緑地公園は、後述するように、新田開発で造られた土地であったが、地盤沈下、台風による水没、廃棄物の埋め立てなどを経て、大阪市内で唯一のコンクリート護岸でない海岸をもつ公園として整備された（図5）。

大野川緑陰道路は、現在は歩行者・自転車専用道路となっているが、その名前のとおり、かつては「大野川」だった。農業用排水路として造られた大野川は、周辺の農地や空き地が工場に転換し始めると、舟で荷物を運ぶための運河としても使われた。その後舟運に代わってトラック輸送が普及すると、国道四三号建設のために河川（中島大水道・淀川）から遮断された大野川には工場排水や生活排水が流され水が澱み、ごみが投棄された。〝どぶ川〟と化した大野川を埋め立てて高速道路を建設する計画が一九六八年に浮上した際、公害に悩まされていた西淀川区民はこの計画に反対して大野川の緑地化を求める運動を起こし、最終的に現在のような歩行者・自転車専用の緑陰道路となった（図6）。

現在の西淀川区には、鉄道だけでなく道路網も集中している。国道二号、国道四三号、阪神高速三号神戸線、

図 4　工場跡地に建つ大規模マンション

撮影場所の記録はないが、西淀川区姫里 3 丁目あたりと推測される。現在、この一帯ではさらに住宅が増えている。（公害地域再生センター提供、1998 年 6 月 25 日撮影）

図 5　矢倉緑地公園の海岸部

写真奥（大阪湾方向）には、阪神高速道路 5 号湾岸線が見える。（2023 年 11 月 3 日筆者撮影）

同一一号池田線、同五号湾岸線、大阪府道一〇号大阪池田線など、大阪市内、北摂方面、神戸方面をつなぐ幹線道路・高速道路が走っており、周辺各地の工場や輸送拠点等を往来する大型車の通過交通が多い（図7）。

都市問題としての西淀川公害

西淀川がなぜ「公害のまち」となったのかを考えるためには、大都市・大阪の中での西淀川の位置について理解しておく必要がある。『西淀川区史』を中心に、西淀川の都市化・工業化と公害発生の歴史を概観してみよう［大阪都市協会 1996］。現在の西淀川区は、元は旧淀川が運んだ土砂が堆積して形成された、大阪の「難波八十島」と呼ばれる島々の一部である。人びとは半農半漁の生活を営むものが多かったようである。旧淀川は網の目のように分岐・蛇行し、洪水によって河道がしばしば変更される川であった。一八九六（明治二十九）年の淀川改修工事によって現在の新淀川に河道が変更され、それに伴い漁場も農地も大幅に失われ、農漁業は衰退していったという。

明治期以降の大阪では、近代的な工場が各地で建設され、西淀川区（当時は西成郡）でも紡績工場や食品・化学工場が建設された。これに日清・日露戦争、第一次世界大戦の軍需産業の隆盛も加わって工場が増加し、工業地域としての基盤がつくられた。この頃から騒音や汚水などの公害が発生し、工場周辺の住民からの苦情が出始めた。一八七七（明治十）年には公害への苦情に対処するよう大阪府が布達（「鋼折・鍛冶・湯屋三業者心得方」[1]）を出している。

大阪市は、一八八九（明治二十二）年の市制施行以来、計三回の市域拡張を行なっている。一八九七（明治三）年の第一次市域拡張で編入された地域のインフラ整備が遅れた一方で、市域に隣接する町村は、住宅や工場が次々と建設され、市内と変わらない市街化が進んでいるのに、道路・交通・上下水道・教育施設等の近代的都市施設

図 6　大野川緑陰道路

樹木が大きく育ち、その名の通りの緑陰が続く大野川緑陰道路は、「西淀川区民の宝」と言われている。(2022 年 9 月 5 日筆者撮影)

図 7　国道 43 号・阪神高速道路大阪西宮線の様子

高架が阪神高速道路大阪西宮線である。防音壁の下に「沿道環境改善のために阪神高速 5 号湾岸線のご利用を！」と書かれた横断幕が掲げられている。(2024 年 9 月 4 日筆者撮影)

が整備されないため、市域編入を切望していた。そこで大阪市は、一九二五（大正十四年）年の第二次市域拡張により、道路・公園・下水道等の公共施設を整備する用地を確保して、計画的で健全な市街地建設を意図した。西淀川区は、第二次市域拡張の際に大阪市に編入された区域の一つである。

西淀川区には淀川、神崎川、左門殿川、中島大水道、大野川等、河川や水路が多く、明治期以降、水運を利用する工場が河川沿岸に進出していった。一八九三（明治二十六）年に大阪晒粉、一八九六（明治二十九）年に日本硫酸（株）と日本細糸紡績が立地している。大正後期から昭和初期にかけて、西淀川区域は重化学工業化が急速に進み、その流れは戦時に入り加速する［小田 2023］。日中戦争開戦前後には、百島・西島・中島の湾岸地区に、淀川製鋼・大阪製鋼・大同製鋼の三大鉄鋼工場が建設された。こうした工業地化にともない、区内中央〜西部の田園地帯で一九二八（昭和三）年から実施された土地区画整理事業により、住宅・工場・商店が増えて市街地化が進んでいった。

農漁村であった西淀川は、大正期の第二次市域拡張と軍需景気によって「工場都市」となった。一九二六（大正十五）年の阪神国道（国道二号）の完成、土地区画整理の進行、神崎川の改修等で、水陸交通の便がよくなり工場立地が進んでいった。大阪市が「大大阪」と呼ばれた当時の大阪市長であった關一は、第二次市域拡張された地域については農地を未開発地ではなく自然空地と見るなど、田園都市的なイメージを持っていたものの、その理想は実現されず、実際には乱暴で無秩序な開発が行なわれた［小山 1988: 87］。先述のように、西淀川では明治期からすでに煤煙や亜硫酸ガスによる農作物被害の訴えがあり、第二次大戦後に公害対策基本法で規制対象になった典型七公害（大気汚染、水質汚濁、土壌汚染、騒音、振動、地盤沈下、悪臭）のほとんどの公害は、すでに戦前の西淀川で顕在化していた［西淀川工業協会 1996］。

西淀川区は大阪市の周縁部に位置し、都市施設を計画的に配置する用地を確保する必要性から、大阪市に編入されたエリアであったが、実際には、都市計画が不十分なままに工業化・都市化が無秩序に進行し、各工場が自社の利益を最大化する形で立地を進めた結果、中小工場と住宅が混在する住工混在地域化した［小田 1987］。これが西淀川における深刻な公害被害発生の基礎条件となった。その流れは戦後も変わらず、住工混在を放置したまま工業地域化をさらにおし進めるように、産業道路が建設され、さらにごみ焼却場、下水処理場、産業廃棄物の搬出基地などの、いわゆる迷惑施設（ＮＩＭＢＹ施設）が区内に集中してつくられてきた。

都市計画不在の背景として、大阪市の行政を担う都市官僚制が自律的な都市計画に必要な権限と財源を国から十分に奪取できなかったことが指摘されている［砂原 2012］。また、公害反対運動をはじめとする住民運動と、社会党・共産党の支持を受けて一九七一年に大阪府知事となった黒田了一は、公害企業への規制強化や福祉政策の充実に取り組み府民の支持を得た。しかし、国レベルで自民党の安定優位（五五年体制）が確立する状況において、大阪の革新勢力も一九八〇年代以降には勢力を弱めたことで、大阪市の政治・行政による「公害を起こさないまちづくり」が困難となる状況がつくられてきたと考えられる。

二　なぜ、西淀川か——公害訴訟から地域再生へ

西淀川では戦前からさまざまな公害が生じていた。しかし、一九七〇年代後半に至り、大気汚染公害の被害者が企業と国に対して「西淀川公害訴訟」を提訴したことが、今日の西淀川を形作る「起点」となっている。大気汚染による被害者が訴訟を起こした地域は他にも複数あるが、その中にあって、裁判の終結を契機に生まれた独自の展開が、西淀川を今日の西淀川にした背後にあるからだ。西淀川の公害被害者たちがどのような経緯で訴訟を提起するに至ったかは後に少し述べるとして、西淀川公害訴訟のごく簡単な流れを確認しておく。

まず、一九七八年四月二十日に、公害健康被害補償法（以下、公健法）による公害認定患者である原告一一二人が企業一〇社と国・阪神高速道路公団（当時。以下、公団）を被告とし、原告への損害賠償と、汚染を環境基準以下に差し止めることを請求する訴訟を大阪地方裁判所に起こした。被告企業一〇社は関西電力、大阪ガス、住友金属、神戸製鋼、中山鋼業、旭硝子、日本硝子、関西熱化学、古河機械金属、合同製鐵である（口絵1参照）。このうち、西淀川区内に工場があったのは、中山鋼業、古河機械金属、合同製鐵の三社のみで、他の七社の工場は尼崎市、大阪市、堺市の大阪湾岸部に広がっていた。つまり、それらの企業は、西淀川区外の工場から排出された汚染物質が風によって西淀川区まで流され健康被害をもたらしたという、「もらい公害」の責任を問われたのである。国・公団に対しては、西淀川区内の道路網(2)を通過する自動車の排出ガスが住民生活に重大な影響を与えているとして、道路の交通量抑制や道路管理を怠った道路管理者の責任が問われた。

二次訴訟は一九八四年七月七日に四七〇人の原告によって提訴され、続けて一九八五年五月五日に一四三人により三次訴訟、一九九二年四月三十日に一人の原告によって四次訴訟が起こされている。一～四次訴訟の原告総数は七二六人である。

西淀川公害一次訴訟地裁判決は一九九一年三月二十九日に言い渡された。企業の過失など不法行為を認め、一〇社が連帯して一部を除く原告に損害賠償を支払うよう命じた。しかし道路公害に関する国・公団の責任と差止請求は認められなかった。原告、被告ともに控訴したため、一次訴訟控訴審と二～四次訴訟を継続しながら、他方で原告らは被告企業と「全面解決」に向けた直接交渉を行ない、一次訴訟については一九九五年三月二日に被告企業との和解が成立した。企業は三九億九〇〇〇万円を和解金として原告に支払い、そのうち一五億円を環境保健と地域再生に使うこと、公害防止に努力すること、原告側が被告企業の工場への立ち入り調査を行なうことなどを合意した。

また、一九九五年七月五日には、二～四次訴訟地裁判決が出され、沿道住民の健康被害に対する国・公団の責任が認められた。国・公団は二～四次訴訟でも控訴したが、一九九八年七月二十九日に和解が成立した。和解条項において、国・公団は西淀川区における沿道環境の改善に取り組み、「西淀川地区道路沿道環境に関する連絡会」（以下、西淀川道路連絡会）を設置して継続的に対策を協議することなどを合意した。

こうして西淀川公害訴訟は終結したが、その間にあおぞら財団（公害地域再生センター）が設立され（一九九六年）、西淀川道路連絡会が始まった（一九九八年）。原告らは、訴訟が終結した後も、公害被害者らが求めた被害救済と公害根絶、公害を起こさないまちづくりを追求する体制を整えたと見ることができる。公害被害者が求め、企業も和解において合意した「公害を起こさないまちづくり」を、あおぞら財団を核として具現化するという挑戦が、訴訟の終結と同時に始まったのである。その挑戦が持つ意味を解き明かすためにも、「公害地域再生」を論じる視角を提供する枠組みを持っておく必要がある。

三　本書の構成と方法

本書はまず、公害地域再生論の枠組みを、再生の対象＝ストック、再生の主体＝参加と協働、再生の方法＝公害経験の継承という三つの視角から論じる（第1章）。公害によって失われたものを取り戻すには、公害被害の救済や回復に責任を持つ行政や企業だけでなく、地域住民が過去の公害と向き合い、地域をつくりなおそうという意志を働かせなければならない。大阪・西淀川の公害被害者運動は、日本で数多く提起されてきた公害訴訟の中でも強力な被害者運動で知られ、全国的な公害健康被害救済制度の形成にも寄与した。また西淀川公害訴訟での被告企業との和解においては、地域再生に和解金の一部を投じることを合意して、新しい時代の公害反対運動のあるべき姿の一つを示した。その背景には、「公害冬の時代」と呼ばれた一九八〇年代における環境政策の後退と、一九九〇年代における地球環境問題への注目に伴う環境NGOなど市民社会セクターの存在感の高まりと市民参加制度の拡大、といった潮流がある。公害地域再生という理念と実践は、それらの潮流の中から生まれたものである。環境政策のダイナミズムの中で、公害被害者運動を継承し、革新しようとしたあおぞら財団の設立経緯から、公害地域再生の理念がもつ歴史的位置付けを明らかにしたい（第2章）。

あおぞら財団は、今日的な地域課題にも対応する地域再生に向けた多彩な活動を展開している。本書では、大阪・西淀川におけるあおぞら財団による地域再生の試みを、公害経験を未来に向けた地域づくりの資産とするパブリック・ヒストリー（公衆の／公衆による歴史／歴史学）実践として理解し、あおぞら財団がめざす公害地域再生の到達点と課題を論じたい。

まず設立以来のあおぞら財団の事業構成と財政構造がどのように変化してきたかを概観したうえで（第3章）、あおぞら財団が取り組んできた多岐にわたる主要事業活動を五つの事業部門別に概説する（第4章）。あおぞら財団の二六年間（一九九七〜二〇二二年）を四つの時期に区分し、それぞれの時期の特徴を踏まえて、いくつかの事業の展開過程を事業に携わった研究員等の視点からより詳しくたどることによって、西淀川の公害地域再生がどのような条件のもとで、どのような到達点にたどり着いたのかを明らかにする（第5章）。最後に、西淀川における公害地域再生の到達点と課題を確認し、公害地域再生の「根っこ」にあるものを考察する（終章）。その「根っこ」の考察を通して、公害地域再生がいかに困難で、道半ばであるかについても言及することになる。

本書の記述は、主に文献資料とインタビュー調査記録をもとにしている。文献資料は、書籍、論文、ウェブサイトのほか、あおぞら財団の内部資料、あおぞら財団が発行し公開・販売している資料を参照した。具体的には、あおぞら財団の理事会資料（事業報告書、決算報告書を含む）、受託調査報告書、研究会資料、年次報告書、付属資料館所蔵資料、あおぞら財団が作成した一般向け冊子、機関誌『Libella』／『りべら』[3]、ウェブサイトのブログ記事などである。あおぞら財団の内部資料には、あおぞら財団付属西淀川・公害と環境資料館（愛称：エコミューズ）が所蔵する資料も含まれる。

資料調査を開始した時点で、あおぞら財団の二六年間の全事業はリスト化されていなかったため、財団の事業展開の全体像を時間軸に沿って把握することができない状態であった。そこで、清水［2022］で示した事業カテゴリーからさらに、事業の前後関係や財源等をふまえて分析するために、主に事業報告書と会計資料から全ての事業を抽出し、予算と紐付けた全事業予算リストを作成した。事業名、事業実施期間、各年度の事業予算額、資金名と資金提供者（委託元など）をリストにして、時系列に並べたものである。

全事業予算リストをもとに、大まかな事業展開の流れを見定めると同時に、あおぞら財団関係者へのインタビューを実施していった。インタビュー調査は、これまであおぞら財団に研究員として所属した人物に個別に連絡をとり、インタビューに協力いただける方には、対面またはビデオ通話によってインタビューを行なった[4]。あおぞら財団に入職したきっかけ、担当した事業の目的と内容、担当事業の展開過程における重要な出来事、公害地域再生に対する考え方等について、半構造化インタビューの形で一人あたり二〜五時間程度聞き取りを行なった。インタビューの際は許可を得て録音し、その逐語録をインタビュー記録として作成した。インタビューは、筆者のみで行なった場合もあったが、あおぞら財団研究員とあおぞら財団内の研究会メンバーが同席した場合もあった。

西淀川の地域再生の到達点と課題を語るならば、あおぞら財団外部の協力者（地域住民や専門家など）にもインタビュー調査を行なう必要があるだろう。しかし、公害地域再生という前例のない理念をどのように具現化しようとしたのか、あおぞら財団の主体性とその形成過程をまず明らかにしておかなければ、外部の協力者からの評価も意味をなさないと考えた。今回は、内部的な視点にとどまることの限界を認識したうえで、あおぞら財団の視点から公害地域再生へ向かう過程を時系列に沿って描くこととする。

筆者が初めてあおぞら財団と関わりをもったのは、二〇〇四年に参加者の一人としてあおぞら財団の活動に参加したことだった。二〇〇六年からは植田和弘（京都大学教授／あおぞら財団理事・当時）が主宰する西淀川地域再生研究会に参加した。そこで西淀川における地域再生という課題について学び、考える機会を得たことにより、その後もあおぞら財団の活動に、参加者として、時に企画・運営者の一人として、また役員（評議員、理事）として継続的に参加してきた。したがって、今回インタビュー調査に協力いただいたあおぞら財団関係者の多くと面識がある状態であった。また、あおぞら財団の事業について、その一部ではあるが情報や実体験を持った状態で、文献資料調査およびインタビュー調査を実施した。

注

（1）鉄加工業者、鍛冶屋、風呂屋は人家の密集していない場所へ移転すること、近隣住民の承諾を得ることなどを規定した。
（2）国道二号・四三号、阪神高速道路池田線・西宮線、府道池田線、市道福町十三線を中心とする。
（3）『Libella』は、二〇一一年十月にタイトル表記が『りべら』と変更された。
（4）インタビューの実施記録は本書末尾に付した。時間的な制約や連絡が取れないなどの理由により、数名の元研究員の方にはインタビュー調査ができなかった。

第1章　公害地域再生論の枠組み

――対象・主体・継承

本章は、公害地域再生を考える際の三つの視角について論じる。公害地域再生は、「公害を起こさないまちをつくる」という公害被害者運動の模索の中から出てきた運動論的な概念である。公害地域再生の達成を評価する客観的基準や、それをみちびく理論的枠組みがあるわけではない。そこで、対象、主体、継承という三つの視角から公害地域再生を掘り下げることをとおして、公害地域再生の理論的な射程を浮かび上がらせるところから始めてみたい。

一　公害地域の何を再生するのか

広義の公害被害

公害地域再生とは何かと考えると、第一には公害によって失われたものを修復・復元・再生させるという意味、第二には公害を引き起こした原因を除去・削減するという意味があるだろう。そして第三に、新たに地域の資産＝ストックを創造することが要請されよう。ここで議論の出発点となるのは、つぎの二つの図が示す、公害被害のもつ広がり、つまり重層的な構造である。宮本憲一による「環境問題の全体像」図が示すのは、公害病患者の存在はいわば氷山の頂にすぎず、公害病患者が現れている場合はすでに自然生態系や地域の生活環境（アメニティ）などが広く害されているということである（図8）。

二つめの図は、環境社会学者の飯島伸子による「発病に伴う生活被害関連図」である（図9）。飯島は、公害・環境破壊をはじめ、伝染病・職業病・成人病・精神病・難病等による健康破壊の実相と背後にある社会構造上の関連を具体的事例に基づいて分析した［飯島 1976］。身体の不調や障害の発生は単にそこにとどまるものではなく、生活と労働に支障をきたし、経済的困難、家族・地域・職場等における不和や疎外、それらによる精神的苦痛の

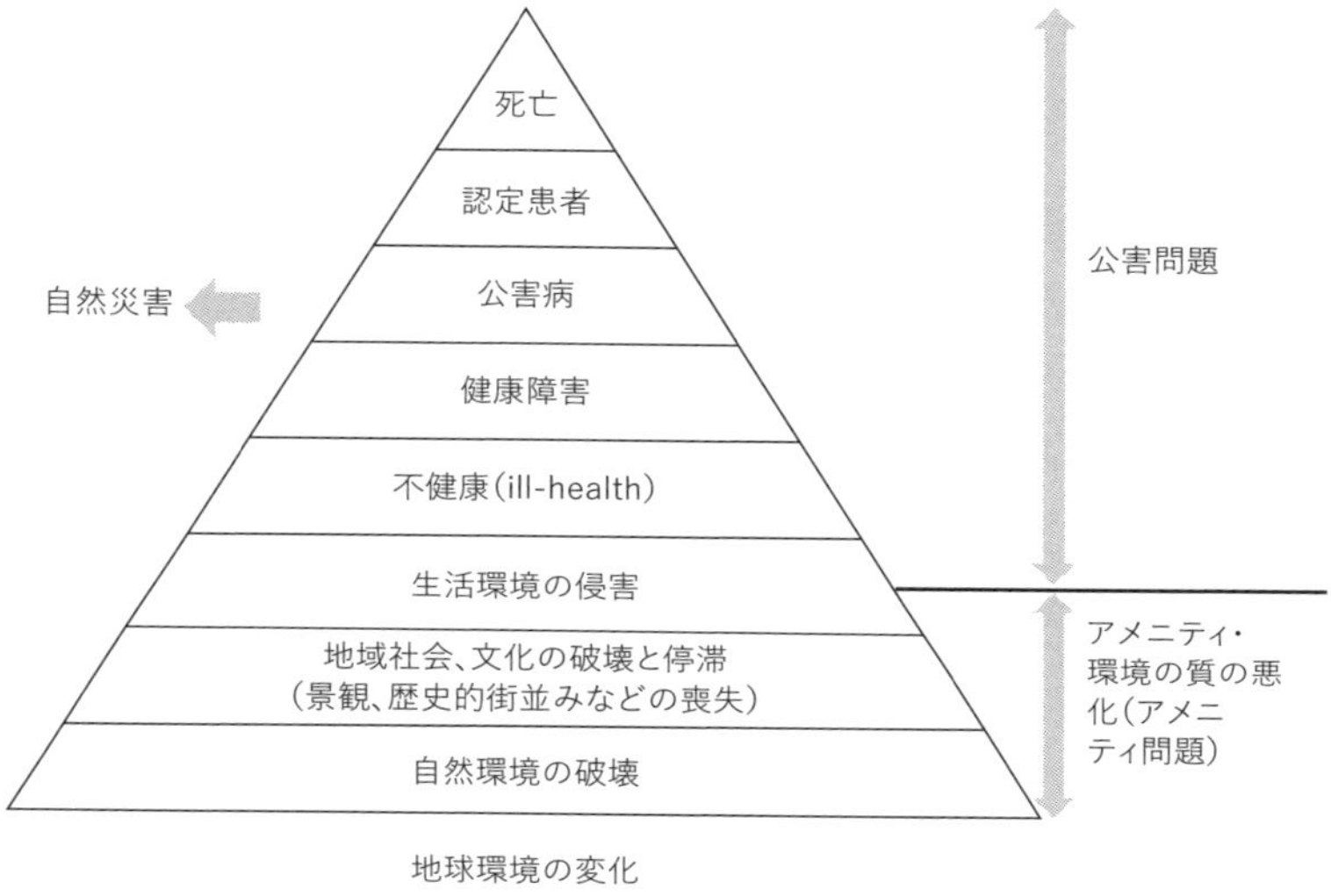

図8　環境問題の全体像

出典：宮本［2014: 11］をもとに筆者作成

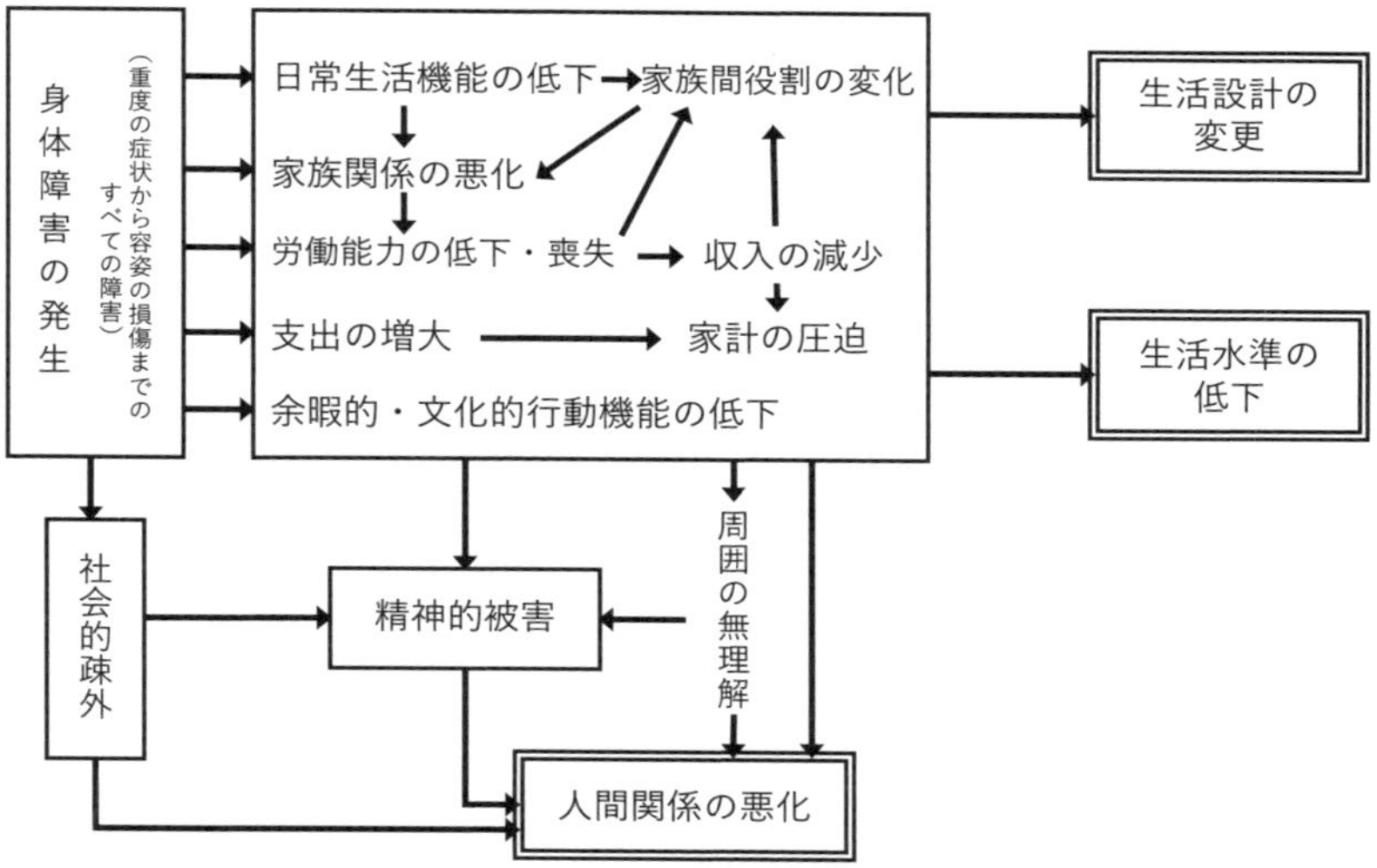

図9　発病に伴う生活被害関連図

出典：飯島［1976: 33］をもとに筆者作成

原因をつくる。これらの被害は相互に関連をもちながら連鎖的に生じ、結果として生活設計の変更と生活水準の低下を招き、尊厳ある存在として生きることを難しくする。日本の環境社会学において、公害、労災などの社会的災害によりもたらされる被害の諸相を可視化する理論的枠組みとして引き継がれてきた「被害構造論」である［飯島 1989=1993］。

二つの図が示すのは、公害被害の重層的な広がりである。広義の公害被害は、個人を取り巻く社会関係や生活環境の破壊を含み、外部者から、あるいは当人からさえも被害とは認識されづらい被害として地域社会の中に蓄積されてきた。そうした広義の公害被害が地域社会の中で蓄積してくると、人びとの共同活動が停滞し、地域社会の共同性や文化も損なわれ、自然との関わりも減退・変容せざるを得ないことを、図8、図9は含意している。これらの広義の公害被害を総合的に救済する必要性が、公害地域再生論の出発点である。

「悲願」へ向かう総合的救済

公害地域の「再生」をもっとも早い段階で論じた著書は、筆者が知る限り一九七七年の宮本憲一編『公害都市の再生・水俣』であった［宮本 1977］。そこでは、水俣湾における汚染されたヘドロの除去にとどまらず、地域産業の振興、過疎化の食い止め、傷ついた住民の心の問題にも及ぶ広汎な問題への対処が求められている。また、「生活空間救済・補償」という考え方によって、患者の生活環境を再創造することによる「総合的救済」が提案されている。広義の被害認識にもとづいた公害地域再生の一つの原イメージが、すでにここで示されている。

一九九九年に『環境と公害』誌上で組まれた特集「環境再生の地域計画」で、宮本憲一は環境再生の基本的な考え方を述べている。宮本によると、日本における環境再生はまず鉱山地域において課題として顕在化し政策化されてきたが、あくまでも産業政策としての原型復旧・復元事業のためのものであることと、原因者である企業の費用負担率が低いことも課題であった。その反省もあって、西淀川などで進められようとする公害地域再生は、「被害者救済や土壌復元にとどまらず、自動車交通の抑制――道路の構造改革、海岸の整備とアクセス、工場用地の再利用、公園・森林や湖・池の造成、市街地のアメニティの復元など総合的な街づくり」〔宮本 1999: 5〕を企業の費用負担を求めて実施していく必要があるとする。

ここでいう「総合的な街づくり」は、総合的救済に重なるが、それは顕在化した被害に対応する対症療法的な政策では実現できない。地域社会全体を「公害を起こさないまち」につくりかえることを意味する。宮本は公害地域の環境再生のための地域計画の手段を、行政、経済、市民の三つのセクターに対応する形で提示している。すなわち①環境基本計画、産業基本計画、土地利用計画、社会資本整備計画による法（条例）的な規制・誘導、②基金創設、補助金、財政投融資や減免税、税金・課徴金などの経済的手段、③環境教育による再生事業への住民参加と環境保全のための自己規制である。

宮本が提起した環境再生論を受けて「環境再生を通じた地域再生」を提起したのが、寺西・西村〔2006〕、礒野・除本〔2006〕および遠藤・岡田・除本〔2008〕など日本環境会議[1]メンバーらによる「環境再生論」の研究群である。これらの環境再生論に一貫する中心命題は、公害によって生じた「環境被害ストック」――汚染物質のストック、人的被害のストック、破壊された自然環境のストック、都市施設と都市構造のストック、破壊された地域文化と共同性のストック――を除去・修復・復元・再生することが、環境再生を通じた地域再生の道筋となるというものである〔清水 2007〕。

では、蓄積された環境被害を除去・修復・復元・再生することと、積極的に総合的救済を進めることは、どのような関係にあるのだろうか。その問いに答えるには、公害によって失われたものが何であったかをもう一度考えてみる必要があろう。まず、失われた生命や健康である。どれだけ願っても、これを取り戻すことはできない。

公害による健康被害は事後的・金銭的補償が不可能な絶対的損失［宮本 1989］なのである。それだけではない。同様に、長い時間をかけて人びとがつくりあげ、受け継いできた地域の環境や文化は、それを受け継ぐ共同体が消えてしまえば失われる。自然生態系や都市インフラのような人工物でさえ、地域そのものの経済的・社会的状況とともに変化しているわけだから、完全に元に戻すことはできない。

そのような意味で言えば、公害によって失われるものは本来、どれも不可逆的、かつ他で代替することのできないものである。それゆえに、総合的救済とはそれらを「元に戻す」ことではない。公害地域に生じた様々な変容のうち、人びとの心身と地域空間に刻まれた「被害」が何であったのかをつねに捉え直し、めざすべき総合的救済＝地域再生のあり方を模索することが、それぞれの地域には求められるのである。

鶴見和子は『内発的発展論の展開』のなかで、水俣病患者によるチッソとの自主交渉の過程そのものが、裁判での損害賠償請求はもとより自主交渉によっても実現されえない患者たちの「悲願」（曲がった体を元に戻してほしい、亡くなった家族を生き返らせてほしいなど）が示顕される場となり、再生の動機づけとなったとする［鶴見 1996］。鶴見は再生の取り組みを、企業（ここではチッソ）を糾弾する過程で明らかにされた患者たちの日常生活の「自力再生」の願いと捉えている。それゆえに、公害地域再生は、公害によって失ったかけがえのないものを取り戻すことをめざしながらも、それが実現できない「悲願」であることを前提とせざるを得ないという、本質的な矛盾を抱え込んでいる。逆に言えば、実現されえない「悲願」と引き返すことのできない現実との間の深い谷間を越えて、公害以前に戻るのではなく地域「再生」へと至る、創造的な飛躍が必要になる。取り戻すことのできない患者の喪失を、忘却するのではなく地域「再生」への出発点として語り継ぎ、飛躍のエネルギーとすることが、公害患者の願いに基づく公害地域再生につながるのではないだろうか。

人間の生活の質（well-being）

公害地域再生は、二〇一一年に起きた東日本大震災とそれに伴う原子力災害からの地域再生に重ねられることがある〔除本 2016〕。被害からの復興をめざす政策に対する、「豊かな土壌、よりよい作物、消費者の信頼、土地と人の豊かな関係、地域の持続可能性などを取り戻すという長く困難な過程を当事者任せにする」〔山本 2021〕という批判は、本当に取り戻す（再創造する）べきもの、取り戻すことが難しいものは、地域の豊かさの源泉となる有形無形のストックであることを浮き彫りにする。人びとの間の信頼や関係性、知識・技術や知恵といった目に見えないストックは一人ひとりの人間、または人間同士の関係性の中に蓄積され、受け継がれていくものであり、これを回復するには「総合的救済」としての地域再生を不可欠とする。

環境被害ストックの蓄積は、本来は人びとの生活の質（well-being）を高めるために人間が必要とする有形・無形のストックが、損なわれた状態として捉えることができる。筆者はこのような地域のストックを「環境ストック」と呼んだ〔清水 2008〕が、宇沢弘文の「社会的共通資本」の考え方〔宇沢 2000〕は、こうしたストックの存在を意識する際の基本的な視座を与えてくれる。社会的共通資本は、人びとの市民的権利を保障するために必要な財・サービスを供給するような資本をさす。清浄な大気・水・土壌、健全な生態系といった自然環境のストックは、健康で文化的な生活環境の基盤を提供してくれる。住宅・道路・生産設備・水道・電気・ガスなどの人工構造物のストックも、本来は安全な生活や生産活動の基盤となるものである。しかし、その本来の機能を阻害するようなあり方、例えば汚染物質を処理せずに排出する生産設備や、事故が多く発生する危険な道路などは、望ましいストックのあり方とは言えない。

環境ストックや社会的共通資本がその本来の性質を発揮するには、ストック量の過不足だけではなく、それがどのように利用され（フロー化され）るかという質の問題が重要になる。社会的共通資本は「社会的な基準にしたがい、管理される」［宇沢 2000: 4］ものとされる。宇沢は、職業的専門家による、専門的知見と職業倫理に基づいた社会的共通資本の管理・運営を重視した。しかし、どのようなストックを確保し、そのストックをどう維持・管理し使うかということ自体が、広く社会の中で決めなくてはならない問題である。福島第一原発事故を参照するまでもなく、高度に発達した科学に基づく技術が社会基盤に不可欠のものとなっている現代において、職業的専門家の専門的知見と職業倫理だけに委ねることが社会的共通資本の「社会的基準による管理」であると考えることはできない［小林 2007］。

一九八〇年代以降、欧米では重厚長大型の旧工業地帯での環境再生や干拓地等の自然再生が取り組まれた［中村・佐無田 2006］。環境再生、つまり人工構造物ストックの一部を、自然的なストックにつくりかえていった背景には、自然的ストック（自然資本）が人びとの生活の質（well-being）を維持向上させるために必要であるという認識の高まり、あるいは自然的環境を好ましいものとして再評価する価値観を必要としよう。

公害地域再生は、地域のストックを過去のある時点の状態に戻すことをめざすのではなく、人間の生活の質（well-being）をより高めていくように、ストックのあり方や使い方を変えていくことをめざすものである。そう考えると、物質的なストックだけが人間の生活を支えているのではないことが容易に理解できる。社会関係（人びとのつながり、中間組織が持つ社会的機能の発揮）や文化（生活様式や行動規範、それらに伴う知識・技術）、それらが蓄積される人間（人材）のストックをいかに再生・創出するか。そのことが、地域における人間の生活の質（well-being）の実現には不可欠になる［清水 2008］。公害地域再生の実践において、物質的なストックの再生と非物質的なストックの再生は、対立的なのか、相補的なのか。あるいは段階的に実現されていくものなのか。実際の取り組み事例から明らかにしていく必要がある。

二　公害地域再生を進めるのは誰か

住民参加による自治体

公害地域再生を進めるのは誰なのか。公害裁判の原告だろうか。より広く、公害被害を受けた人びとか。それとも環境汚染をひき起こした企業であろうか。あるいは、国民の基本的人権を保障する政府・自治体か。「公害地域再生は誰によって達成されるものか」という問いは、意外にもこれまであまり議論されてこなかったように思う。

宮本憲一は、戦後日本の公害問題の解決を促した重要な要因として、住民運動と世論が自治体改革を促し、自治体が環境政策を先導したこと、被害者による公害裁判の勝利が被害者救済を進めたことを重視している［宮本 2014］。したがって宮本は、環境再生の地域計画の主体は「住民参加による自治体」であるとし、自治体とＮＰＯ・ＮＧＯとのパートナーシップによる実現に期待をかけている［宮本 1999］。国内外の事例から、住民運動が自治体の政策や事業を動かし環境再生に取り組んできたことを強調するのである。あおぞら財団設立時、財団の運動に大きな示唆を与えたものに英国のグラウンドワーク・トラスト活動がある。第2章で後述するように、あおぞら財団の設立にあたり、西淀川患者会関係者と研究者が英国のグラウンドワーク・トラストの取り組みを視察しており、財団の構想はグラウンドワーク・トラストを一つの手本としている。宮本は、当初は公共サービスを縮小するための方法として導入されたグラウンドワーク・トラストであったが、「専門家集団をつくって、自治体、企業、住民の三者を統合して地域再生のプランをつくり、教育し実行する役割をはたしている」［宮本 1999: 7］として、地域再生シンクタンクとしての実績を評価している。そこから宮本は、公害地域再生の主体となる「住民参加による自治体」のあり方を、企業・住民と協働する自治体と、それを牽引する専門家集団として示している。

宮本はあおぞら財団設立以来、理事・顧問として財団の運営に助言してきた。大阪湾岸エリア一帯を視野に入れた地域開発の政策転換を実現するため、あおぞら財団が専門家を集めるシンクタンクとなり、大阪市・大阪府と協働して環境再生政策を推進する主体となることを期待していたと考えられる。しかし、宮本は二〇一四年の『戦後日本公害史論』において、西淀川の地域再生について、企業は地域再生への協働が十分でなく、自治体（大阪市・大阪府）は環境再生に向けた政策転換ができていないと厳しく評価をしている。宮本はあおぞら財団を「運動体ではないので会員の増大は望めず」、自治体や企業との協働（原文では「協同」）が難しいので、やはり自治体が「政策転換をしなければならない」［宮本 2014: 683］とする。本当にそれが可能か、またそうであるべきかどうかは、本書の後半をふまえて考えるとして、ここでは、公害地域再生の主体を考える際に「参加・協働」を避けては通れない時代的背景について、振り返っておきたい。

公害地域再生というテーマが浮上してきた一九九〇年代は、環境問題の中でも地球環境問題がクローズアップされた時期であった。一九九二年にブラジルのリオデジャネイロで開催された「国連環境開発会議」（以下、地球サミット）ではNGOの参加が注目され、「参加」は環境問題における重要概念となった。地球サミットで採択された「持続可能な発展のためのアジェンダ21」では、NGOや地方自治体の役割や、先住民、子供・若者、女性など社会的に排除されがちであった人びとの参画を重視するなど、「参加型」政策形成への指針が示された。日本においても一九九三年に環境基本法制定と環境基本計画策定にあたって政策決定・実施への市民参加機会の創出と市民活動支援が盛り込まれ、市民セクターの「参加」が環境政策の柱の一つとして明記された。中間支援組織である環境パートナーシップオフィスの開設（一九九六年）や、市民活動助成のための地球環境基金の創設（一九九二年）など、ＮＧＯ・ＮＰＯ活動支援体制も整えられ、政策実施における市民との協働の体制も整えられた。さらに一九九九年に情報公開法制定、二〇〇〇年に地方分権改革、二〇〇五年に意見公募手続（パブリック・コメント）制度導入など、二〇〇〇年前後には一般的な政策決定への市民参加を拡大する制度整備が進んだ。

ひらがなで表記される「まちづくり」が、従来の専門家と官僚機構による「計画」過程よりも広く多様な市民・住民の参加と協働を含んだ概念として使われるようになったのも、一九九〇年代以降である［饗庭・山崎 2024］。一九九五年の阪神・淡路大震災をきっかけにして、まちづくりにおける市民参加の幅が広がったという分析［江守・伊澤・横山 2009］もあり、一九九〇年代から二〇〇〇年代にかけて、各政策分野で市民（住民）の参加・協働が拡大をはじめた。

藤田研二郎によると、環境政策における「参加・協働」の萌芽は、一九八〇年代のアメニティ政策に見られる［藤田 2019］。一九七〇年代後半から八〇年代にかけて反公害の世論への反動により生じた「環境政策の後退」は、環境アセスメント法制定の挫折、二酸化窒素環境基準の緩和、公害健康被害補償法における第一種地域指定解除など、公害対策の停滞と後退を意味する。他方では、公園・緑地の保全整備や、地域の歴史・文化をいかした景観保全など、アメニティ＝「快適環境」の形成につながる総合的な政策として、アメニティ政策が環境政策の焦点となった。アメニティは生産と生活、ハードとソフト、人工と自然、保全と創造など、様々な要素を総合する「トータルな環境の質」［進士 1992］を意味する。住民の参加・協働により地域の歴史文化を再評価することで、物質的環境の保全・改良が進む。英国で歴史的建造物と自然景観の保護に取り組む「ナショナル・トラスト」などの市民セクターの活動が紹介されたのも、この時期だった。

公害対策に続くアメニティ政策が必然的に住民の参加・協働を必要とするものであったとすれば、公害地域再生も自治体によるアメニティ政策の具体的課題の一つとして、住民の参加・協働によって進められると位置づけてもよいだろう。ところが、藤田［2019］はこの時期の環境省および関係者による発言等から、政府の言う「参加」は、政策決定への参加よりも政策実施への参加を意味していたと明らかにしている。政府が環境政策において参加・協働を制度化し、市民セクターの自主的・主体的取り組みを促進したことは、「環境政策の後退」を埋め合わせるためのものであった。裏返せば市民は「自分でやる」ことを求められたに過ぎなかった。藤田［2019］はさらに、生物多様性政策では参加・協働の促進によってＮＰＯの自主事業に依存する「政策実施体制の丸投げ」が生じ、行政や企業の事業展開が弱いままであったことを指摘している。

参加・協働と一口に言っても、それが実際に意味するところは様々である。大久保［2020］は、二つの意味での「協働」概念、すなわち多元的な主体が対等なパートナーとしてヨコに連携・協力して課題に取り組む「多元的協働概念」と、規制緩和や行政の効率化の観点から公共サービスの民間解放をさす「分担的協働概念」を峻別する。市民セクターと行政とのタテの協働を指す「分担的協働」は、ＮＰＯを行政の「下請け」化するという批判はこれまでも繰り返されてきた［宮永 2011］。下請け化と丸投げは一見して逆の現象だが、一方向的な関係であり協働ではないという点で、本質的にはどちらも「協働の失敗」である。

一九九〇年代に立て続けに和解が成立した複数の大気汚染公害訴訟の「出口」として、被害者運動が「公害地域再生」を掲げたのは、政策過程への市民／住民の参加と協働を拡大しようとする機運が存在したからだった。「環境政策の後退」期によく用いられた「公害から環境問題へ」という表現は、明確な加害‐被害関係を伴う公害問題から、複雑で多岐にわたる加害‐被害関係を伴う環境問題へ、という主体間関係の変化も含んだものであった。公害・環境問題の構造変化の認識を背景に、公害地域再生においても参加・協働によってそれを担う主体を見出し実践していくことが求められたのである。しかし、そこで語られる参加と協働は、タテの参加・協働なのか、ヨコの参加・協働なのか。あるいは実際には「下請け」や「丸投げ」と見なさざるを得ないようなものだったのか。公害地域再生における参加・協働の内実について、実際の取り組みから分析していく必要がある。

社会運動の変化

その出自において公害被害者運動からの連続性をもつ公害地域再生の実践は、ローカルな社会運動としての性格、すなわち「運動性」を持つ。しかし、あおぞら財団は、必ずしもその延長線上に運動を展開し続けてきたわけではなかった。その背景として、時代とともに社会運動そのもののあり方に変容が生じていることを見ておく必要がある。そこで、以下では地域に根差した公害地域再生の運動的側面を念頭において、社会運動のあり方や社会運動の論じ方に生じた変化について述べておきたい。

まず、社会運動と政策・制度との関係に関連して、運動の成果である「制度化」は、運動それ自身を変容させる。環境社会学者の寺田良一は、一九九〇年代以降、環境政策や組織レベルの環境管理を実現するという形で環境運動が社会変革の目的を達成する反面、運動としての社会批判性が減じる「制度化」が進んだことを指摘する［寺田 2018］。寺田は、「制度化」の問題点を大きく四点挙げている。一つは「制度」の範囲が生態的な環境改善に必要な取り組みをどの程度カバーするのかは検証困難であること。二つに、形だけ「制度」に適応した表面的な環境配慮に陥りかねないこと。三つに、環境負荷の配分やその公正性が考慮されにくいこと。四つに、非市場的領域における環境負荷改善は視野に入りづらいことである。立法・行政による「制度化」は、必ずしも運動が求めた社会変革と同じではないことに留意しておく必要がある。また、いったん「制度化」されると制度の維持自体が目的化され、その枠外にある問題がかえって等閑視される危険がある。それら未認知の問題を社会的に「構築」し、政策形成者に認知させることが、環境運動に求められる新たな役割となる。

次に、社会運動とボランティア・ＮＰＯの「事業」「活動」との関係に着目すると、両者の境界はかつてほど明確でないことに気づく。社会学者の西城戸誠は、「住民運動」がボランティア・NPO活動を含むより高次の「市民運動」と段階的に移行すると仮定する議論への批判［道場 2006］の意義を認めつつ、実際に社会「運動」団体がNPOなど「事業」に取り組む団体に変化していく例があることを指摘した［西城戸 2008］。本来であれば、社会運動は対抗性に、NPOの活動は公益性（他益性）に特徴があり、両者の違いは行為のラディカル性の度合いにあるとするのが一般的な理解であるが、「政治自体の変化（市民参加、協働などの制度設計といった合意形成システムの変化）を起因として運動体の政治への対抗性が弱まることや、運動体自体が政治的対立から資源分配様式のあり方へ対抗軸を変更し『事業化』する」傾向をもつ［西城戸 2008: 23］ことから、実は社会運動もNPOもそれほど変わらない存在である場合もあると述べている。そして両者を同じ分析概念で議論し、個別事例からどのような契機で「運動」が「事業」へと変化したのかを描くべきだとする。

「制度化」と「事業化」はともに、社会運動がその目的を達成しようとする過程において現れるが、寺田と西城戸がともに警戒するのは、運動が問題視する事象や存在への「対抗性」や、それらの事象・存在を生み出す社会構造や価値観に対する「変革性」を見失うことであろう。逆に言えば社会運動は、既存の社会のあり方に「抗い」、社会を「変える」ことをめざすものだと考えられている。

一方で、それとは異なる社会運動の側面に注目する議論もある。「予示的政治」［小杉 2018］と呼ばれるものである。環境運動を研究してきた長谷川公一は、小杉［2018］が目的達成型運動を「戦略的政治」、自己表出型運動を「予示的政治」として対比していることを受けて、戦後日本の社会運動の大きな流れを表2のように整理している［長谷川 2020］。戦略的志向性は、制度変革や政策転換などのマクロな効果を重視し、予示的志向性は行為のプロセスや創造性、運動理念の体現を重視する。予示的志向性の強い運動は、流動的であり、参加者個人の主体性・主観性を強調する。長谷川は、こうした予示的な運動は「熱しやすく冷めやすい」ものになりがちで、運動

表2　戦後日本の社会運動と志向性

年	代表的な運動・トピックス	同時期の運動の特質	志向性のタイプ
1958	警職法闘争	労組中心の社会運動、政治運動	戦略的志向性の優位
1968	大学闘争	政治運動からの転換、争点の多様化	戦略的志向性と予示的志向性の分岐
1978	琵琶湖周辺でせっけん使用運動活発化	「生活公害」、住民運動	戦略的志向性と予示的志向性の統合
1988	「反原発ニューウェーブ」	脱原発・環境・エコロジー運動	予示的志向性の優位
1998	NPO法の制定	社会運動の制度化・事業体化	戦略的志向性の優位
2008	G8洞爺湖サミット反対運動	社会運動のグローバル化	予示的志向性の優位
2019	気候変動ストライキ、フラワーデモ	経験共有運動	予示的志向性の優位

出典：長谷川［2020: 6］をもとに筆者作成

の成果が見えないと運動のエネルギーが失われることが多いため、変革実現のためには戦略的志向性を持つことも不可欠であると述べる。

戦略的政治から予示的政治へと段階的に推移していくものと素朴に仮定することはできないが、表2の一九七八年の琵琶湖周辺でのせっけん使用運動が「戦略的志向性と予示的志向性の統合」とされていることに注目したい。生活（型）公害は、日常的な生活や消費行動から生じる公害であることから、一人ひとりが自らの生活のあり方を見直し実践するような、個人の行動変容と結びつきやすい。せっけん使用運動は、生活排水による琵琶湖の富栄養化という問題に対して、個人が自らの生活が琵琶湖の環境と直結していることに気づき、生活のあり方を見直すと同時に、リン（P）を含まないせっけん・洗剤を選択することで問題を改善しようと試みた。せっけん使用運動は条例制定や知事選挙など自治体の政治・行政への影響力を持ち、「菜の花プロジェクト」などの発展的活動にもつながったという点で、戦略的志向性と予示的志向性の統合例と言えるだろう。

しかし、一九八〇年代後半に至り、「両者の鋭い分岐と相克が見られるのは、世界の社会運動に共通する現代的な特質である」［長谷川 2020: 7］というように、今日の環境問題の加害-被害関係は複雑化し、明確な「解決」を定義することすら難しい状況にある。公害地域再生も、同様である。そのような状況において、表2で「戦略的志向性の優位」とされるＮＰＯ法の制定が、一方では社会運動の制度化・事業体化を加速させ、逆に「対抗性」や「変革性」を伴った社会運動の戦略的志向性を失わせる方向性へ分岐していくこともありうるのではないだろうか。だとすれば、戦略的志向性は、対抗性や変革性を特質とする社会運動だけでなく、社会的企業などを含むソーシャルセクター［宮垣 2020］全体によって担われるようになってきているという見方もできる。

こうした議論とも関わるものとして、二〇〇〇年代以降、社会運動と社会運動研究に大きな潮流の変化が生じている。社会学者の濱西栄司は、Ｋ・マクドナルドが提唱した「経験運動」論に注目し、従来の社会運動研究に影響力を持ってきた動員論的アプローチの、組織をベースとする「集合的アイデンティティ」概念では、グローバル化と急速な社会構造の変動が進む中で発生する社会運動をもはや説明することはできないとする［濱西 2005］。濱西はさらに、行為論的アプローチをとる社会運動の「経験運動」モデルにおいて、社会運動の参加者が語るのは「われわれ意識」を構築するストーリーではなく、「自分の場所を探す」ストーリーであり、運動の参加者（個人）が他者と出会い自己をつくり上げていく活動＝経験運動として解釈されるものだと述べる［濱西 2016］。そこではヒエラルキー型組織ではない水平的な活動形態、公共空間を占拠する活動に見られる身体的・空間的コミュニケーション、共同作品制作などの協働により他者との一時的な関係を作ること、などの特徴がある。富永京子も、個人化・流動化した社会における「経験運動」に着目し、活動家の日常と運動上の出来事、個人としての行動様式と組織の規範・慣習を往き来する中で形成される社会運動サブカルチャーを描き出そうとする［富永 2016; 富永 2017］。

このような社会運動研究の進展を踏まえると、社会運動は、何らかの社会変革を志向しながらも、そこに働いている力学は目的合理的に集団が個人を動員するものではなくなりつつある。参加する個人の多様な経験、感情、コミュニケーションを起点とし、同一化するのではなく異質さを維持したつながり――「連帯」ではなく「流帯」(fluidarity)［濱西 2016: 48］――が運動を支える状況が広がっていると見るべきだろう。

参加・協働

あおぞら財団の実践は、公害反対運動を受け継ぎ対抗性と変革性を追求する側面をもちつつ、そこに参加する個人の主体形成を促し予示的志向性をもつ経験運動としての側面ももつ。両者が一つの組織の中に併存することが、あおぞら財団の独自性を生み出すとともに、葛藤ももたらしている。あおぞら財団は、設立当初から公害地域再生を参加と協働（パートナーシップ）によって進めることをうたってきたが、西淀川の公害地域再生の到達点を理解するには、その内実を正確に捉えなければならない。その際、近年議論が深まりつつある新しい「協働(collaboration)」概念を踏まえて、協働の概念を再定義する必要がある［清水 2024］。

近年における「協働」の議論は、持続可能な社会は既存の社会の延長線上にはないことへの気づきと、持続可能な発展に向けた社会の構造的変容(transformation)及び転換(transition)［Loorbach 2007］を促す道筋の構想とともに生じているものである。協働は、政策目的を達成するための民主的で効率的な手段として捉えられてきたが、むしろ協働によって生じる社会的学習こそが目的であるという議論である［佐藤・関・川北 2020］。社会的学習の対象は、事実に関する知識、人びとが保持する規範や価値、異なる世界観を持つ他者との信頼関係構築にも及ぶとされる［Lebel et al. 2010］。社会的学習は、ステークホルダーの自己変容にとどまらず、ステークホルダー間関係の再構築、ひいてはガバナンス構造やパラダイムの変化にもつながる［Pahl-Whostl et al. 2007］。

協働という視点から社会の構造的な変容／転換がどのように生じるのかを分析するならば、社会的ネットワーク研究やソーシャル・キャピタル（社会関係資本）研究の進展による知見は不可欠である。ここではごく簡単に鍵となる概念を確認しておく。ある集団のネットワーク構造によって、そこに参加する個人や組織の行為とその結果が影響を受けることを「社会的埋め込み（embeddedness）」［Granovetter 1985］というが、閉鎖的で緊密なネットワークへの「関係的埋め込み」［Coleman 1988］と、開放的で空隙のあるネットワークへの「構造的埋め込み」［Burt 2001］という二つの異なる「埋め込み」があるとされる。「関係的埋め込み」は、固定的な他者と強い相互関係で結ばれるため、情報や規範が共有されやすい。「構造的埋め込み」は流動的な相手との相互作用が生じやすいため、新しい情報取得や、広い情報伝播が可能になる。両者は互いに排除的なものではなく、ある個人や組織の「埋め込み」に両方の側面が見られることは十分にありうる。二つの「埋め込み」は、社会的ネットワークの弱い紐帯と強い紐帯［Granovetter 1973］、ソーシャル・キャピタル研究における結合型（bonding）と橋渡し型（bridging）［Narayan 1999］にも通じる。異なる性質を持った「埋め込み」は、埋め込まれた個人・組織の行動や、社会的ネットワーク全体のあり方に影響を与える。タテの協働とヨコの協働を超えた、メタレベルでの創発的な協働の実相は、分析対象となる個人や組織が、地域や社会にどのような「埋め込み」がなされているかを把握することによって明らかになるだろう。

政策立案・実施過程の枠組みにおける公民連携（タテの協働）、あるいは課題解決のための多主体連携（ヨコの協働）を超えて、社会課題の発見とアジェンダ設定、ステークホルダーの発見と能力形成、継続的なコミュニケーションのためのプラットフォーム構築など、個人の主体形成とともに、「公害を起こさないまちづくり」の探索的な営みを可能にするメタレベルでの条件整備こそが、「協働」を通した社会的学習の果実となる。そこでの「協働」は創発的な過程であり、戦略的、目的合理的な「協働」とは様相が異なるものである。

こうした「協働」観は、環境省の第五次環境基本計画で示された「地域循環共生圏」にもあらわれている。ここでは複数課題の同時解決による価値創造を可能にする、異なる分野の人びとの出会いと学びの機会＝「協働」

が根幹にある［松田 2021］。サステナビリティ・サイエンスにおいても、システム転換を図る創発型の政策アプローチは、従来の環境政策アプローチとは大きく異なるという認識が必要で、共創や協働、ネットワーク型のガバナンス手法を採用しながら実践知を獲得していくことが課題とされている［田崎ほか 2023］。

あおぞら財団は、公害地域再生を掲げ、試行錯誤の中で地域での参加と協働による実践を積み重ねてきた。あおぞら財団が設立された当初に可能であった／期待された「参加・協働」は、今日において大きく変化を遂げているはずである。その変化を捉えるためには、こうした新しい「運動性」や「協働」の見方を必要とする。公害地域再生の主体が持つ「運動性」とは何か。対抗性、変革性、そして予示的志向性、「協働」、それらがどのように組み合わされて、公害地域再生へ向かう主体を形成しているのだろうか。

三　公害経験の継承と地域再生

公害の教訓

表1で見たように、公害地域再生の実践は、公害被害者運動を受け継いでいる。しかしその全てを受け継いでいるわけではないし、被害者運動とは異なる潮流を取り込んでいる部分もある。したがって、被害者運動を含めた公害の経験を継承することは、公害地域再生の一部分をなすことになる。

公害地域再生は、公害などなかったかのようにまちをつくりかえることではない。公害があったことから目を背けるのではなく直視することで、起こってしまった公害の教訓を明らかにし、語り継いでいくことがその中核にある。そこには公害被害が生じるに至った経緯、社会的背景と地域の成り立ち、被害の態様、被害発生に対する社会の反応など、歴史研究を必要とする。(2) 実際、西淀川公害訴訟の原告側弁護団には、公害が発生した経緯を歴史的に遡り、被告側の責任を追及する「歴史班」が設置され、歴史学者らが協力した。(3) 公判で書証として提出された小山［1988］、河野・加藤［1988］、小田［1987］などの研究は、西淀川区において、戦前から無秩序に工場を建設し住民の健康を考慮せず操業した経営者たちや、区画整理などを通じて工場の立地を後押しする一方で、被害者の声を抑えこんだ行政に、戦後の悲惨な公害被害をもたらした責任があることを明らかにしている。

より広く、公害問題が社会にもたらした教訓について歴史学者の小田康徳は、公害問題が歴史認識に及ぼした影響を五点に整理している［小田 2017］。すなわち、①資本の強大化過程における国民の貧困化＝収奪の一形態を表現したこと、②人権問題としての公害と、人権擁護活動としての公害反対運動、③自然環境の価値への目覚め、④あるべき地域像を考察する契機、⑤公害防止技術の必要性への合意の出現、である。公害の経験は、多面的かつ普遍的な示唆を現代の社会に与えうる。グローバルに拡大した産業構造は、公害輸出という形で世界中に被害を拡散させている。グローバル経済が可能にする国境を越えた大量生産・大量消費・大量廃棄の生活様式は公害輸出を含む搾取的な構造のもとに成り立っているという、今日では一定程度共有されつつある認識［斎藤 2020］も、すでに公害の加害－被害構造の解明の過程で具体的に明らかにされてきたことである［飯島 2000］。

上記の小田康徳による整理とも関わるが、公害経験が社会の不平等と不公正に目を向ける契機となったことも重要である。「環境正義（environmental justice）」概念は、環境負荷やリスクの分配が社会的・経済的弱者に偏る配分的（不）公正と、政策決定における住民参加の不備など手続き的（不）公正の両面から、環境問題を政治的・倫理的問題として捉える概念である。寺田良一は、日本の公害反対運動では「環境正義」という言葉こそ用いられなかったが、それは無辜の民の生命・生活基盤の破壊と企業・行政による解決行動の遅滞が、誰の目にも明らかな「環境的不公正」であったからにすぎないと振り返っている［寺田 2016］。

ＳＤＧｓ（持続可能な開発目標）に掲げられているような人類共通の諸価値の認識は、公害経験が現代に残した教訓とも重なる部分がある。公害の経験から普遍的な教訓を汲み取ろうとする総括は、今後も絶えず行なわれる必要があるだろう。ただし、そうした総括の意味が真に理解され、意味を持つには、公害を自分自身の身に体験したことのない人にも、公害の経験が「生々しさ」を伴って想起されうる状況を保つ必要がある。そうでなければ、公害の教訓は少数の専門家のみが知るものとなり、「忘却」されるしかないであろう。

「生々しさ」を伴う継承

筆者を含む研究グループで、公害経験の継承について議論を重ねる中で、公害は「生乾きの過去」であるとした［清水 2021; 清水 2023a; 清水 2023b］。「生乾き」とは、完全に過去になりきっていない、「生々しさ」の残る過去といった意味合いを表現しようとしている。公害が過去になるとは、公害は徐々に歴史的事実になっていくということだ。それは公害経験が「生々しさ」を伴う、つまり傷が痛む感覚を伴う「生乾きの過去」として語られる状況から、かさぶたに覆われた傷のように（少なくとも表面的には）「乾いた過去」となり、次第に癒えた傷＝「乾き切った過去」として語られる状況へ変化していく過程である。「乾ききった過去」になることは、それが示唆する教訓が形骸化し、人びとの意識において「忘却」されることに等しい。

「生々しさ」は、様々なものを想起させる。一九五〇〜七〇年代の日本で「公害」と言えば、汚染された水・土地・空気による病気の苦しみだけでなく、経済至上主義への批判、権力の作為／不作為による人権侵害への批判、近代科学技術への批判などの社会批判を伴って想起されていたであろう。しかし、全体的に見れば公害被害者運動がかつてほどの勢いを持たなくなった今、公害がもつ社会批判の含意は削ぎ落とされ、「公害」が想起させる豊かな意味は失われているように感じられる。多くの人は、公害という言葉の意味やいくつかの象徴的な公害事件の名前くらいは知っているだろうが、その出来事が自分や社会にとって何の意味を持つのかを語ることはできない。

反面、公害が次第に過去になっていくということは、公害の体験者／当事者にとっても、様々な変化をもたらす。社会的な関心が低下したからこそ差別や偏見を恐れる必要がなくなる場合もある。時間経過の中で公害とその原因に対する感情の変化が生じたり、直接の関係者が減ることで発言や行動を縛っていたしがらみから解放されたりして、自身の思いを率直に語り始める人もいる。(4)

ここで、戦争経験の歴史化過程の研究を参照し、公害経験の歴史化過程を想像してみることにする。歴史学者の成田龍一は、アジア・太平洋戦争における戦争経験の語られ方の変化を、「体験」の時代、「証言」の時代、「記憶」の時代と分け、戦争経験が歴史化していく過程を膨大な資料分析に基づいて描き出している［成田 2010=2020］。やや長くなるが、公害経験の歴史化過程を考えるうえで重要と思われる点だけを要約して紹介しておきたい。

まず敗戦直後の「体験」の時代において始まったのは、かつての軍人たちが「自らの戦場や植民地での経験を、同じ経験を有する人びとに『体験』として伝えるこころみ」として書いた戦記の刊行である。各地の戦場における個々の戦闘経験を記述する戦記や、引揚や抑留、銃後の生活などの手記により「体験」が語られ、やがてそれらとはやや距離をおく形で、歴史学者たちの資料分析を経た全体的・総体的な戦争の把握が「通史」や「全史」などの形で示されるようになる。成田は、戦後から一九六〇年代半ばごろまでの約二〇年間を、戦争経験を共有する人びとに向かって自らの「体験」を語る「体験」の時代としている。「体験」の時代において、帝国‐植民地意識、とりわけ自らの加害者性は捨象されるか、特定の論者により萌芽的にしか語られない。

次に一九六五年から一九九〇年ごろまでの「証言」の時代は、戦時を知らない世代が台頭し、冷戦体制の中でベトナム戦争が戦争観にも影響を与えた時代とされる。当事者が筆をとる体験記とは異なり、「証言」の大半は聞き取りにより収集されたものが刊行されて広く共有される。ここでは加害認識や、帝国‐植民地意識についても、戦争経験を共有しない若い世代に向かって語られる。「証言」の時代には「体験」の時代の戦記とは異なる戦争の文脈と認識を新たに提示するものが現れる。「証言」の収集・編集・刊行を行なった作家やライター、歴史学者らは、証言や資料の固有性——経験が当事者にもつ固有の意味——よりも、それらを束ねてひとつの歴史像を提示することに主眼を置く。そこでは、証言を受ける側が証言する側と解釈の枠組みを共有していると想念して証言を集約するが、ズレが生じていると発覚したさいには、歴史家（表現者）と証言者の間の関係性や証言をめぐる葛藤が生じる、と成田は指摘している。

一九九〇年代からの「記憶」の時代においては、戦争経験を持たない人が大多数を占めるようになり、アジア・太平洋戦争が学校教育やメディアのなかで学習するものとなる。そこでは、これまでに語られてきた戦争経験を手がかりに、非経験者が戦争を追体験し、社会における集合的な記憶として戦争経験を構成しなおすことになる。これまでの戦争経験の語り方を戦後の文脈に位置付けて再検証すること、つまり、「いま」の「他者」との関係における戦時の出来事の意味の探究がなされるという点が「記憶」の時代の特徴である。解釈をめぐる対抗・葛藤は「証言」の時代よりもいっそう激しくなる。

「証言」の時代から「記憶」の時代へと進む中で、過去を解釈する文脈が再構成され、多様な解釈が生まれてくる。それが「生乾き」の過去が歴史化する過程であると言えるだろう。戦争経験と公害経験の間には様々な差異があることには注意が必要であるが、「体験」「証言」「記憶」の三つの区分は、公害経験の歴史化過程を整理するうえでも有用である。

公害の「体験」の語りとして、被害者団体や弁護団等が、裁判闘争と公害被害者運動の一環として自主的に刊行した証言集や資料集が多く存在する。それらは世論喚起により運動への支持を広めることや、裁判勝利の記念などを目的としたもので、闘争（運動）の論理が全面的に展開され、高揚感を感じさせるものも少なくない。

公害の「証言」としては、被害者やその家族など、公害の体験者による語りや、集められた証言を展示したもの、映像資料などがあるだろう。全国に設立されている公害資料館［公害資料館ネットワークウェブサイト 2024］は、公害の「証言」を伝える展示や、その根拠となる資料の収集・保存に取り組んでいる。その際には成田が指摘するように、公害の経験をどのようなものとして伝えるのか、いわば公害経験の解釈をめぐる葛藤が生じる［清水 2021］。

そして今や、公害経験の継承は「記憶」の時代に入りつつある。「公害」は教科書で勉強するもの、過去のものと感じる人が多くなりつつある中で、公害を直接的に体験したことのない世代が、公害経験をモチーフとする作品を制作し、それを通じて公害を知るという状況もある。関係者の証言や資料をもとにして公害被害者を描いたマンガ作品を制作し学校授業の教材として使われる事例［池田・伊藤・矢田 2016］や、公害被害の実態を記録した写真家の生涯をモデルにした商業映画が公開される(5)など、表現活動の中で「生々しさ」を取り戻そうとする取り組みが続いている。

「記憶」の時代における継承

上述のように、成田龍一は「記憶」の時代には過去の出来事の解釈が多様に開かれるため、葛藤も激しくなることを指摘している。現在の私たちが過去の公害経験の意味を探究する過程で、公害経験に対する異なる解釈間の葛藤は、必然的に起こるものであり、その葛藤を積極的に受け止めるべきだと筆者は考えている。多様な過去解釈の葛藤は、公害経験の歴史化過程において避けられないだけでなく、葛藤があることで公害経験が今を生きる私たちに与える意味の探究を進めることができるからだ。それは、公害が「困難な過去」であることにも起因している。除本［2024］は、戦争、公害、自然災害、あるいは差別や抑圧など「災厄」「負の経験」「困難な過去」

と呼ばれる様々な事象の本質的な共通性を、高原ほか〔2023〕の「当事者は出来事の核心を意味づける（納得し、表現する）ことにしばしば困難を覚え、出来事をめぐって無数に生じた言説や実践は社会・歴史・地域共同体に回復と緊張をもたらす」という記述に見出している。社会人類学者の竹沢尚一郎も、「負の経験」には合意や定説が存在しないため客観的な展示など存在せず、ミュージアムは多様な声と議論が可能な解釈の抗争の場＝「フォーラムとしてのミュージアム」であるべきだとする〔竹沢 2015〕。

歴史解釈の場を開くという点で、「記憶」の時代における公害経験継承は、近年世界的に関心が集まるパブリック・ヒストリーと軌を一にする。菅・北條〔2019〕で紹介されているように、パブリック・ヒストリーは多様な概念と実践を含むが、公害経験の継承との関連では、「パブリック〔公衆〕の中にある（in the public）歴史〔岡本 2020〕」を、誰がどのようにして顕在化させるかという問題提起と実践を共に含んでいる。「公害患者」の体験として言語化された「公害被害」だけではなく、さまざまな形で公害を体験した人びとの中にある公害を経験化する場をつくり、その経験を広く共有することで、公害をめぐるパブリック・ヒストリーを実践することが、公害経験の継承となる。その際に、上述した困難や葛藤を伴うことになる。

パブリック・ヒストリーの実践の最終的な目的は、過去の解釈それ自体ではない。民俗学者の菅豊は、パブリック・ヒストリーの主たる眼目は「そのような〔歴史学者と普通の人びとの〕上下関係を打ち壊し、多様な人びとが多元的な価値を尊重すると共に、同じ立場で協働して民主的に歴史をめぐって交渉しあう点」〔菅 2019a: 8〕にあると述べている。「困難な過去」のパブリック・ヒストリー実践は、当事者の「語ることの困難」を共有した上で、当事者だけでないパブリック〔公衆〕の歴史として構築する必要がある。

さらにパブリック・ヒストリーは「過去と現在との終わることのない対話を通じて、過去を現在に関わるものとして現在に引き戻して、さらにこれからの未来に引き伸ばして、人びとのために役立てる『現在史』」〔菅

2019b:（4）］の機能をもつ。公害経験をパブリック・ヒストリー化する際に問われるのは、過去が「どうあったか」だけではなく、現在から未来に向けて、私たちが「どうありたいか」であろう。

公害経験の継承には、公害の過去と現在を往復することで「生々しさ」を維持することが必要である。その際、飛び越えなくてはならないいくつかの断絶がある。一つには、過去と現在の間の断絶だ。歴史家の仕事はその断絶を史料によって埋めていくことだが、すべての関係者の動機や行動をたどることはできない。客観的事実を積み重ねても、明らかにできない部分が残り続ける中で、過去の物語をたえず再構成し続けるという飛躍がどうしても必要となる。

もう一つには、公害を自らの問題として生きてきた当事者と、そうでない人の主観の間にも断絶がある。岡部［2017］は災害記憶の継承にあたって、体験者が非体験者に対して語り得ないものが常に存在しており、その両者の溝を越えることの重要性を述べる。公害経験の継承にも同様に言えることであるが、それは体験者の存在を絶対化することではない。高山真は、原爆投下時の長崎で爆心地からやや離れたところで被爆した被爆者が、爆心地近くで被爆した被爆者と比べて（被爆の程度が少ないことから）自らの被爆体験の語りづらさを感じていたが、様々な被爆者の語りや、被爆体験調査、被爆をテーマとした文学作品を読むことなどを通じて、爆心地近くの被爆者の体験をも内面化し、「被爆」の全体像を結んだ様子を描いている［高山 2016］。高山は、乗り越えられない「不可能性」を前提にして、他者の経験に近づいていく過程を、「〈被爆者になる〉」という言い方で表現している。

公害経験を継承するということは、個別の事実や他者の体験の「わからなさ」が残り続ける状況で、公害経験の全体像を結ぼうとする試みだと言える。何らかの意味で最も過酷な被害を経験した被害者を中心とした、被害の同心円構造を念頭に、彼らが語れない／語らない場合には、そこに隣接する円の被害者が語り、またその次……というような固定的なヒエラルキー構造だけで公害経験を捉えようとすると、中心にある公害経験は神聖化され、意味づけを更新するきっかけが見出しにくい。本書でいう公害経験の継承とは、被害体験の濃淡や有無に差異のある主体が、継承の当事者として自らの過去を振り返り、その意味づけを更新し合う過程の中で、たえず公害経験を共同的に再構築していく可能性が生まれてくるものである。

ここで、テッサ・モーリス - スズキの「真摯さ（truthfulness）」を思い出したい。どの物語が正しいかを選定してそれ以外の物語を抹消するという態度ではなく、どの記憶の物語にも、その語りなおしにも耳を傾け、それらと対話をするなかで、物語の方ではなく「現在の自分」の方を「定義し、定義しなおす」ような態度のことである。つまり、公害経験を継承する主体は、現在の自分を定義しなおすために、過去や他者の経験に触れ、それを内面化するのである［モーリス - スズキ 2014］。

例えば、傍観者であった沖縄の反戦地主二世が自身の「欠落」を自覚した時に、平和活動家への「飛躍」が始まるという描写［門野 2005］は、公害被害者が運動への参加を通じて被害経験を他者に向けて語ることで、公害被害の経験を否定せず受けいれるようになる過程［堀田 2002］と共通する、経験の外化（表現）と内面化の相互作用を示している。

しかし、他者との相互作用をとおして表現される公害経験は、ＳＮＳ等で瞬時に「拡散」していくような言説とは明らかに異なっている。一見平和で安全な今日の社会において、生命の危険や理不尽な苦難に遭遇した経験もほとんどないという人間が増え、他者の痛みにじかに触れる経験すら少なくなっている。表面的な安寧のもとでは、痛み苦しみの訴えや、怒りなどのネガティブな感情の発露は、安寧を脅かすものと受け止める聴き手もいるだろう。他者の痛みに対する感受性とそれを受け止めることのできる主体性を持たなければ、語り手だけでなく聞き手自身も深く傷つくことになりかねない［清水 2017］。対話の場の安全性は、できるだけ保証される必要があり、「困難」な過去／歴史の教育と学習にあたっては、様々な工夫と配慮が必要である［Rose 2016］。ただし、そのような対話は、必ずしも意図的に設定された対話の場に限る必要性はない。他者が抱える傷つきへの気づきや、コンフリクトを回避せず、自己と異なる他者とに向き合う機会は、本来ならば日常生活の中にあるはずである。そうした日常的な経験が、学校教育のみならず社会の中に欠如していることが、公害の経験化ではなく「忘却」に向かわせる力になってしまう。

公害地域再生において、「記憶」となっていく公害経験をどのようにして継承するのか。逆に言えば、公害経験を継承することによって、どのような公害地域再生が可能になるのか。公害地域再生の実践と、公害経験を継承する営みの相互関係については、未だ十分に議論されていない。ただ、現時点で言えることは、公害地域再生は、公害という困難に向き合い、公害による傷を修復しようとする試みを避けられないということだ。この点に、公害地域再生の実践のまちづくりとしての特殊性がある。公害経験を「生々しい」ものとして継承しうるかが、公害地域再生の実践的な価値を左右するだろう。継承とは言いかえれば、公害地域再生の主体をつくり続けることである。公害地域再生は、公害経験を「生々しさ」と共に継承し、公害地域の「総合的救済」の意味や患者の「悲願」を受け止めて内面化する主体の創出を必要とするだろう。ではそれが実際にはどのようにして実現されるのか、を西淀川の事例から明らかにしていく必要がある。

四　対象・主体・継承をめぐる論点

本章では、公害地域再生の対象、主体、そして公害経験の継承という三つの視角から公害地域再生を考える際の諸論点について述べてきた。それらの論点を、もう一度整理しておこう。

第一に、公害地域において再生すべき対象は、人びとの生活の質（well-being）に不可欠な有形無形のストックであるとするならば、それらのストックの再生はどのようなプロセスで進められるのか。自然環境と人工構造物の物質的なストックの再生と、人材や社会的なつながり、文化といった非物質的なストックの再生とは、対立的か相補的なのか、それともどちらかが先行するのか。

第二に、公害地域再生の主体において、その運動性とはどのようなものか。対抗性を前面に出し政策転換を求めるのか、参加者の自己表出や経験共有を重視し連帯（流帯）の形成を重視するのか。それに関連して、公害地域再生の主体は、タテに協働するのか、ヨコに協働するのか、あるいはより基層的な次元でのアジェンダ設定やプラットフォームの構築をめざして社会的学習を重ねるのか。公害地域再生における参加・協働と運動性はどのような関係にあるのか。

第三に、公害地域再生にとって、公害経験を継承することはどのような意味を持つのか。公害の経験を「忘却」しようとする力に抗して、「継承」しようとすることには、つねに困難を伴う。公害の経験を継承しながら地域を再生させる際の困難を、いかにして乗り越えるか。

これらの論点について、第3章以降で西淀川における公害地域再生の実践を検証することで、公害地域再生論をより学術的、実践的に意義のあるものとしたい。そのことが、本書のねらいの一つとなる。

注

（1）日本環境会議は、都留重人を委員長として一九六三年に発足した「公害研究委員会」を母体とし、一九七九年に設立された。公害・環境問題の解決にむけて取り組む研究者、弁護士、実務家、医師、被害者運動団体、市民などが参加して現場に立脚した研究や政策提言を行なってきた組織である。

（2）小田康徳は、公害問題の歴史研究に取り組み始めた当時、ほとんどの研究仲間は「公害問題に歴史があり、その研究が必要であるという認識からは遠かった」と言う［小田 2024: 24］。公害は「現代の問題」であり、歴史学の対象ではないというのだった。しかし小田は「時代の変遷するなかで生じた具体的問題を、時代の基本課題との関わりで考察し、その変化の意味を理解するのだから、それはやはり歴史学の課題である」と考えた［小田 2024:24］。

（3）当時の様子が小田［2024］で回顧されている。

（4）筆者が二〇二三年十二月に公害資料館連携フォーラムin福島に参加した際、福島からの参加者から「原発事故について何か言うことが誰かを傷つけることになるから、周りの人と事故のことを話せない」という趣旨の発言が相次いだ。この発言からも、東日本大震災・福島第一原発事故から一四年が経とうとする今、単に時間が経過すれば苦しみから解放されるとは考え難いことがうかがえる。

（5）『MINAMATA—ミナマタ—』（原題は“Minamata”）はアンドリュー・レヴィタス監督により二〇二〇年に製作され、二〇二一年に公開された映画である。水俣市では有志により二〇二一年九月十八日にプレミア上映が実施された。後援を求められた水俣市は「映画の内容が不明」として後援を拒否したが、熊本県は後援を承諾している。

第2章　公害地域再生の理念と構想

本章では、あおぞら財団がどのような歴史的背景のもとで、公害地域再生という新しい理念を掲げたのかを確認する。そのためには、西淀川の公害反対運動と訴訟、ついで訴訟の和解に至る経緯をたどる必要がある。

一　公害反対運動から公害被害者運動へ

まちぐるみの公害反対運動

除本・入江・尾崎・林〔2010〕および除本〔2013〕は、西淀川における「環境再生のまちづくり」が取り組まれた背景として、宮本憲一による理論的影響があったことと、公害訴訟の提起と同時期にまちづくりの課題が先鋭化してきたことをあげている。前者については、公害被害者運動がもつ「公共性」や、欧州における環境再生の都市計画等から、被害救済からアメニティづくりまでを含む「環境再生のまちづくり」の重要性を宮本が論じたこと等を指す。また、「四日市の大気汚染訴訟判決でコンビナート企業の責任が認められ、原告が勝っても、コンビナートからは相変わらず煙が出ている。裁判に勝つだけでは公害はなくならない」ということを、宮本憲一が語ると同時に、西淀川の公害反対運動のリーダーである森脇君雄も同じことを語っていたことから、宮本の西淀川の運動への理論的影響を読み取っている。

後者のまちづくりの課題については、一九七七〜七八年の工業専用地域用途指定計画反対運動と、一九八〇年代後半のフェニックス計画（大阪湾に造成する廃棄物埋め立て地への搬出基地建設計画）への反対運動をあげている。(1) しかし、西淀川の公害反対運動は、その初期段階からすでに公害を起こさないまちづくりを求めるものであったのではないかと筆者は考えている。総合的かつ計画的なまちづくりの欠如によって公害が引き起こされたがゆえに、当初から「まちづくり」を求める視点が、西淀川の運動にはあった、というのが筆者の見立てである。そのことを踏まえ、以下に西淀川の公害反対運動の起こりから概観してみたい。

一九六九年に西淀川区大和田の廃油再生工場が高濃度の亜硫酸ガスを排出し、これに住民が抗議した永大石油鉱業公害事件は、西淀川の公害反対運動の「原点」［西淀川公害患者と家族の会 2008］とされる。汚染はすでに事件以前に発生していたが、小山仁示はこの事件を「周辺住民だけの単発的な抗議行動から、広域的で広範な住民層を結集した運動へと、質的発展が生じた」［小山 1988: 198］きっかけであったとする。工場からの亜硫酸ガスで被害を受けていた住民らが、工場に直接抗議をしても工場側の対応は悪く、住民らは「永大石油から公害をなくす会」を結成してビラや集会等を通じてこの問題を広く発信した。結果として、永大石油に対して大阪府が公害防止対策をとるよう行政命令を出し、工場は移転し大阪市が土地を買収することで決着した。この運動を契機に、「永大石油から公害をなくす会」は、「西淀川から公害をなくす市民の会」へと発展する。工場と周辺の被害住民との直接的な交渉だけではなく、広く西淀川の問題として賛同者を集め、公害のないまちづくりを求める運動が始まる。森脇君雄によると、自民党を除く全ての政党、労働組合、「西淀川から公害をなくす市民の会」が共同で外島地区への公害企業進出反対集会をよびかけ、一七〇〇人の区民が詰めかけたという。また、地縁組織（地域振興会、日赤奉仕団）が「西淀川公害追放委員会」を組織し、公害反対運動は政治的立場を越えたまちぐるみの運動となった［森脇 2010］。

このまちぐるみの公害反対運動の事務局を担ったのは、一九六九年に開設された千北病院(2)であった。田中・金谷［n. d.］(3)は、全国民主医療機関連合会（全日本民医連、略称：民医連）(4)の公害研究集会において報告したと思われる資料で、民医連加盟の病院・診療所が公害反対運動の組織強化や運動に必要なサポートをしてきたことが述べられている。一九四七年に民医連に加盟する淀川勤労者厚生協会（以下、淀協）は、西淀川労働会館付属西淀病院（以下、西淀病院）の開設を起点に、千北病院ほか西淀川区内に複数の診療所を開設した。また、開業医による西淀川

表3　西淀川区の公害反対運動の経験

時期（年）	公害反対運動
1959–1964	製鋼工場（大阪製鋼）の煤煙に対する公害反対運動
1960–1963	製鋼工場（田中電機）の塵埃・騒音・振動に対する公害反対運動
1968	大野川に高速道路建設計画[(6)]に対する緑地化を求める住民運動（対自治体）
1969–1971	局地的に発生した高濃度SO_2に対する闘い（永大石油鉱業公害事件）
1970–1971	臨海埋め立て地（外島地区）公害企業進出計画反対運動（対自治体）
1972	大阪空港石油パイプライン敷設計画反対運動（対自治体）
1973–1975	高速道路大阪西宮線建設反対運動（阪神高速道路公団）
1975	六価クロム汚染調査活動反対運動（日本化学）
1978	西淀川大気汚染公害訴訟の提訴
1978–1979	工業専用地域用途指定計画反対運動（対自治体）
1978–1981	NO_2汚染実態調査
1981	高速道路大阪西宮線開通事前調査

出典：田中・金谷［n. d.］をもとに筆者作成

区医師会が千北病院内に公害被害者検査センターをつくり、患者の発見と治療に大きく貢献した。保健所以外に公的医療機関がなかった西淀川区において、政治的立場を超えた医療者たち[(5)]の献身は被害者の救済に大きな役割を果たした。西淀川が「医療の社会化」運動の重要な拠点であったことと、西淀川区医師会の地域医療活動については、尾崎［2013］が詳しい。

田中・金谷による上記資料では、「西淀川区の公害反対運動の経験」として、病院・診療所が関わってきた運動を列記しており（**表3**）、西淀川の公害反対運動は「公害のないまち」を求める運動であったことがわかる。

一九七〇年代前半は全国で公共事業への激烈な反対運動が展開された時代であった。空港、高速道路、発電所、新幹線、港湾整備などの「ビッグプロジェクトに対して、地域ぐるみの大闘争が展開されるのが常」［小山 1988: 222］であった。中小規模の工場が密集する西淀川においても、そうした都市インフラ施設を建設しようとする「ビッグプロジェクト」が次々と計画されていたのである。公共事業がもたらす公害への社会的関心は、西淀川公害訴訟（二〜四次）において道路管理者である国・公団を被告とする流れにもつながる。戦前からあらゆる公害が起こっていた西淀川で、戦後に高まった公害反対運動は、工場都市化――その実態は都市計画と公害防止策を欠いた無秩序な住工混在地域の形成――が進行するにしたがい、「公害を起こさないまちづくり」を求める運動としての性格を持っていった。

公害被害者運動と訴訟――二つの目的

無秩序な工場都市化が進行する西淀川区では、公害のないまちづくりを求めた公害反対運動が高まる一方、大気汚染による健康被害が蔓延し、公害被害者運動が生まれた。一九六九年に「公害に係る健康被害の救済に関する特別措置法」(旧法、以下特措法)が公付され、西淀川区は大気汚染による被害者を救済すべき指定地域となった。これによって一九七〇年から公害病患者の認定審査が始まり、西淀川区医師会が検査を委託された。先述のように、淀協に属する千北病院の一階に、開業医が集まる西淀川区医師会が公害被害者検査センターを設置し、つぎつぎとやってくる患者を検査した。「大和田生活と健康を守る会」[7]の書記を務めていた森脇君雄は検査センター窓口に座り、日々公害患者らと接することになった。森脇は千北病院の臨床検査技師であった田中千代恵らと話し合いを重ね、一九七二年十月に「西淀川公害患者と家族の会」(以下、西淀川患者会)の結成に至った。

患者会結成前、「当時は『公害なくせ』との声が圧倒的で治療費の問題や被害者の救済については考えが及びませんでした」[西淀川公害患者と家族の会 2008: 115]とあるように、盛り上がりを見せていた「公害のないまちを求める運動」は、西淀川患者会の活動にも引き継がれる[8]。一方で、西淀川患者会結成後は、被害補償に関する運動も展開されていった。特措法による補償は「当面の応急措置として緊急に救済を要する健康被害に対し民事責任とは切り離した行政上の措置を講ずることを目的とする」もので、認定患者には医療費の自己負担分、医療手当、介護手当が支給されるものの、対象地域は限られ、対象患者の疾病、居住・通勤年限も制限された点で患者にとって不十分なものであった。一九七三年三月から五月には、西淀川患者会は大阪市に対して企業拠出金による市独自の患者救済制度の実施を求めて交渉した。大阪市は特措法を補う形で一九七三年六月に「大阪市公害被害者の救済に関する規則」を定め、「公害被害者の救済に関する要領」を一九七三年六月から実施した。区内の硫黄酸化物排出量が多い企業から資金を拠出させ、被害への補償の原資としたのである。

一九七三年に制定された公健法についても、西淀川患者会は国に要求をしている。制度創設の動きを知った患者会準備会の役員が、一九七二年十一月に大阪市に説明会を開かせ、十二月には「公害による損害賠償補償制度創設にあたっての請願」を環境庁長官、中央公害対策審議会部会長・専門委員長、大阪府知事、大阪市長に提出するなど、自治体を通して制度案への要求を伝えた。七三年には全国の公害患者組織によびかけて、環境庁に対して煮詰まっていない課題について意見を述べ、例えば児童への補償手当を法案に反映させた［西淀川公害患者と家族の会 2008: 124］。

西淀川では、公害のないまちを求める運動に加えて、一九六九年の特措法によって公害病患者の存在が可視化されたことによって地域医療者と患者が連携して運動体を形成し、国・自治体との交渉をつうじて公害被害救済制度の改善を勝ち取っていった。しかし、西淀川の公害反対運動はそこで終わらず、一九七八年に訴訟を提起する。森脇が「四日市訴訟の住民勝訴は私たちの運動に大きな励ましを与えました。被害者みずからの運動の筋道を教えてくれました」［「森脇君雄さん、豊田誠さんの古稀を祝う会」実行委員会 2005: 21］と語っているように、一九七二年の四日市公害訴訟判決(9)が、西淀川での訴訟の可能性を意識させたようである。森脇はすでに一九七三年五月には青年法律家協会(10)の事務局を訪ねて、西淀川で大気汚染裁判ができないかと相談している［西淀川公害患者と家族の会 2008: 139］。弁護士会、患者会の内部で訴訟の可能性や意義の検討を重ね、患者会は提訴の方針を固めていった。一九七七年八月に大和田小学校で開催された西淀川患者会臨時総会において、提訴が決議された（**口絵2参照**）。

原告には一～四次を合計して七二六名[11]が名を連ねた。

なぜ、訴訟を提起する必要があったかについては、史料を踏まえて慎重に研究する必要があるが、ここでは差し当たり、二つの目的があったと見ておく。

第一の目的は、公健法では被害救済が不十分であるため、損害賠償請求訴訟によって補償を獲得するというものである。公健法には死亡者に対する補償や過去分被害への損害賠償、生業補償、移転補償がない、給付金（賃金補償）に男女の格差があるなど、不十分な点が多く残っていた。西淀川公害患者と家族の会［2008］は、次のように訴訟提訴の動機について説明している。

> 私たち患者会は多くの支援と粘り強いたたかいで、公害健康被害補償法（公健法）を勝ち取りましたが、法律の中では誰が空気を汚染した犯人なのか、明確になっていませんでした。「企業にも責任の一端はある」といいながら、国の法律に逃げ込んでいました。要するに、企業は裁判で訴えられるのを恐れて、個別の責任を明らかにせず、集団で補償することで責任逃れを画策していました。私たちは企業を十把ひとからげにするのではなく、どうしても「この企業が公害まき散らしの犯人で許せない」「負けてもいいから法廷に引きずり出したい」という思いがありました。
>
> ［西淀川公害患者と家族の会 2008: 138］

公害患者のこうした思いの背景には、一九七三年十月から一九七四年二月にかけて行なわれた、関西電力（以下、関電）との直接交渉の経験がある。西淀川患者会は関電の尼崎発電所が西淀川の大気汚染の最大の原因だと考えていたが、関電は西淀川での公害被害の責任の一端はあると認めながら、西淀川区内に発電所はないとして、直接補償を拒否していた。「公健法が除外している過去分補償については『新たな対策』、つまり、裁判で争う決意をいっそう固めていくこと」［西淀川公害患者と家族の会 2008: 142］になったという。西淀川患者会は一九七五年の第四回総会で、訴訟を含めて公害被害の加害責任を追及する方針を決議した。

もともと西淀川区内の公害をなくす運動に注力していた西淀川の公害反対運動が、尼崎にある関電の発電所に注目したのは、訴訟の可能性を探る過程で汚染源調査の分析を行なったことがきっかけだったようだ。除本ほか［2018］によると、西淀川患者会が西淀川の大気汚染の最大の原因は関電だと考えたのには、次のような経緯があると考えられる。大阪市の西淀川区公害特別機動隊による工場調査などによって、区内各工場からの汚染排出量や、尼崎市や大阪市此花区などの隣接地域の寄与度も明らかにされた。この調査結果を用いて、西淀川患者会が学習資料[12]を作成した。その中で尼崎市の工場も含めた硫黄酸化物の排出源が患者に可視化され、関電の大気汚染に対する寄与度の大きさが明らかになった。

訴訟を提起した目的の二つめとしては、訴訟によって「環境政策の後退」に抗議することが考えられる。一九七八年の西淀川公害訴訟提訴直後に、提訴の前提となる二酸化窒素の環境基準が緩和され、西淀川の公害被害者らは、実態は何も変わっていないにもかかわらず、一日で汚染地域が非汚染地域になるという事態に抗議しなければならなかった。この動きが、いずれ公健法の地域指定解除をねらうものであることを[13]、西淀川患者会は熟知していた。こうした産業界による「まきかえし」に対して、各地の全国の大気汚染公害被害者団体は連携して牽制する必要があった。一九七三年十一月に「全国公害患者の会連絡会」が結成され、「公害健康被害補償法の政令制定にあたっての請願」を提出するなど、補償法案の改善を求めた。その後、一九八一年五月には「全国公害患者の会連合会」に改組して東京に専従事務局を置くなどして「まきかえし」に抵抗することに注力した［西淀川公害患者と家族の会 2007］。

宮本憲一は、西淀川公害訴訟などを、四大公害訴訟と公共事業裁判に続く「第二次公害裁判時代」［宮本 2014:

541］と呼び、「環境対策の後退」への抵抗として位置付けている。(14) また、除本ほか［2018］は、大気汚染源としての窒素酸化物への着目に関連して、公害訴訟の最先端の問題に取り組もうとする弁護士らの意欲を読み取っている。すなわち、当時の公害訴訟の焦点は賠償請求から差止請求へ、また、民間企業の工場による公害から道路や空港などの公共性の高い施設による公害へと移行しつつあった。弁護団らは汚染の差し止めを請求内容に入れるとともに、道路公害を西淀川公害訴訟の内容に組み込んだ。これを除本らは「公害地域再生とまちづくりに関する『提案型』の運動へと踏み出していく前段階にあり、その源流として位置付けられる」［除本ほか 2018: 9］ものとしている。

このように、西淀川公害訴訟には、第一に加害責任を明らかにして正当な賠償を求め、損害賠償責任を追及するという目的に加え、第二に不十分ながらも患者の生命線であった被害救済制度（公健法）を維持・改善し、公害発生構造を告発して政策転換を促す政策形成訴訟［淡路 2012］というもう一つの目的があったと考えられる。西淀川の公害被害者運動は、足元の地域で公害のないまちづくりを求める住民運動を続けながら、他方で、地域を越えて、自ら企業や政府・自治体とわたりあって公害被害者の救済制度・政策を求める運動の中心的存在にもなっていった。結果的に制度・政策をめぐる運動は成果を勝ち取ることができなかったが、西淀川の公害被害者運動は、これをバネにして企業と国・公団に対する損害賠償請求訴訟を大衆運動的に展開し、反公害の世論を再び高めていこうとした。

二　訴訟の解決

運動方針の転換――裾野を広げる

産業界の「まきかえし」による環境政策の後退に抵抗する運動に力を入れざるを得なかった一〇年間、西淀川公害訴訟の審理は停滞し、長期化していた。一九八八年以降、原告団と弁護団は西淀川公害訴訟への世論の関心を再び高めて反転攻勢に出ようとする。入江智恵子はこの転換を、「それまでの患者会組織のネットワークを基盤に国や裁判所に対して直接の要請行動を行なうというものから、当事者ではない住民・市民からも広範な支持を得る運動として社会的に認知されようという」［入江 2013: 135］運動方針の転換であるとしている。

その手始めとして、西淀川公害訴訟の原告団・弁護団は一九八八年三月に大阪・中之島の中央公会堂で「きれいな空気と生きる権利を求めて――西淀川公害裁判早期結審、勝利判決をめざす三・一八府民大集会」を開催し、労働組合や民主団体等に参加を要請した。一九八九年一月には早期結審を求めて、一〇〇万人を目標とする署名活動を始め、一九九〇年九月から十一月にかけて、トーク・コンサート・ビデオ上映からなる『手渡したいのは青い空』地域集会　共感ひろば」（以下、共感ひろば）を、公害指定地域や道路建設等の環境問題を抱える大阪府内と京都の一三カ所で開催した（口絵3参照）。共感ひろばの主催団体は、大阪労連、新日本婦人の会、患者会など六一団体で構成される「大気汚染をなくし、被害者の早期・完全救済をめざす大阪府民連絡会」である。その目的について、集会への参加呼びかけ文書の草稿と思われる手書き資料には、以下のように書かれている。

被害者の願いはただ一つです。

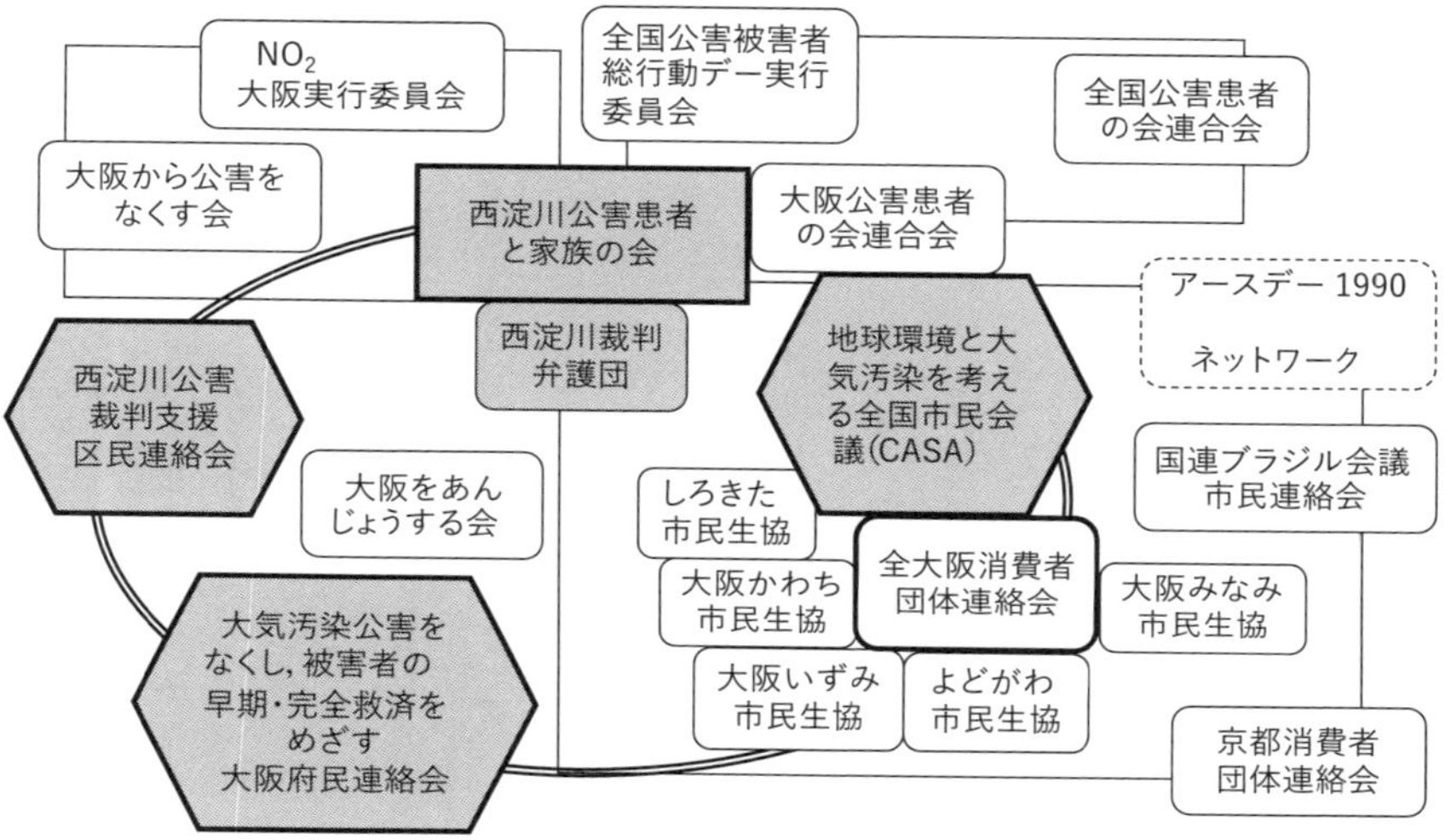

図 10　西淀川公害反対運動の運動体（第 1 次訴訟第一審判決時：1991 年）

出典：入江［2013: 136］をもとに筆者作成

「自分のような苦しみをだれにも味あわせ〔ママ〕たくない。未来に生きる子ども、孫たちにきれいな空気・青い空を手渡してやりたい」

この願いを多くの人たちに、しっかり伝えること。よりよい環境のもとで住み・暮らしたいと願ってやまない多くの人々と語り合い・共通の願いにすることが求められています。

トーク&コンサート「手渡したいのは青い空(15)」地域集会が、わが町・わが地域（〝足元〟）にうずまく環境問題をみつめ、語りあう場「足元から地球環境を考える」機会になればと考えています。

［西淀川公害訴訟原告団・弁護団 1990］

公健法の地域指定が解除されたことを受けて、広く住民・市民から共感を得るには、加害者への正当な被害補償要求だけではなく、未来のために青い空を取り戻すことを訴える必要があった。一般市民にとっても身近な問題であると、訴訟の意義を実感できるようにと設定されたのが、共感ひろばであった。共感ひろばは、開催地ごとの実行委員会形式で企画運営がなされたが、「共感スタッフ」というボランティアの運営メンバーが核となった。のちにあおぞら財団研究員となる傘木宏夫(16)は、自身も参加した共感スタッフを「西淀川の公害患者の被害に怒りを感じ、何らかの協力をしたいと集まったさまざまな職種の若者」と説明している［傘木 1995］。裁判の早期解決を求める運動の中で、公害被害を体験していない層にも新しい協力者を見出していった。

入江［2013］による図10「西淀川公害反対運動の運動体（第一次訴訟第一審判決時：一九九一年）」は、被害者団体や民主団体などそれまでに協力関係にあった団体だけでなく、生協や消費者団体も加わった運動ネットワークの形成を示している。

入江は、次のように西淀川の公害反対（被害者）運動が裾野を広げていった過程を説明している。

> すでに協力関係にあった団体についてはそのネットワークを基盤にしながらも、それぞれ区民連絡会と府民連絡会に再組織化し、新しく支援・協力を呼びかけていく団体については、「市民会議」という名称を持つCASA（地球環境と大気汚染を考える全国市民会議）を新しく立ち上げて組織するというものである。このように、西淀川患者会は方針転換に伴って、一九八〇年代までに築かれていた運動ネットワーク（運動体）を損なうことなく、新しい支援者が合流しやすい環境をつくり上げていった。
>
> ［入江 2013: 136、傍線引用者］

一九八八年以降の西淀川公害訴訟は、「西淀川公害」というローカルで個別具体的な公害問題を、地球環境問題や消費者問題と関連付けて問題の枠組みを広げるとともに、運動の裾野を広げることで一〇〇万人を超える署名などを実現していった。

判決から和解へ――「全面解決」を求めて

一九九〇年一月三十一日に一次訴訟が結審し、一九九一年三月二十九日に地裁判決が出た。判決は企業の不法行為を認め、企業が連帯して損害賠償を支払うことを求めたが、国・公団への損害賠償請求と汚染の差止請求は却下された。判決の要旨は以下のとおりである。

・企業の排煙と公害病との因果関係を時期を限定（一九五五～一九七〇年後半）して認める。
・被告企業一〇社の共同不法行為が成立する。総額三億五七〇〇万円を連帯して支払うよう命じる。
・一七人の原告については公害病でないか、大気汚染との因果関係を認められない。
・車の排気ガスによる二酸化窒素と公害病との因果関係については確証がないので、道路を管理する国、公団への請求は棄却する。
・汚染物質の差し止め請求は棄却する。

〔西淀川公害患者と家族の会 2008: 252–253〕

西淀川患者会はすぐさま被告企業との交渉に入り、謝罪と「全面解決要求案五項目」への合意を求めた。

・被告企業らは、加害責任を認めて謝罪し、原告の損害に対して全面的な損害賠償を行ない、解決金を支払う。
・被告企業らは、二酸化硫黄、二酸化窒素および浮遊粒子状物質の環境基準が達成されるよう、抜本的な公害対策を行なう。
・被告企業らは、原告及び公害病認定患者らに対し、適切な治療、健康の回復、将来の生活を補償する恒久補償を行なう。

・被告企業らは、将来の公害防止のために、資料の公開、被害および専門家の立ち入り調査などを含む、公害防止協定を締結する。
・被告企業らは、西淀川区を公害のない健康なまちにつくりかえる「西淀川再生プラン」に協力する。
〔西淀川公害患者と家族の会 2008: 261、傍線引用者〕

地裁判決の直前（一九九一年三月二十一日）に西淀川患者会は次節で述べる「西淀川再生プラン」Part 1を発表しており、関電も「まちづくりへの協力」については当初から承諾していたという。他の要求については交渉が続いた。一九九一年五月には全国公害患者の会連合会も「大気汚染公害患者の全面解決要求（案）」を発表しており、大気汚染公害問題の解決目標をはっきりと提示している。被害救済、公害の根絶、公害のない健康な街づくりの三つを柱とし、被害救済の冒頭では、「大気汚染公害指定地域を再指定すること」を掲げ、新たな汚染を指標とする地域指定や補償対象の拡大など被害救済の充実、つまり公健法の旧第一種指定地域を拡充して復活させることを求めている。三つ目の柱である「公害のない健康な街づくり」は、「西淀川再生プラン」Part 1を例に挙げ、全国の公害地域で同じように再生プランを描いてみるよう呼びかけている。[17] こうして地裁判決をもって原告団は被告企業と解決に向けた交渉に入るが、被告側は控訴する。控訴審が続く中でも原告側は早期解決を求めて交渉や署名集めなどを続けたが、一九九五年一月十七日の阪神・淡路大震災で、西淀川公害訴訟の被告企業も大きな損害を被ったことで、被告企業との間で和解に向けた交渉が進む。

一九九五年二月に被告企業と原告との間で和解が成立し、三月二日に和解確認式を行なった。和解の条件は、企業が解決金三九億九〇〇〇万円を原告に支払い、そのうち一五億円を環境保健、生活環境の改善、地域再生などに使用すること、また、企業が公害防止対策に努力すること、であった。

三 「西淀川再生プラン」の提案

地域再生という真の目標

西淀川公害訴訟において企業との和解が成立する際、重要な意味を持ったのは一連の「西淀川再生プラン」である。西淀川患者会は、企業との交渉と並行して「西淀川再生プラン」Part 1 ～ 6を作成した（**表4**）。Part 1は判決直前の一九九一年三月二十一日に発表したもので、被害者自身が西淀川公害の「解決」像を表現した。まちづくりによる公害被害救済と地域課題解決[19]の統合的実現、つまり総合的救済の提案が表現されたものである。また、その「公共性」を示したもの［除本 2013］ともされている。

Part 2 ～ 6は公害地域再生に向けた具体的な取組みの提案であり、「西淀川再生プラン」の作成に中心的役割を果たした傘木宏夫は、西淀川公害訴訟一次地裁判決に続く被告企業九社との和解交渉の際に、プランが和解金の算定根拠にもなったと語っている［二〇二二年八月十一日、傘木宏夫氏インタビュー］。企業との和解交渉にあたった森脇君雄もまた、和解交渉において当初提示された和解金二五億円から、最終的に三九億九〇〇〇万円まで増額が可能になったのは、一連の「西淀川再生プラン」があったからだと語っている［二〇二三年十二月二十六日、森脇君雄氏インタビュー］。

被告企業にとっても、和解に応じるには「地域再生のため」という大義名分が重要であり、「西淀川再生プラン」はその根拠となった。被告側から見ると、被告企業一〇社と国・公団が経済的・社会的に関連し、一体となって汚染を生じさせた共同責任があるという関連共同性は、認めがたいものだった。ゆえに、被害者個人への損害賠償というよりも、将来にわたり公害地域を再生するための資金として和解金を支払ったという認識であったとい

表4　公害被害者による「西淀川再生プラン」Part 1〜6の概要

種類	発行年月	概要
Part 1	1991.3.	地域再生のマスタープラン(全体計画)。西淀川区の地図に、歴史や自然に着目した原風景と住民の原体験とともに、まちづくりの提案がなされている。
Part 2	1994.6.	「手渡そう川と島のみどりの街」 ①合同製鐵[18]の高炉跡を保存、矢倉海岸の一体的な整備と市民による利用の提案。市民によるものづくり（鉄と農）の村づくり、環境NGO大学の設置を提案した。 ②公害裁判の舞台となった西淀川区内の簡易裁判所跡地を公害資料センターを含む「生活史博物館」とする提案。 ③公害道路（大型車交通量の多い幹線道路）の地下化と貨物トラック輸送を減らすための新物流システムの提案。 ④公害地域再生整備地域指定と事業団の提案。プランを実現するための制度と事業母体を提案した。
Part 3（追補）	1994.12. 1995.1.	「私たちは被告企業等に何を求めているのか」 和解に際して基本的考え方と必要な事項を提示。被告企業からの拠出を求める資金で、西淀川の何を、どのようなステップと役割分担で再生していくのかを提案した。
Part 4	1995.1.	「西淀川簡易裁判所跡地利用への提案」 簡易裁判所跡地を利用した公害資料館とアジア公害被害者センターの整備、地域環境保健機能向上の提案
Part 5	1995.2.	「公害道路改造への緊急提言」 阪神大震災を受けて、道路復旧の原則、高速道路の地中化と上部の環境づくり、代替物流の確保と物流機能の分散化、提案実現の財源、住民参加の道路づくりの提案
Part 6	1995.3.	財団法人公害地域再生センター（仮称）の提案

出典：西淀川公害患者と家族の会［1991; 1994a; 1994b; 1995a; 1995b; 1995c; 1995d］を参照して筆者作成

う［山岸 2013］。

大都市部の大気汚染のほとんどは、異なる複数の排出源によって複合的に生じており、個別因果関係による加害責任の立証が困難である。そのため裁判は長期化する傾向にあり、全国の一連の大気汚染公害訴訟は、判決だけでなく当事者間の和解によって訴訟に決着をつけてきた（表5）。和解においては、各地の原告団・弁護団が連携して[20]先例の「教訓」を踏まえた戦略を練って交渉が行なわれた。

西淀川に先行する千葉川鉄公害訴訟[21]では、原告に解決金が支払われたが、判決により差止請求は棄却され、また工場を含む地域の空間的再編（「公害のない健康な街づくり」）については患者側からプランを示すことができなかった。そこで西淀川では「被告企業も〝もっ

表5　全国の大気汚染公害訴訟

地域	被告	原告数	原告の請求内容	提訴年	判決内容	和解の有無
四日市	企業6社	9	企業の不法行為責任	1967	企業の責任を認める	—
千葉	企業1社	431	操業中止と環境基準の遵守 損害賠償	1975（一次）	操業の過失を認める 原告の健康被害と大気汚染の因果関係を認める	1992年和解
大阪・西淀川	企業10社 国・阪神高速道路公団	726	損害賠償 環境基準の達成	1978（一次）	企業群が連帯して損害賠償する 自動車排気バスの健康影響を認める（2〜4次）	1995年企業と和解、1998年国・公団と和解
川崎	企業12社 国・首都高速道路公団	440	損害賠償 環境基準の達成	1982（一次）	企業群が連帯して損害賠償する 自動車排気ガスの健康影響を現在進行形で認める(2次判決)	1996年企業と和解、1999年国・公団と和解
倉敷・水島	企業8社	292	損害賠償 環境基準の達成	1983（一次）	企業群が連帯して損害賠償する	1996年和解
尼崎	企業9社 国・阪神高速道路公団	498	損害賠償 環境基準の達成、二酸化窒素は緩和以前の環境基準を達成すること	1988（一次）	企業群が連帯して損害賠償する 自動車排気ガスの排出差し止め	1999年企業と和解、2000年国・公団と和解
名古屋南部	企業11社 国	292	損害賠償 環境基準の達成、二酸化窒素は緩和以前の環境基準を達成すること	1989（一次）	企業群が連帯して損害賠償する 自動車排気ガスの排出差し止め	2001年企業、国と和解
東京	企業（自動車メーカー）7社 国・東京都・首都高速道路公団	633	損害賠償（未認定患者を含む） 自動車や道路からの汚染物質の差し止め 未救済患者への救済制度の創設 環境基準達成	1996（一次）	国・都・公団が損害賠償する 未認定患者に対して損害賠償する 自動車メーカーの法的責任は否認	2007年企業、国、東京都、公団と和解

出典：独立行政法人環境再生保全機構ウェブサイト「記録で見る大気汚染と裁判」を参考に筆者作成

とも〟と言わせるプラン」「住民・市民の合意をえられるもの」が必要であると認識されていた［傘木 n. d.］。

つまり、和解がまずあって和解金を活用するために地域再生を考えたのではない。公害問題は訴訟が解決し被害補償がなされれば終わりなのではなく、地域再生という真の目標があるのである。西淀川の原告側は企業もその実現に協力すべきパートナーであるとみて、地域再生へ向かう一つの通過点として訴訟解決＝和解を明確に位置付けていた。

また、「西淀川再生プラン」は、前節で述べたような公害被害者運動の方針転換にも呼応して、大企業を相手に裁判に取り組む公害患者が「金取りのために裁判をしたのではないことを示す」［二〇二一年八月十一日、傘木宏夫氏インタビュー］ためにも、必要なものであった。西淀川の公害被害者運動は、すでに西淀川地域の大気汚染という地域的な限定を大きく超えた公共的な意味合いをもつものになっていた。

あおぞら財団の根幹となる「西淀川再生プラン」

「西淀川再生プラン」は、あおぞら財団の構想の根幹となる提案文書であるが、和解交渉の中で示された提案文書であったためか、これまでその内容は正面から取り上げられてこなかった。あおぞら財団がどのような使命をもつものとして構想されたのかを理解するうえで、「西淀川再生プラン」の内容を理解することは欠かせない。そこで、ここでその内容をやや詳しく整理しておきたい。

〈**Part 1**〉 一九九一年三月に発表されたPart 1は、一枚の絵（イラスト）で表現されているが、その中にすでに再生プランの構成要素は網羅されている（**図11**）。提案自体は目標を象徴的に示すような大胆なものも含まれるが、その背景には公害反対運動から訴訟提起に至る運動プロセスの中で求めてきた地域像が反映されている。

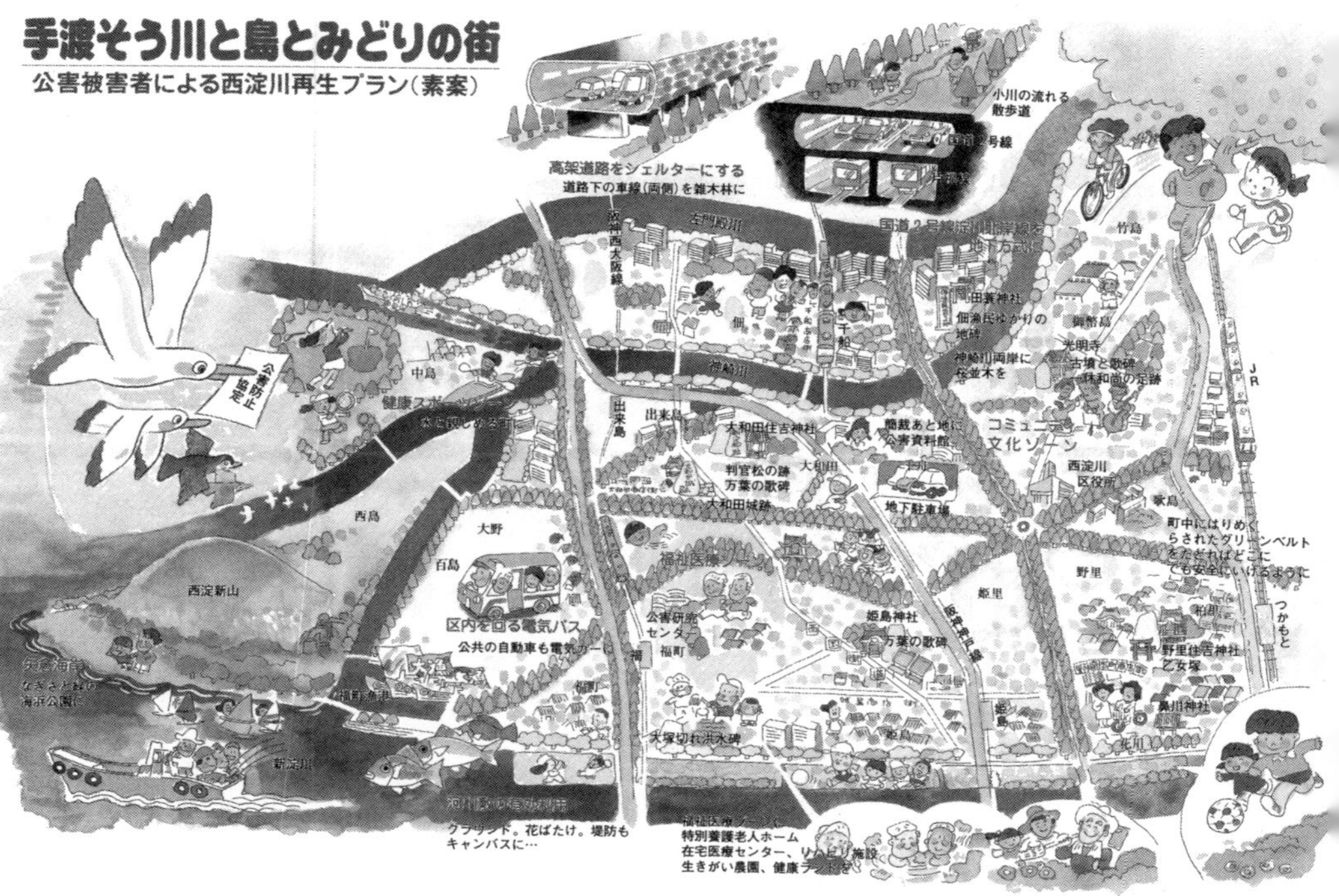

図 11 「西淀川再生プラン」Part 1
出典：西淀川公害患者と家族の会［1991］

〈Part 2〉 一九九四年六月に発表されたPart 2は、西淀川における公害地域再生の原型とも言える四つの提案からなる［西淀川公害患者と家族の会 1994a］。

【提案1】「共感の森」と名付けられた提案1は、西淀川区南西部の淀川・神崎川両河口に挟まれた湾岸エリアを対象としている。ここは合同製鉄大阪製造所（被告企業）が位置する一方で、最先端部には矢倉海岸がある。自然環境の回復のため、ビオトープの造成と建設残土などを利用した「西淀新山[22]」の形成と植樹を提案するとともに、ものづくりをテーマとした交流施設の提案も行なっている。合同製鉄の高炉は、西淀川区内の汚染源としてシンボル的存在であったが、一九九三年に休止となったことから、公害の記念碑として高炉を保存し、鉄をテーマとしたアルチザンパーク（職人村）とクラインガルテン（市民農園）の整備を提案している。

また、大阪湾臨海部に計画されていたWHO

神戸センター（世界保健機関健康開発総合研究センター、一九九六年三月発足）や、UNEP―IETC（国連環境計画国際環境技術センター）などの国際機関との連携をめざしてアジアの公害被害地へのレスキュー隊派遣やNGOの交流を図る「アジア環境NGO大学」が提案される。西淀川患者会は、一九九二年の地球サミットにも公害被害者として参加しており、一九九四年にはタイ、韓国、台湾などアジアの公害被害者を招いて、法曹関係者や研究者とともに交流を行なっている。公害被害者の運動を、国際的な公害問題の広がりのもとで被害者同士の国際的な連携・交流に発展させようとする方向性を示している。

【提案2】御幣島《みてじま》にあった西淀川簡易裁判所の跡地を「生活史博物館」として保存・活用する提案である。「地域の生活に生きつづけている歴史を、地域内にある場を使って、物や場所〔公園等〕を記録・保存、公開し、地域学習活動を通じて、次の世代の生活者を形成していく機能を担う」〔西淀川公害患者と家族の会 1994: 3〕ものとして、公害資料室、郷土資料室、交流室、地域学習センター（住民参加による管理運営、地域団体の交流の場）、市民法廷体験室を例に挙げている。公害の歴史だけでない地域の歴史を、地域の生活の中で継承する、という方向性を示している。西淀川簡易裁判所は、西淀川公害訴訟の出張尋問などが行なわれた、原告らには重要な場所であり、西洋モダン建築であった(23)。

【提案3】「公害道路改造」をテーマとし、国道二号と国道四三号の地下化、阪神高速に物流専用のモノレールを整備するという提案である。一九九六年の二～四次判決では、国・公団の損害賠償責任が一部認められたが、差止請求は棄却された。原告団・弁護団は大型ディーゼル車の通過交通が大気汚染に寄与しているという認識であったため、地上を域内交通向けとし、地下を通過交通向けと分担する、自動車交通に代替する物流システムの必要性を示した。

【提案4】「公害地域再生整備指定地域」の設定と、「環境創造事業団」の設立である。前者は、公健法の旧第一種指定地域（大気汚染）または、大気汚染物質が一定以上の濃度である地域を対象として指定されるもので、事業者への環境配慮義務づけ、事業者の環境創造事業団への資金拠出、事業者への融資や税制優遇、事業者の土地使用における優遇などの誘導策を講じる。そこでの地域再生の取り組みをバックアップするための資金と事業ノウハウを提供する組織である環境創造事業団は、建設省（当時）や環境庁（当時）の拠出金による基金で運営することが想定されている。

これらの四つの提案は、西淀川の公害を引き起こしてきた地域開発のあり方を根本から転換する、公害地域再生の方向性を具体的に示している。

〈Part 3〜6〉「西淀川再生プラン」のPart 3、Part 3追補、Part 4、Part 5、Part 6［それぞれ、西淀川公害患者と家族の会1994b; 1995a; 1995b; 1995c; 1995d］は、矢継ぎ早に発表されている。これは企業との和解交渉が大詰めを迎え、和解条件の交渉材料として再生プランが必要だったという背景があったからである。Part 3は「私たちは被告企業等に何を求めているのか」という副題がつけられており、和解交渉において原告側から示された「全面解決案」において、「西淀川再生プラン」がどう位置付けられるのか、再生すべきものとは何か、再生の手法、そしてそのためになぜ被告企業に拠出金を求めるのかを説明する資料になっている。また、一九九五年一月にはPart 3の「追補」として、公害地域再生センター建設基金への拠出、まちづくり研究会への参画という二点をより具体化して被告企業に求める提案もなされている。

「全面解決案」は被害補償、公害根絶、公害のないまちづくりの三点を求めていた。図12は、その三つの柱が公害・環境問題の構造全体にアプローチするものであることを、宮本憲一の「環境問題の全体像」の図（前掲図8）を用いて説明している。右端に記されている「再生まちづくり」は補償・賠償、恒久救済、環境保健、公害対策、

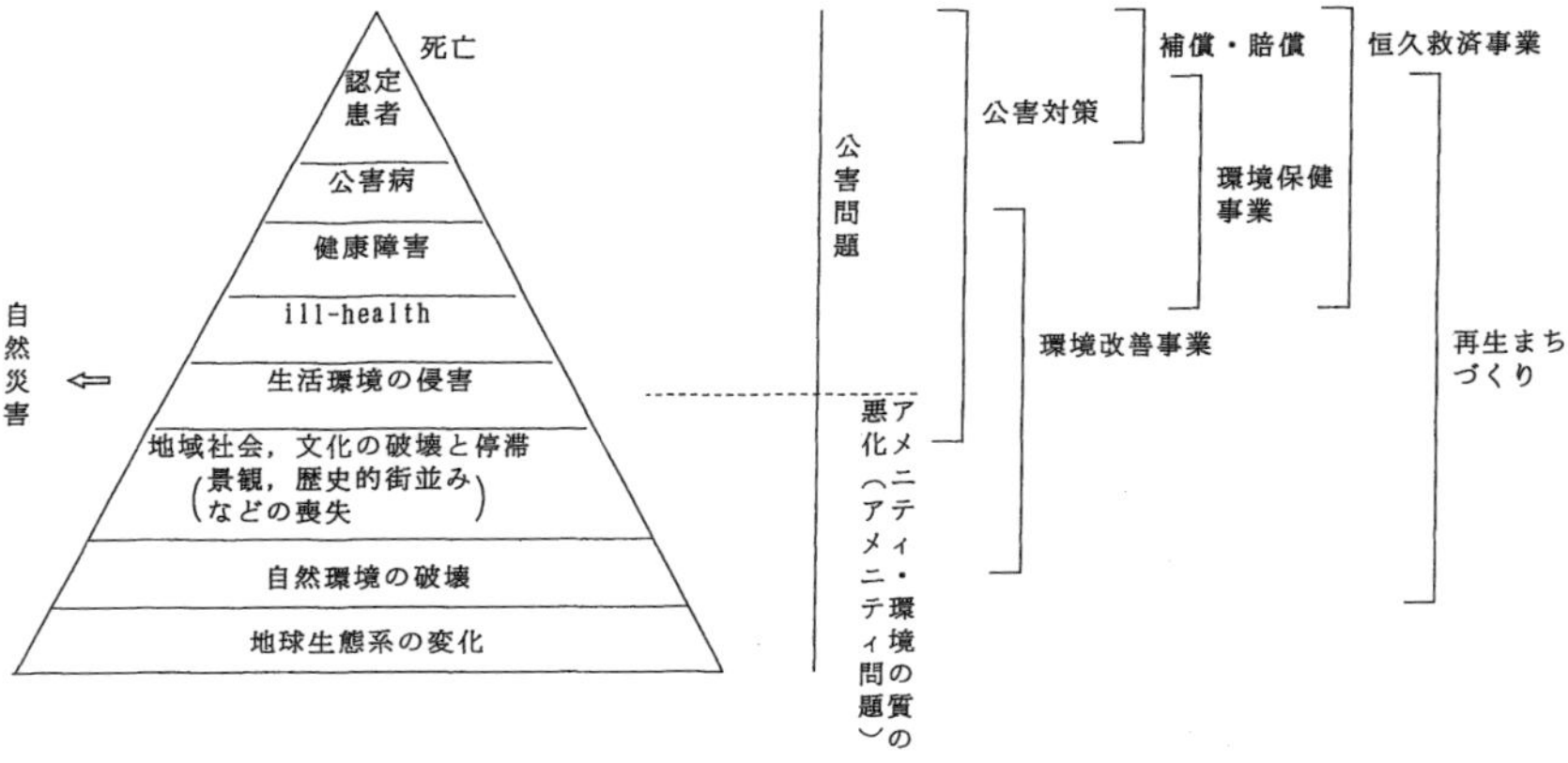

図 12　和解交渉における原告側「全面解決案」と「環境問題の全体像」

出典：西淀川公害患者と家族の会［1994b: 1］

環境改善などと比べてもっとも広い環境被害を対象としている。Part 3の中では、再生すべきものについて次のように述べられている。

> 生活の継続性を文化というならば、その文化が断ち切られたのです。公害や産業優先の地域開発で奪われたものは、健康だけではなく、人々のアイデンティティであり、地域社会の記憶であり、コミュニティそのものであり、生きていく喜びなのです。それを再生させることを私たちは望んでいます。
>
> ［西淀川公害患者と家族の会 1994b: 2］

ここでは、公害・環境問題は、自然環境や人間の生命・健康だけでなく、地域の社会関係や文化のストックを損なうものであり、公害地域再生はそれらを再生することだと明確に述べられている。したがって、健康（身体的・精神的健康）、生活環境の質（過密な都市生活からの解放、文化・充実感のある暮らし、活気ある地域産業）、原体験（水辺や野原での遊びやまつり、コミュニティでの支え合い）と原風景（きれいな空気と水、川と島に囲まれた家並み、農漁業のある景色、路地裏）といった生活文化に価値を認めて地域開発の基礎とする考え方が、公害

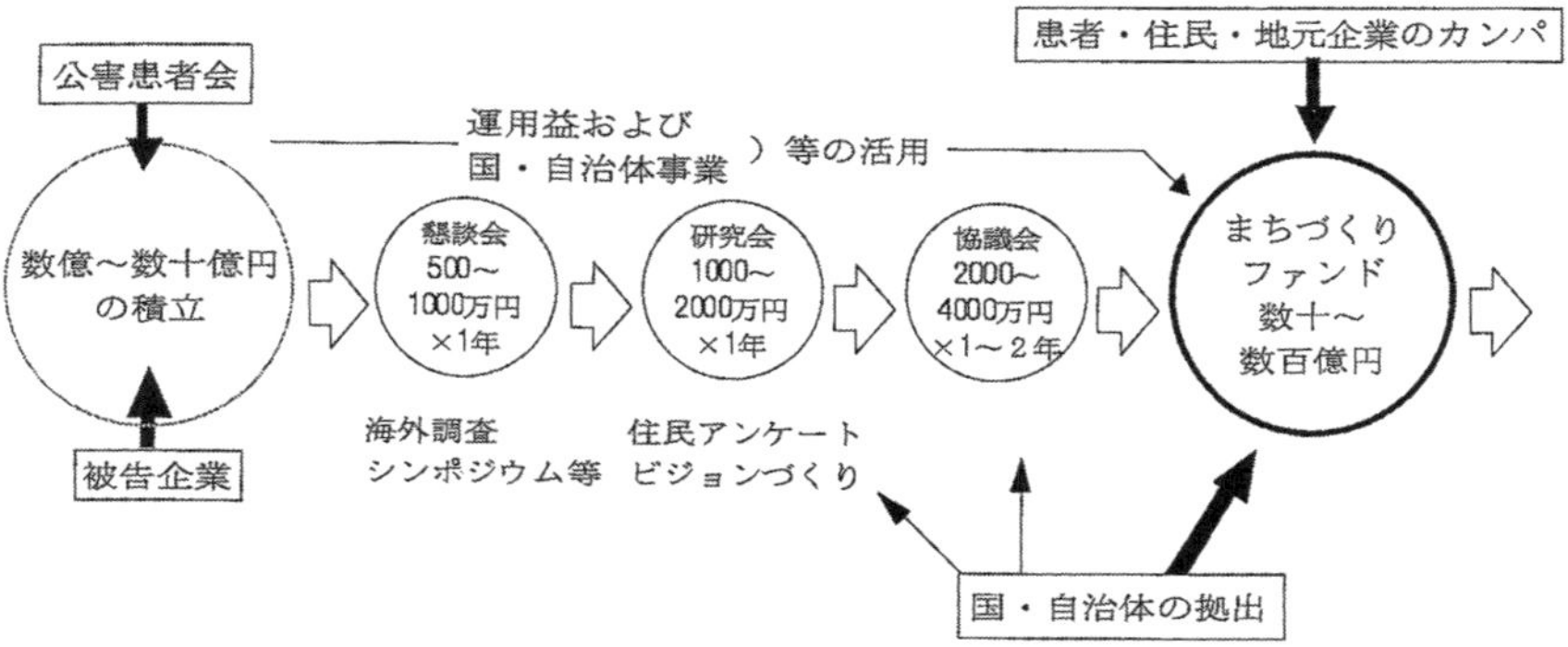

図 13　パートナーシップによる地域再生のステップ

出典：西淀川公害患者と家族の会［1994b: 5］

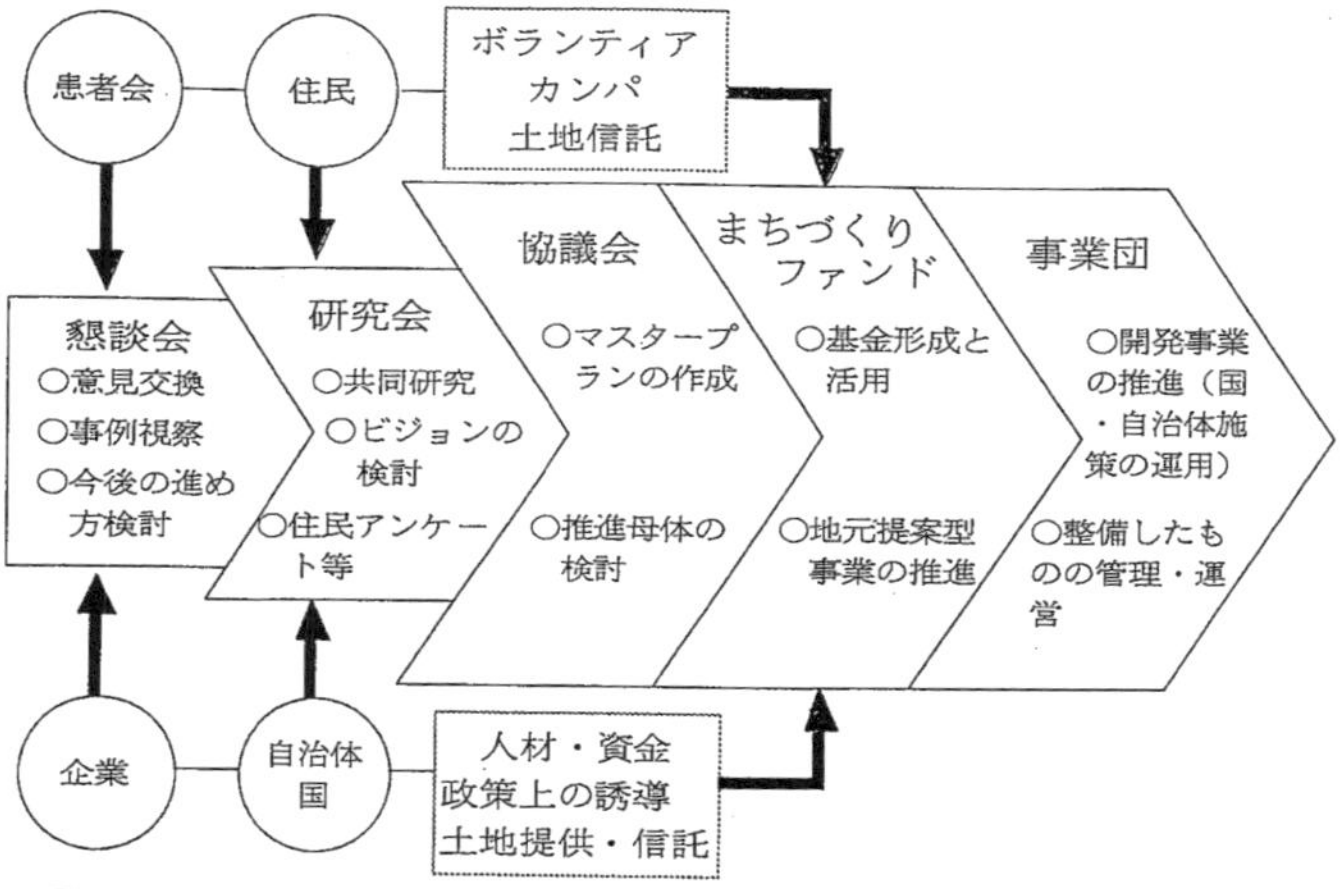

患者会・住民	企業	自治体・国
●ボランティア参加 ●カンパ、個人所有敷地・施設の貸与 ●企画参加	●事業スポンサー ●職員の出向 ●資金・物資・敷地・施設等の貸与 ●環境事業の委託	●行政権限の活用 ●マネージメントスタッフの派遣 ●資金拠出

図 14　地域再生のためのまちづくりファンドの構想

出典：西淀川公害患者と家族の会［1994b: 4］

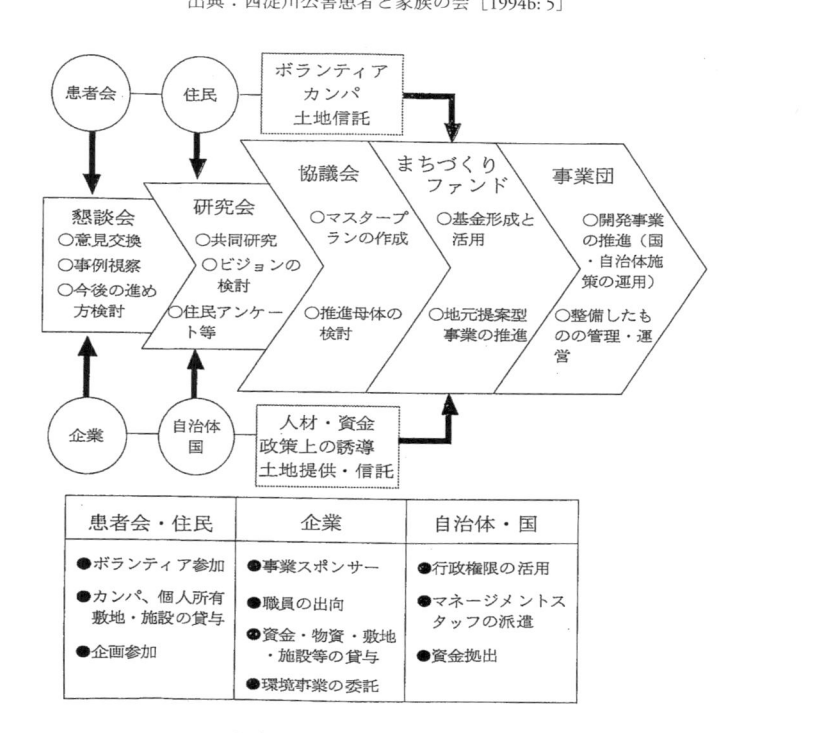

地域再生の理念の根本に存在する。

Part 3には、企業が地域再生のために資金を拠出することの必要性とその使い方の構想も書かれている。図13と図14は、地域再生を進めるために、公害患者、企業、自治体・国、地域住民が参画して「環境創造事業団」の活動を進める構想を示したものである。二つの図をあわせて見ると、次のような構想を見てとれる。はじめに西淀川患者会と被告企業による「懇談会」で基本方針を合意して積立金をつくり、そこに地域住民や自治体・国が参加する「研究会」が調査検討し、まちづくりのビジョンをつくる。これを受けて、「協議会」が積立金に加えて国・自治体の拠出金や、地域住民や地元企業からの寄付、積立金の運用益、土地信託等も含めて「まちづくりファンド」をつくり、「環境創造事業団」による地域再生事業を進める。実際のあおぞら財団は、「まちづくりファンド」と「環境創造事業団」の機能を併せ持った組織として発足したが、この時点では三〜四年の準備期間に多様なパートナーの参加・協働体制を整えてから事業を実施する構想となっている。

被告企業に求める役割も小さくなかった。単なる損害賠償金の支払いではなく、公害を起こす産業のあり方、地域社会との関係性そのものを見直し、変革することを求めるが故に、被告企業が地域再生ビジョンの形成にも参画するよう求めている。Part 3の「追補」において、患者会と被告企業との「確認事項（案）」として、次のような文が示されている。

> 阪神工業地帯の再生まちづくりの必要性を共通の認識とし、将来の事業化を目的とした共有のビジョンを持つための懇談、調査研究、協議を当該地域の公害患者会と行なうとともに、その実現のために一定の資金を拠出する。また、国・公団、自治体、その他の地域関係団体にも企業側から積極的に働きかける。
>
> ［西淀川公害患者と家族の会 1995a］

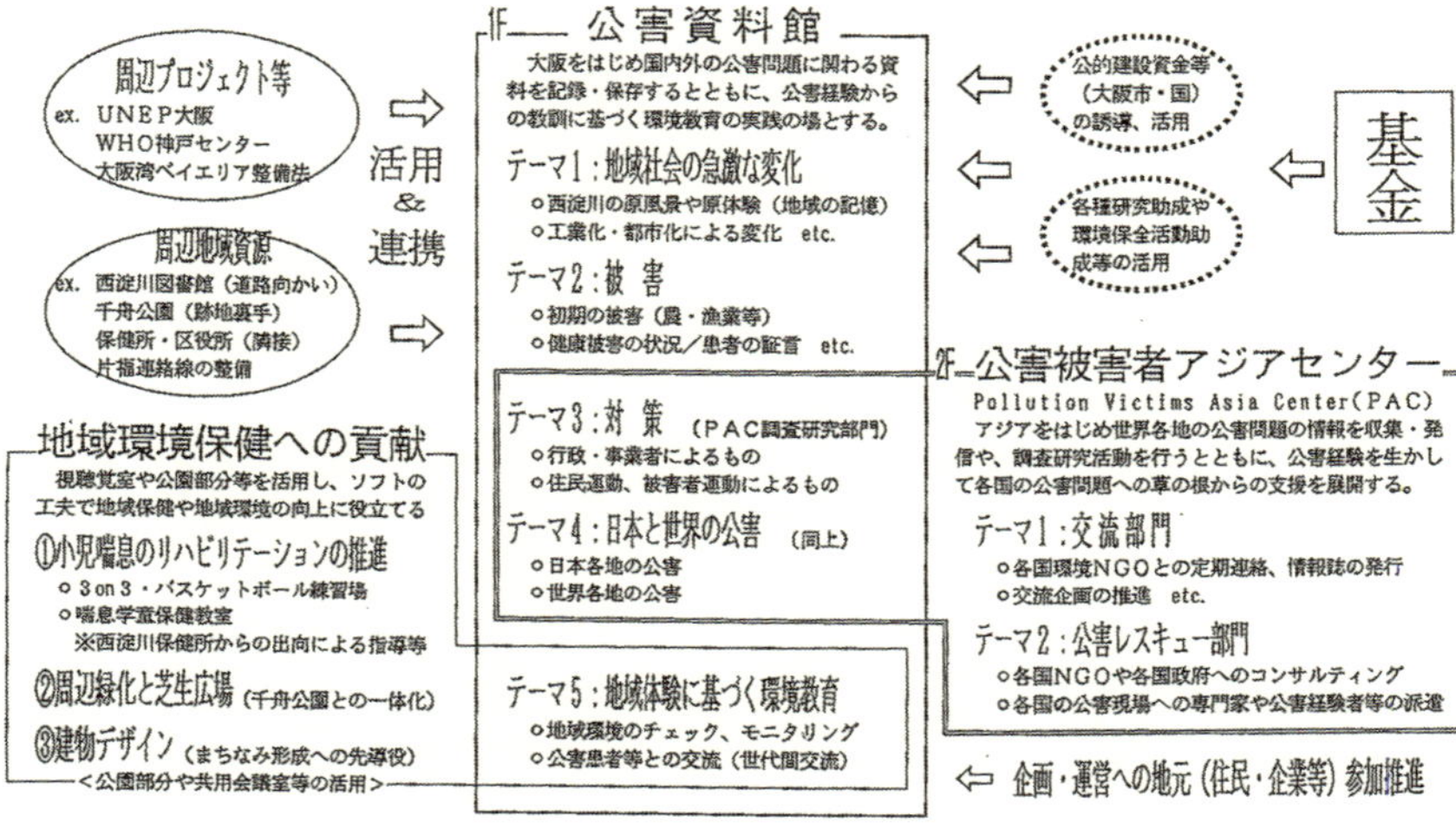

図15　公害地域再生センターの構想

出典：西淀川公害患者と家族の会［1995a: 2］

Part 3でも言及されているように、「西淀川再生プラン」ではイギリスのグラウンドワーク・トラストによる地域環境再生事業が先行事例としてイメージされている。こうしたプランが構想された背景には、一九九〇年代初頭にトラスト方式による自然環境保護やまちづくりの事例［アメニティ・ミーティング・ルーム 1991］が知られるようになっていたことも影響していただろう。Part 3の「追補」では、より具体的に図15に示す「公害地域再生センター」が提案される。公害資料館や公害被害者アジアセンターなどの機能を兼ねた施設として建設する際の概算が示され、建設のための基金として一五億円の拠出を求めている。

Part 4は公害地域再生センター建設についての、より詳細な提案である。西淀川簡易裁判所が一九九四年十二月に取り壊されたことにより、その建物を活用する提案に代えて、図書館や公園に隣接する跡地を利用して新たな環境学習・環境保全の拠点を面的に整備することを提案している。「西淀川をフィールドミュージアムに」として、西淀川簡易裁判所の跡地は大阪市に払い下げられたため、大阪市が国の補助金を

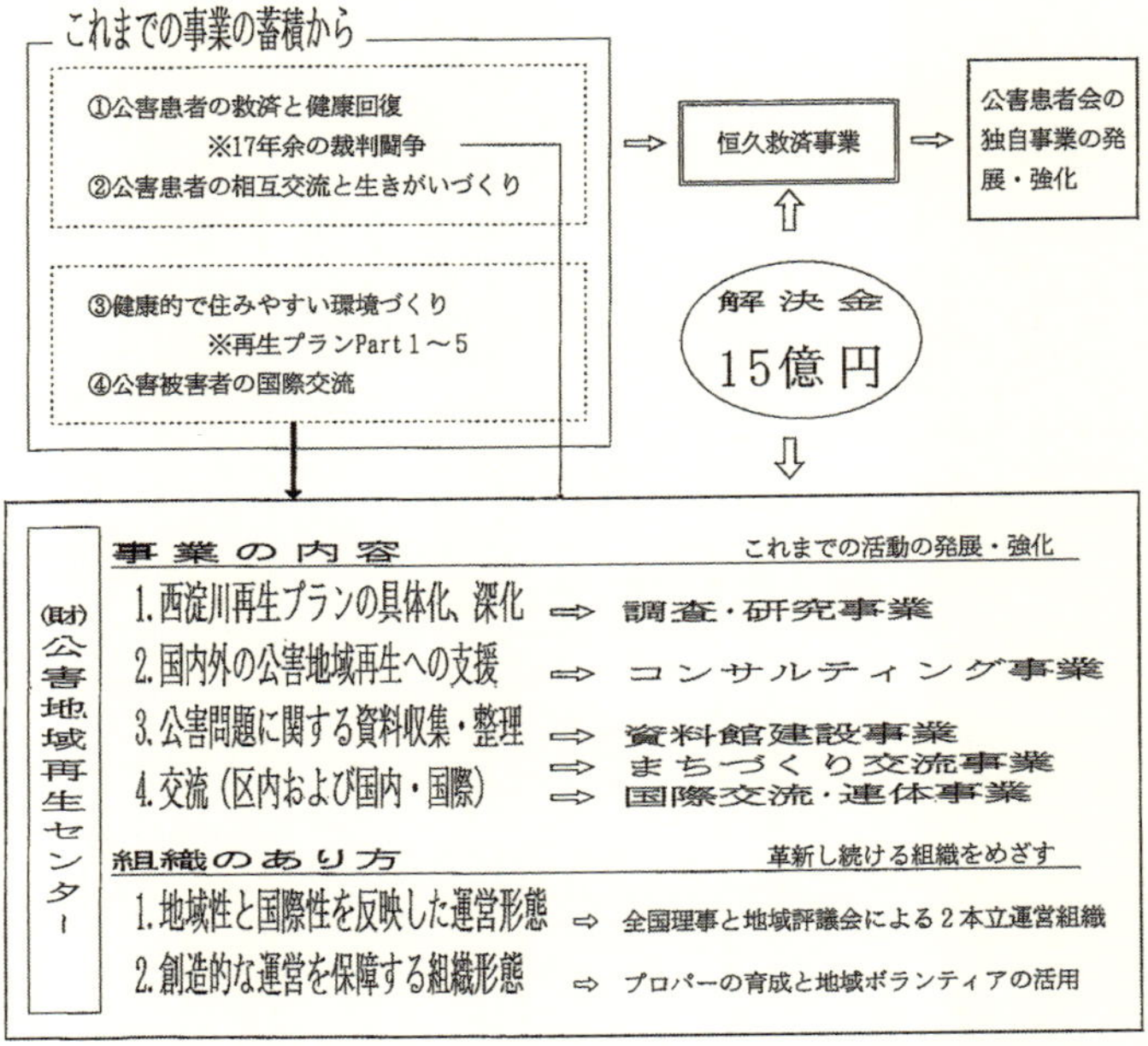

図16　財団法人公害地域再生センター（仮称）の構想

出典：西淀川公害患者と家族の会［1995d: 2］

活用しながら土地提供と周辺整備、また会館建設資金（公害資料館分）の三分の二を負担し、公害再生基金（被告企業からの拠出金）でその他の建設資金と維持管理運営費用を賄うという提案である。Part 1とPart 2で示した湾岸エリア、大野川緑陰道路などを含む地域全体を生活史博物館（フィールドミュージアム）として整備する考えを示している。

Part 5は一九九五年一月十七日に発生した阪神・淡路大震災で被災した阪神高速道路と国道四三号の急速な復旧に関して、道路公害訴訟を提起してきた西淀川患者会の立場から提案を行なっている。具体的な内容はPart 1とPart 2で示したものとほぼ同じだが、抜本的な公害対策や道路構造の抜本的見直し、物流機能の分散化などを基本とし、環境と防災に配慮した新しい道路づくりのシンボル事業とすること、道路づくりへの住民参加を取り入れることなど、公害地域再生事業やその推進主体の存在を念頭において、参加や財源確保などについても提案している。

Part 6は企業との和解が成立した後に発表されたもので、財団法人として公害地域再生センター（この時点では仮称）の設立を提案し、行政・企業、地域住民をはじめ、全国からの協力を呼びかけている。図16は西淀川患者会が中心となって訴訟の解決と和解に向けて取り組んできた運動や事業を、患者会が恒久救済、公害地域再生センターが地域再生と国際交流を分担して発展させることを示している。

一連の「西淀川再生プラン」は、公害を起こす産業や地域開発のあり方を転換し、地域再生に参加・協働するという社会的責任の果たし方を企業や行政に求めた。訴訟に勝っただけでは公害はなくならない。「西淀川再生プラン」は、公害被害者の願いが「公害問題の真の解決＝公害を起こさない社会への変革」にあることを示し、そのための社会的条件を提案するものであった。

設立趣意書に示された到達目標

あおぞら財団が最終的にめざす到達目標について、あおぞら財団の設立趣意書は次のように記述している。

> 〔略〕大阪西淀川公害訴訟は、わが国で最大の原告を数える代表的な公害訴訟でしたが、一九九五年三月、被告九社との間に和解が成立し、西淀川地域の再生に向けて両者が努力し合うことを確認しました。この歴史的な和解を契機に、わが国が経験した激甚な公害への反省を踏まえ、広範な市民の力を結集し、公害により疲弊した地域の再生をめざすとともに、公害のない世界の範となる地域づくりを進めていきたいと考えています。
>
> 〔公害地域再生センター 1996、傍線引用者〕

傍線部から、あおぞら財団設立時における到達目標のイメージは、西淀川地域の再生という具体的な地域での実践と、公害を起こさない地域づくりに向けての普遍性のあるモデルの提案という二つの方向性を併せ持つものであったことが読み取れる。加えて、設立趣意書には次のように、公害地域再生が物理的環境の修復だけでなく、人間と社会の再生を含むことも明記されている。

公害地域の再生は、たんに自然環境面での再生・創造・保全にとどまらず、住民の健康の回復・増進、経済優先型の開発によって損なわれたコミュニティ機能の回復・育成、行政・企業・住民の信頼・協働関係（パートナーシップ）の再構築などによって実現されるものと考えられます。〔公害地域再生センター 1996〕

あおぞら財団の設立は、公害被害者だけでなく、さまざまな団体や個人の支持と支援を受けて和解へと至った西淀川公害訴訟の一つの「出口」を意味していた。あおぞら財団という存在には、公害被害者が公害との闘いの中で見出してきた、社会変革への期待が込められている。再生プランと設立趣意書の作成を中心的に担った傘木宏夫は、財団設立時の意気込みをこう振り返っている。

大きな規模の、もっと地域の構造を変えるような転換をあおぞら財団が担っていくという思いでいました。〔中略〕再生プランにあるような大きな理想を実現したいという、そのための事業主体になりたいというふうに思っていたんです。〔二〇二一年八月十一日、傘木宏夫氏インタビュー〕

傘木が公害地域再生センターを構想した際、トラスト活動によって西淀川の土地利用に変化をもたらし、環境再生に向けた政策転換を促す力を持った存在となることをめざしていたことは明らかだろう。財団は参加と協働によって形成される主体であり、自治体、企業、住民／市民、そして公害被害者が資金を出し合うトラスト方式による組織であった。それを日本で実現しようとした場合、財団法人という組織形態は一つの有力な方法であり、あおぞら財団は環境庁（当時）を主務官庁とする財団法人として一九九六年に設立を許可された。公害被害者が訴訟の和解金で設立した財団法人という存在は前例のないものだった。

このことは、あおぞら財団の性格やその後の事業展開に影響を与えた可能性がある。二〇〇八年の公益法人制度改革以前は主務官庁の裁量が大きく、一般的には主務官庁であった環境庁が、政策的にあおぞら財団を必要としたから設立を認めたと見ることも可能ではある。実際、後述するようにあおぞら財団は環境庁／環境省から多くの事業を受託・請負してきた。その点で、あおぞら財団は設立当初、環境庁／環境省との間でタテの協働を可能にする体制であったと見ることもできる。しかし、あおぞら財団がめざす「参加・協働」は政府とのタテの協働にとどまるものではなかった。

四　「西淀川再生プラン」の背景

「西淀川再生プラン」の執筆者

西淀川では、公害被害者運動の中から公害問題の真の解決に向けた地域再生像が提示され、訴訟の和解金を使って組織を作り活動を続けてきた。そのようなあり方は、少なくとも日本では前例がなく、画期的な出来事であった。なぜ、西淀川患者会はこのような着想を得たのであろうか。その問いに全面的に答えることは容易ではないが、「西淀川再生プラン」の作成に携わった傘木宏夫の存在が非常に重要であったことは確かだろう。

傘木の経歴を簡単に紹介しておこう。傘木は一九六〇年生まれ、二十代で大阪府保険医協会に事務局員として勤めていた頃、協会が西淀川公害訴訟を支援していたことから、西淀川公害訴訟に関連する集会やデモに参加していた。またその頃ＡＡＬＡ（アジア・アフリカ・ラテンアメリカ連帯委員会）の国際連帯活動にも参加し、南米・チリへ赴いて当時のピノチェット軍事独裁政権下で自治区をつくる運動に参加したこともあったという。一方、大阪都市環境会議（愛称：大阪をあんじょうする会）で「宮本〔憲一〕塾」と呼ばれた都市論の勉強会に参加し、「大阪の公園を考える会」［都市と公園ネットワーク 1994］に参加した。この会で、まち歩きや公園を歩く企画を西淀川で開催したこともあった。[24] 一九七九年に結成された大阪都市環境会議は、宮本憲一が代表をつとめる市民団体で、大阪・中之島の開発反対運動から始まり、都市の自然と歴史的景観保全などをテーマに「行動するサロン」として活動していた。大阪都市環境会議は水都・大阪の原風景をたずね、水都再生への提言も発表している［大阪都市環境会議 1980］。

傘木がＡＡＬＡの集まりで出会った上田敏幸が西淀川公害訴訟の支援活動に取り組んでいたことから、チリから帰国後には前述の「共感ひろば」に協力するボランティア「共感スタッフ」を上田らと立ち上げた。傘木が幼少期から抱いていたという公害・環境問題への関心と、国際連帯、都市の歴史といったテーマへの関心とが混じりあって、「西淀川再生プラン」を執筆するバックグラウンドとなっていった。

傘木は、一九九〇年十一月に共感ひろばが終了した後も、大阪都市環境会議のメンバーと協力して「西淀川再生プラン」Part 1の作成に関わることになった。傘木によると、再生プラン Part 1は西淀川患者会から「『手渡したいのは青い空』という思いを絵にして発信したいという依頼を受けて」［二〇二一年八月十一日、傘木宏夫氏インタビュー］できたものであったという。傘木はチリから帰国後に（株）関西総合研究所研究員となっていたが、一九九六年のあおぞら財団設立と同時にあおぞら財団研究員となり、二〇〇二年に退職するまで、財団の活動を牽引している。

「西淀川再生プラン」Part 1発表後の一九九一年に、西淀川患者会と大阪都市環境会議は連名でいくつかの文書を作成している。例えば、「にしよど・淀川右岸再生プラン91」〔西淀川公害患者と家族の会・大阪都市環境会議 1991a〕では、矢倉海岸、福漁港、淀川河川敷公園といったウォーターフロント（水辺）の改善の必要性が示されている。また、「大野川緑陰道路リフレッシュ計画」〔西淀川公害患者と家族の会・大阪都市環境会議 1991b〕では、大野川緑陰道路の緑化機能の改善、公園機能の向上などを提案している。さらに「西淀川まちづくりトラスト（仮）設立のための提案」〔西淀川公害患者と家族の会・大阪都市環境会議 1991c〕をまとめている。まちづくりトラスト構想は、西淀川区内の、あるいは関連する企業や個人からの寄付金による財団法人とし、住民、企業、行政から理事を選び、西淀川区役所に事務所を置き、市職員が出向して事務を行なうなど、それぞれの立場から地域再生に深く関与するという組織像を描いている。

これらのアイディアは、まだ和解の具体的条件が見えていない段階で、一九九四年六月以降に発表される「西淀川再生プラン」Part 2～6の提案につながる〝試案〟と見てよいだろう。水辺や緑地などの自然環境を都市・地域に必要な資源（ストック）と捉え、アメニティ向上を図るべきであるという理念は、大阪都市環境会議が重要性を訴えてきたことである。その主体を住民、企業、行政の「協働」で形成するという考え方も、すでにここに現れている。

恒久救済と総合的救済

「西淀川再生プラン」では、「恒久救済」という言葉が何度か使われている。傘木は、「西淀川再生プラン」においてあおぞら財団を構想する際に、森永ひ素ミルク事件(25)被害者の「恒久救済」を行なう財団法人ひかり協会を参考にしたと述べている［二〇二一年八月十一日、傘木宏夫氏インタビュー］。公害被害の総合的救済を考える際、この「恒久救済」の考え方が一つの先行事例とされたのであろう。

「恒久救済」は、全ての被害者の生命と人権を生涯にわたって保障するという考え方で、被害児の親からなる「森永ひ素ミルク中毒の被害者を守る会」（以下、守る会）が一九七二年に作成した「恒久対策案（森永ミルク中毒被害者の恒久救済に関する対策案）」によって示されたものである。森永乳業と国・自治体の責任、被害実態究明の必要性を前提とし、恒久救済の具体的対策として、健康管理、追跡調査、治療費補償、相談窓口の設置、家族補償、家庭における保護育成の保障、教育・職業訓練・保護雇用事業所の設置、家庭で看護が困難となった被害者の収容施設の設置、年金の終身支給、研究、死者・過去の損害への補償、などが掲げられている。

国、森永乳業、守る会は「三者会談」と呼ばれる対等な協議の場を設け、一九七三年に「恒久対策案」にもとづいて全被害者の恒久救済について合意するとともに、三者がそれぞれ恒久救済の実現に努めることが確認された。被害者の恒久救済事業を実施する組織として一九七四年に財団法人ひかり協会が設立された。ひかり協会の基本財産は加害企業が出捐した資金を元にするが、財団法人の根本規則である寄付行為は国・森永乳業・守る会の三者の合意によって作成されている。ひかり協会の寄付行為三条には、「公衆衛生及び社会福祉の向上に資すること」を目的とすることが定められた。三者会談方式は、全被害者の「恒久救済」を保証するための基礎であり、守る会副理事長の大槻高は、三者会談方式について次のように書いている。

三者会談の成立、ひかり協会の設立は、守る会運動にとって大きな局面の変化であった。これを境にして、それ以前を守る会運動の「前史」（闘いの時代）と呼び、それ以降の現在を「建設の時代」とも呼んできた。前史は、守る会と国および森永乳業とは相争っている時代であり、信頼と協力関係を基礎に成り立っている現在とは根本的に違う。ここで重要なのは、前史があっての現在であるということである。つまり「三者会談方式」の正しい実践は、対決していた前史の史実をあいまいにすることではない。［大槻 1991: 5］

傘木は、西淀川でも三者会談方式のように、闘ってきた企業や行政との信頼と協力関係のもとで、総合的救済をめざすべきだと考えたのではないだろうか。加害企業が出捐する財団法人を、国、企業、被害者の三者の合意に基づいて運営する形態は、「西淀川再生プラン」に書かれている「まちづくりファンド」や「環境創造事業団」などの構想にも通じるものである。

ただし、実際にはあおぞら財団はひかり協会とは異なる形態と機能を持つ組織となっている。ひかり協会は被害者への補償金給付業務が主要業務の一つだが、大気汚染公害被害の場合、公健法にもとづく認定患者への補償金給付は自治体の業務であり、あおぞら財団は行なわない。森脇君雄らによれば、ひかり協会をあおぞら財団を構想する際の参考事例として組織的に検討したことはなかったという［二〇二三年十二月二十六日、森脇君雄氏、早川光俊氏、上田敏幸氏へのインタビュー］。ただ、大阪府保険医協会に勤務していた頃にひかり協会の存在を知ったという傘木は、森永ひ素ミルク事件の調査を主導した丸山博（大阪大学教授・当時）の活動にも関心を持っていただろう。「一四年目の訪問」と呼ばれる同事件の被害児追跡調査には、生活と健康を守る会の西淀川区の保健師らも参加していた。そこからひかり協会の掲げる「恒久救済」という考え方を参考にしたものと思われる。

グラウンドワーク・トラスト――「自治」の手がかり

傘木宏夫は、「西淀川再生プラン」を執筆する際に、一九九〇年前後の国内外の環境再生・地域再生の事例も参考にしている。例えば大阪都市環境会議との交流があったイタリア・ミラノの「市民の森」、ドイツのエムシャーパーク、英国のグラウンドワークやナショナル・トラスト／シビック・トラスト、国内のトラスト運動などである。特にグラウンドワーク・トラストは、傘木が森脇君雄らとともに視察調査のため現地を訪問したことが、あおぞら財団のイメージをつくる上で重要な経験であったようだ。

英国で始められたグラウンドワークは一九九一年に日本に紹介されている。ここでは、渡辺・松下［2010］や守友［2019a］、守友［2019b］をもとにグラウンドワークの特徴を整理しておく。英国では、一九七〇年代後半から八〇年代に福祉国家の崩壊ともいわれる財政危機に陥り、重厚長大型産業の衰退による失業者の増大やインナー・シティ問題など、地域の環境劣化とコミュニティ衰退が問題化した。一九七九年に誕生したサッチャー政権は、行政サービスの民営化改革を進めるなかで、一九八一年にグラウンドワーク事業を開始した。都市周縁部の荒廃した自然環境を改善する実験的事業を拡大する形で、公的部門（国・自治体）、民間部門（企業・行政外郭団体）、ボランタリー部門のパートナーシップで地域環境改善と地域の経済的・社会的再生をめざす制度として、全国的なグラウンドワーク事業団を設立、事業を推進する主体として各地でグラウンドワーク・トラストを設立していった。

各地のトラストは、国・自治体が基金を出捐し、民間企業や個人等からの寄付を募って、基金を形成する。また、事業資金は公的機関からの委託事業や補助金、企業との共同事業によって確保することが期待されている。トラストには、市民・行政（議員）・企業の各セクターの地域団体の代表者からなる理事会と、専門性をもったスタッフが推進するプロジェクトがあり、組織形態としては有限責任会社である。

グラウンドワーク・トラストは、「Changing Places, Changing People」を合言葉にしている。地域環境（places）を改善することで、人びと（people）の生活を改善する、という意味合いで、環境再生と社会・経済の再生を統合的に実現することをめざしている。事業の重点は①地域コミュニティ、②土地（環境再生・環境と住民との関係構築）、

③雇用、④教育、⑤企業、⑥若者、となっている。グラウンドワークがターゲットとするのは、石炭採掘や鉄鋼産業などの産業衰退に伴い困難を抱える地域である。社会的排除に陥りがちな困難地域において、行政・企業・ボランタリー組織の協働事業による環境再生・地域再生活動にコミュニティが参加し、住民が自信と誇りを回復し、パートナーシップによりコミュニティを自立的／自律的に運営する能力を構築することをめざしている。

渡辺・松下［2010］によれば、グラウンドワークの本質は、地域にパートナーシップによる協働事業体を形成することにあるという。国・自治体からの助成金は六年単位で評価される。助成金は人件費や事務所の家賃などの固定費に充てられるが、徐々に低減していくため、事業収益を増やす必要がある。理事会に参加する企業代表者の経営感覚をトラストに吹き込み、トラストがパートナーシップによる社会的企業となることが求められる。

しかも、国・自治体からの資金助成を受けるには、困難地域における新しい解決策の追求にコミットし続けていることが要件となる。大手企業からの資金獲得においても同様である。近年では、ボランタリー組織の間で公共サービスの競合が高まり、大規模化・企業化が進んでいるという［守友 2019b］。あるトラストの所長が英国社会におけるグラウンドワーク発展の理由を「時代の変化に敏感で、住民要望にあわせ、臨機応変に新たな役割を見出し、社会的な存在意義を高めている」［渡辺・松下 2010: 71］ことだと語ったというが、グラウンドワークの全国ネットワークのリーダーたちは、国の省庁や大企業を訪問して協働事業のアイディアを持ち込む〝営業活動〟に忙しいという。

公共サービスの市場化の流れのもとで、困難地域における地域再生という包括的な課題に対して、行政・企業・市民のパートナーシップによりボトムアップ的に進めるための制度的基盤を、国がトップダウンでつくる。それがイギリスのグラウンドワークであると言ってよいだろう。「西淀川再生プラン」で示されていた「環境創造事業団」等の構想は、グラウンドワークにおける行政・企業・市民の協働事業体にかなり近い。その事業内容において、公害地域という困難を抱えた地域における、環境・経済・社会の統合的な再生をめざしている点も共通している。しかし、国がその制度的基盤をつくることなく、公害被害者が孤軍奮闘で事業体をつくろうとしているという点で、イギリスのグラウンドワークとは大きく異なる。傘木は、イギリスのグラウンドワークから着想を得た、公害地域再生の主体像について、次のように語る。

イギリスのグラウンドワークを見て、〔中略〕独自の基本財産を持つ中で、自分たちの自治を得るっていうか、「コモン」を獲得し、そこから環境再生の担い手を育てるということを目指していきたいなという思いが強くありました。〔中略〕大きな方向性としては、市民が行政とかそういったものから自立的に事業を行なうっていうものが育たないといけないんじゃないかっていうのは強く思っていて。

［二〇二三年二月四日、傘木宏夫氏インタビュー］

傘木にとって「パートナーシップ」とは、市民セクターが自立性／自律性を確立したうえで、行政や企業と協働することを意味していた。市民セクターの自立性／自律性を確立するとは「自治を得る」こと、すなわち「コモン（common）」を獲得することである。そのイメージについて、傘木はイギリスの例をひいて語った。

イギリスに行くと、ロンドン市内の町の公園は半数以上がコモンっていうんですよね。〔中略〕日本で言えば井戸端とかああいうような所になるんだと思うんですけども。そういう不特定多数が出入りする場所で、他の人を思いやったり、こういうことをすると人に迷惑だなとか。自分だけが全部、魚を捕っちゃいけないだとか、木の実を採っちゃいけないなというような話の中で培われる感覚がコモンセンス、常識というふうに捉えているんですけども。今、都市化の中でそういう「コモン」が失われていて、地域再生という目に見える形では緑化とか公園とか。〔中略〕そういう「コモン」を再生させることによって、そこにさまざまな人が出入りし、生まれてくる地域の共通認識というもの。〔中略〕地域にオープンスペースとかコモンを回復する、創り出すというところに環境を切り口としたコミュニティ機能の再生があるというふうに私は捉えています。
〔二〇二一年八月十一日、傘木宏夫氏インタビュー〕

コミュニティの自治意識を育てるためには、人びとが共同性を育む空間が必要である。その空間は、行政が管理するものだけではなく、誰からも奪われることのない市民の自前の土地であることが重要である。少なくとも当時の日本では、イギリスのグラウンドワークのように、行政が市民の自治を育てる条件整備をするということは考えにくかっただろう。西淀川公害訴訟を提起した結果として、そうした市民の「コモン」、すなわち自立／自律した自治空間を得ることができたなら、西淀川公害訴訟の歴史的な意味は、さらに大きい。傘木はそのように考えたのではなかったか。

しかし、広義の公害被害を恒久的に救済するための事業や組織体制を示した「西淀川再生プラン」には、主に訴訟に関与してきた弁護士や専門家からの批判的な反応もあった。すなわち、地域再生という包括的であるがゆえに曖昧模糊とした内容が、被害の実態や加害企業の責任を曖昧にさせないか、という危惧である。たしかに、まだ国・公団との訴訟が続く状況において「パートナーシップ」という概念を提起することは、耳触りはよいものの責任の所在を曖昧にしかねない危うさがつきまとうことは確かである。企業の加害責任に基づく和解金を元手とする事業が、企業の慈善事業とみなされないか、という警戒も当然のものと言えよう。それでも、そうした対抗性の先にある「コモン」の構築をめざそうとする傘木の意志は、あおぞら財団の方向性に大きな影響を与えることとなった。

五　「公害を起こさないまちづくり」の具現化

公害地域再生の理念は、「公害のまち」と呼ばれた西淀川の公害反対運動の当初に掲げられた「公害のないまちづくり」が発展した先にあった。運動は汚染を出す工場への対策や退去を求める直接交渉から始まり、国・自治体との被害救済制度や環境基準をめぐる攻防、被害救済と加害責任の明確化を求める裁判へと進んだが、公害問題の真の解決は「公害を起こさないまちづくり」の具現化であることを、「西淀川再生プラン」は示している。

公害地域再生の理念を実現する具体的事業とそれを実行する組織が提案された一連の「西淀川再生プラン」は、大阪都市環境会議の都市のアメニティを求める議論と実践、森永ひ素ミルク被害児の「恒久救済」という考え方、さらには英国のグラウンドワーク・トラスト、といったいくつかの先行事例や議論の蓄積が加わり、傘木宏夫という個人と西淀川患者会との交流の中で、形になったものと言える。

森脇君雄も「〔再生プランづくりは〕参加型ではなかった」〔二〇二三年十二月二十六日、森脇君雄氏インタビュー〕と認めるように、「西淀川再生プラン」は、被告企業との和解交渉という秘密裏のプロセスの中で、ごく限られた人びとによって短期間に執筆された。そのことが、のちの西淀川の地域再生の実践に与えた影響については留意する必要がある。しかし、訴訟継続下での対抗的な緊張関係の中にあって、両者の関係を相互の信頼に基づく協働関係へと大きく転換させるという意志表示をするには、そうするより他になかったのだろう。ともかく、公害地域再生の理念と構想を大きく打ち出すことによって、和解が成立し、公害地域再生を牽引する主体としてあおぞら財団を生み出すことに成功したのである。

注

（1）ただし、除本も述べているように、いずれの運動も、それ自体が直接的に新しいまちづくりの運動に発展することはなかった。

（2）千北病院建設において中心的な役割を果たしたと思われるのは検査技師・田中千代恵である。

（3）戦後の混乱により社会保障制度が未整備な状況のもと、各地でつくられた無産者診療所の流れを受け継いで、医療従事者と労働者らが設立した「民主診療所」が結成した全国組織である。日本共産党との関係が深い。

（4）エコミューズの資料目録では資料作成年が一九七二年とされていたが、一九七二年以降の出来事も記載されているため、誤りの可能性がある。資料作成年は現在のところ不明である。

（5）西淀川区内の開業医にとって、民医連加盟の病院・診療所は競合相手であり、政治的にも異なる立場をとっていたが、両者はともに公害被害者の診療に力を尽くした。被害者らが西淀川で公害と闘う上では両者の協力が非常に大きな力となった。しかし同時に、それだけ西淀川の公害被害がひどかったことの証左でもある。

（6）大阪市は一九六八（昭和四十三）年三月大野川を埋め立てて高速道路を建設する計画を発表、それを知った住民らが、一九六九（昭和四十四）年に「公害の町である西淀川に大型車道はもう要らない。ほしいのは緑。埋立て跡は全面緑地帯に」との要求を掲げて大野川緑地化推進委員会を結成した。付近の工場経営者や府営住宅、小中学校の教師などが加わり、二万一〇〇〇名の署名を集めて反対運動を起こした。このころ西淀川の大気汚染は深刻な状況にあり、公害反対運動の動きも受けて、二年間におよぶ市との激しい交渉の末、大阪市は都市計画マスタープランから高速道路計画を削除し、大野川は埋め立てた後、歩行者・自転車専用の道路を建設し、公園的な施設も加味した緑地帯にすることになった。一〇年後の一九七九（昭和五十四年）年八月、国鉄（現ＪＲ）線から淀川河口近くまで、全長二・八キロメートルの大野川緑陰道路が完成した［鈴木 1998］。

（7）生活と健康を守る会は、市区町村単位で会を組織し、国への要求運動などを展開した。全国的な連合組織は「全国生活と健康を守る会連合会（全生連）」である。日本共産党との関係が深い。

（8）西淀川患者会の第二回総会（一九七三年九月）では、公害企業と大阪市との直接交渉をすると決議している［西淀川公害患者と家族の会 1973］。

（9）一九六七年に三重県四日市市の公害患者九名が原告となって、石油化学コンビナート企業六社に対して裁判を起こした。判決では被告企業の共同不法行為が認められ、原告への損害賠償が命じられた。

(10) 平和と民主主義を守ることを目的に、当時の若手法律家によって一九五四年に設立された団体。法学者、裁判官、弁護士など、法律家による任意団体である。

(11) 西淀川における広義の公害被害者数の把握は難しいが、西淀川に住む人は現在でも、何らかの形で被害を受けていると考えることもできる。大気汚染による疾病に限定したとしても、公健法による認定を受けなかった／受けられなかった被害者も、その総数は把握不能であるが、存在する（西淀川患者会の会員の中にも、認定を受けていない被害者が存在する）。これは一九八八年に地域指定が解除されたため、解除以降に発症した場合や、解除以降に生まれた世代は認定を受けることができないことによる。また、認定を受けていても西淀川患者会には入会していない患者もいるし、患者会に入会していても訴訟原告に加わっていない患者もいる。実際の公害被害者数（不明）、公健法による認定患者数（累積数）、訴訟原告数（一～四次）、西淀川患者会の会員数（非公表）には、当然ながら齟齬がある。

(12) 西淀川公害患者と家族の会が作成した「西淀川区の公害資料（1）～（4）」である。（1）は一九七三年九月、（2）は一九七四年二月、（3）一九七四年十月、（4）一九七五年二月に作成された。

(13) 公健法の廃止をめざして制度改訂に向けた働きかけをすることを示した経団連の文書「公害健康被害補償制度を考える――大気汚染が改善されたなかで」（一九七九年四月）は、その意図をあからさまに述べている。

(14) この時期、公害・環境問題に限らず、対決型、告発型の住民運動が衰退した背景に財界の運動対策の洗練化があることを見逃せないことを、道場親信は指摘した［道場 2006］。

(15) 「手渡したいのは青い空」というフレーズは共感ひろば以降、西淀川公害訴訟の集会やデモでも用いられ、あおぞら財団もよく用いるものである。原告の証言集である『手渡したいのは青い空』を編集する際、書籍タイトルをワークショップ形式で考えたところから、患者の願いをよく表現するフレーズとしてその後もよく用いられるようになったという［二〇二一年十月九日、上田敏幸氏インタビュー］。

(16) 傘木が西淀川患者会と最初に接点を持ったのは、公健法地域指定解除の前年、一九八七年であったようだ。

(17) 森脇によると、全国公害患者の会連合会の「全面解決要求（案）」の内容が基本にあり、それをもとに再生プランが描かれたという［二〇二三年十二月二十六日、森脇君雄氏インタビュー］。

(18) 西淀川区西島にある合同製鐵株式会社大阪製造所。西淀川公害訴訟の被告企業の一つである。

(19) フェニックス計画による中島搬出センター建設、大和田焼却炉建て替え、JR片町線新駅（現御幣島駅）建設、住宅と工場の調和・共存、工場跡地へのマンション建設による新住民のニーズへの対応などが「西淀川再生プラン」

の中でも言及されている。

(20) 大気汚染公害訴訟の弁護団による連合組織「大気連」で情報交換や訴訟進行上の戦略を連携することにより、判例を積み上げていった。しかし、それぞれの弁護団の間ではライバル意識もあったようで、そのことが他地域より一歩前進した判決または解決（和解）を勝ち取りたいという意識につながっているようである。

(21) 被告は川崎製鉄（当時）、一九七五年一次訴訟提訴、一九九二年八月に和解成立した。

(22) 奇抜なアイディアのようにも見えるが、尼崎市では実際に臨海工業地帯の製鉄工場跡地に「兵庫県立尼崎の森中央緑地」を造成し、一〇〇年かけて森をつくることをめざして市民参加で森づくりと環境教育を進めている。

(23) 一九七三（昭和四十八）年に大阪地方裁判所合同庁舎に統合された。西淀川患者会は大阪市に旧西淀川簡易裁判所の建物の保存を申し入れたが、裁判所の判断で取り壊されてしまった。

(24) 除本［2013］も、大阪都市環境会議は一九八〇年代から西淀川患者会と交流があり、西淀川の公害反対運動が公共性を明確に掲げていく際には、大阪都市環境会議の活動をとおして、宮本憲一からの理論的影響があったことを指摘している。

(25) 一九五五年に発生した森永ひ素ミルク事件は、西日本で森永ドライミルクを飲用した乳幼児がひ素中毒を起こしたものである。厚生省（当時）の一九五六年六月九日の発表によると、被害児の数は一万二一三一名、そのうち死者は一三〇名であった。発生から一年後に全国で検診が行なわれたが、そのほとんどが「治癒」、「後遺症の心配はない」とされた。しかし丸山博らは、被害児の追跡調査結果を一九六九年日本公衆衛生学会にて「一四年目の訪問」として発表し、後遺症に苦しむ被害児の存在が明らかとなった。苦難を抱えていた被害児の親らは一九六九年十一月に「森永ひ素ミルク中毒の被害者を守る会」を結成し、森永乳業との交渉、不売買運動、国・森永乳業を被告とする訴訟提起等を行ない、一時的な賠償金の支払いではなく被害者の健康回復と社会的自立と発達のための医学的究明と「恒久救済」を求めた［ひかり協会ウェブサイト 2019］。

第3章　あおぞら財団の二六年——事業構成と財政から

本章では、あおぞら財団が実際にはどのような事業を、どのように資金調達のもとで実施し、公害地域再生を進めていったのか、一九九七年から二〇二二年までの二六年間の全体像を、事業構成と財政構造の変遷から見てみたい。

一　事業構成の変遷——実践の中での模索

五つの事業テーマの確立

英国のグラウンドワーク・トラストを原イメージとした公害地域再生センター像は、環境庁（当時）所管の財団法人（二〇一一年からは公益財団法人）という組織形態をとって実現した。一九九六年三月にあおぞら財団設立準備会の事務所が開設され、理事の選任など組織の骨格を作る作業が進められると同時に、財団設立を記念した公害地域再生シンポジウムが大阪で開催されるなど（口絵4参照）、公害地域再生の理念を社会へと発信する事業も相次いだ。一九九六年九月に正式に設立許可が決まると、設立前から始まっていた事業を含めて、本格的に事業が展開し始める。

あおぞら財団は多様な事業に取り組んできたが、財団法人の規約にあたる「寄付行為」には、財団が取り組む事業として下記の六点が記されている[1]（傍線引用者）。

（1）公害地域の再生のための地域づくりに係る調査研究の実施
（2）公害地域の再生のための地域づくりに係る活動の実施
（3）公害経験、公害地域の再生のための地域づくり等に係る情報の発信及び交流事業の実施

（4）公害経験、公害地域の再生のための地域づくり等に係る環境学習の実施
（5）公害地域の再生のための環境保健活動の実施
（6）その他本法人の目的を達成するために必要な事業

毎年度の事業報告書では、事業部門ごとに事業実績が報告されている。事業部門の分類を見ると、あおぞら財団の事業構成の全体像が理解できるのだが、その分類は二六年間を通じて一貫しているわけではない。事業部門の数、名称、そして各部門に分類される個別事業にも、揺れが見られる。事業部門分類の揺れは、単なるミスや形式の不統一なのではない。財団がめざす公害地域再生に必要な事業群とは何であるのかを、実践をつうじて模索してきた軌跡を表している（図17）。

あおぞら財団は、そのような揺れを含みながらも、大きく言えば次の五つのテーマで事業を展開してきた。

（1）西淀川をはじめとする各地での公害を起こさない地域づくりに関する事業（地域づくり）
（2）西淀川の公害経験を記録し、発信し、学ぶための事業（公害経験の記録と発信）
（3）公害被害を受けた人びとの健康と福祉を向上させる事業（環境保健）
（4）環境保全型まちづくりに向けた学習と人材育成を進める事業（環境学習）
（5）西淀川をはじめとする日本の公害経験を活かして国際交流を行なう事業（国際交流）

これらは事業部門として独立していたか否かにかかわらず、事業テーマとして存在していたものであるが、図17をみると、二〇〇六年ごろから二〇一五年までの期間で、右の五つの事業分類が定着してきていることがわか

1997	地域づくり	公害経験	環境学習・環境保健	広報・交流	
1998	地域づくり	公害経験	環境学習・環境保健	広報・交流	
1999	地域づくり	公害経験	環境学習・環境保健	広報・交流	
2000	地域づくり	公害経験	広報・交流		
2001	地域づくり	公害経験	広報・交流		
2002	地域づくり	公害経験	広報・交流	環境保健	
2003	地域づくり	公害経験	環境保健	環境学習	
2004	地域づくり	公害経験	環境保健	環境学習	
2005	地域づくり	公害経験	環境保健	環境学習	国際交流
2006	地域づくり	公害経験	環境保健	環境学習	
2007	地域づくり	公害経験	環境保健	環境学習	国際交流
2008	地域づくり	公害経験	環境保健	環境学習	国際交流
2009	地域づくり	公害経験	環境保健	環境学習	国際交流
2010	地域づくり	公害経験	環境保健	環境学習	国際交流
2011	地域づくり	公害経験	環境保健	環境学習	国際交流
2012	地域づくり	公害経験	環境保健	環境学習	国際交流
2013	地域づくり	公害経験	環境保健	環境学習	国際交流
2014	地域づくり	公害経験	環境保健	環境学習	国際交流
2015	地域づくり	公害経験	環境保健	環境学習	国際交流
2016	地域づくり	公害経験・環境学習	国際交流		
2017	地域づくり	公害経験・環境学習	国際交流		
2018	地域づくり	公害経験・環境学習	国際交流		
2019	地域づくり	公害経験・環境学習	国際交流		
2020	地域づくり	公害経験・環境学習	国際交流		
2021	地域づくり	公害経験・環境学習	国際交流		
2022	地域づくり	公害経験・環境学習	国際交流		

図 17　事業部門の変遷（1997 ～ 2022 年度）

出典：公害地域再生センター事業報告書（1997 ～ 2022 年度）を参照して筆者作成

る。この一〇年間が、現在に続くあおぞら財団の事業テーマがおおよそ確立された時期と言える。

なお、図17において、二〇一六年度に事業部門が地域づくり、公害経験・環境学習、国際交流の三つに整理されている。それは、後述する第六次事業計画の策定にあわせて既存事業を評価・整理した際の、多様な事業にバラバラに取り組むのではなく、統合的に取り組んだ方がよいという判断によるものである。環境保健事業は地域づくり部門の「健康再生」に向けた事業として、環境学習事業は公害経験・環境学習部門として取り組まれることとなった。ただし、本章以降は五つの事業部門として表記する。

中期計画と重点事業

あおぞら財団では、個別の事業に取り組むかたわら、一九九八年から三ヵ年ごとに中期事業計画を策定し、社会情勢の変化を踏まえて財団事業の課題や方向性を示してきた。事業全体の変遷の方向性を捉えるために、それぞれの計画で財団が取り組むべき課題、方向性、財団自身のあり方についての記述を抽出し、表6に整理した。

表6に記載した各計画の内容については第4章と第5章で詳述するが、事業の対象が多様化し、制度の提言・提案から実践活動へと徐々に変化していったことが読み取れる。同時に、活動実績が積み重なることで、各事業部門の継続事業を前提とする現状追認的な計画となっていく傾向にあるとも言える。

一九九八年に理事会に提出された「中長期事業計画策定委員会検討結果報告書」［公害地域再生センター 1998］では、財団の役割を次の三つにまとめている。

（1）公害地域再生の主体である公害被害者・地域住民・地域社会（コミュニティ）の活動を調査・研究、政策提案、実践プログラム（社会実験を含む）の面で支援する役割（シンクタンク・コーディネーター）

表6　中長期（3～6カ年）事業計画の内容

年度	計画名	目標・計画内容
1998-2003	中長期事業計画	・地域再生まちづくり集団の組織化、地域再生・西淀川マスタープラン（仮称）の策定 ・公害経験資料の収集・整理と環境学習活動の第一次成果の完成 ・初期モデル事業（健康・環境プラザ（仮）の建設）のパートナーシップによる実現 ・持続的な経営システムの確立（スタッフ育成、プロジェクトの選定・評価システム、収支バランスの実現）
2004-2006	第2次事業計画	・大気汚染地域再生の抜本的対策・制度、被害救済制度の改善・確立に向けた提案・提言を行ない社会実験の担い手となる。まちづくりのコーディネーターとなり、環境教育教材の開発と普及に取り組む。 ・西淀川公害との闘いの総括を踏まえた、西淀川を含む大阪地域の再生の方向性と展望についての検討・提言
2007-2009	第3次事業計画	・西淀川のまちづくりの具体的取組み（エコドライブ、参加型交通まちづくり意見交換会等）への発展 ・公害資料の電子化、展示パネル作成 ・環境学習教材の開発と、菜の花プロジェクトなどの実践行動 ・高齢認定患者の呼吸ケア・リハビリプログラムの開発・普及 ・中国の環境活動団体等との交流、日本の公害経験資料の翻訳
2010-2012	第4次事業計画	・参加型交通まちづくり、エコドライブ普及、交通まちづくり支援 ・公害資料館運営、西淀川／全国の公害地域の情報収集と発信、ネットワーク形成 ・地域資源を教材とする授業支援、教材普及と学習機会の創出 ・高齢認定患者の呼吸ケア提供体制の確立、成人ぜん息患者の救済制度づくり支援 ・日本の公害経験資料の翻訳、中国環境 NGO との交流、発信 ・重点事業の実施
2013-2015	第5次事業計画	・防災まちづくり、環境住宅の実践と発信、菜の花プロジェクト、地域交流拠点の活動、自転車を活かしたまちづくり、交通まちづくりに関する講座実施 ・公害資料館運営、西淀川／全国の公害地域の情報収集と発信、ネットワーク形成 ・西淀川公害学習の支援、西淀川での参加型自然環境調査、交通環境学習教材の普及 ・呼吸ケア提供体制の確立、未認定ぜん息患者の救済制度づくり支援 ・日本の公害経験資料の翻訳、中国環境 NGO との交流・発信、国際協働事業の実施 ・重点事業の実施
2016-2018	第6次事業計画	・「環境・福祉・防災」の視点から西淀川の地域再生（地域交流拠点でのソーシャル・ビジネス、交通マネジメントセンター機能の強化、防災まちづくりの推進、呼吸ケアの普及、地域資源を活かしたイベントや活動の実施） ・公害教育・研修センター機能の強化（研修・講師派遣、教材・プログラム開発）、公害資料館運営（資料整理・活用）、公害経験を伝える国際交流
2019-2021	第7次事業計画	・「環境・福祉・防災・文化・生業」の視点から西淀川の地域再生（空き家や公共施設跡地利用、次世代への公害経験発信、交通マネジメントセンター機能の強化、防災まちづくりの推進、呼吸ケアの普及、地域交流拠点でのソーシャル・ビジネス、地域資源を活かしたイベントや活動の実施） ・公害教育・研修センター機能の強化（研修・講師派遣、教材・プログラム開発）、公害資料館運営（資料整理・活用） ・公害経験を伝える国際交流（情報発信・研修）
2022-2024	第8次事業計画	・「環境・福祉・防災・文化・生業」の視点から西淀川の地域再生（地域資源の活用、次世代への公害経験発信、交通マネジメントセンター機能の強化、防災まちづくりの推進、呼吸ケアの普及、地域交流拠点の継続、地域資源を活かしたイベントや活動の実施） ・公害教育・研修センター機能の強化（研修・講師派遣、教材・プログラム開発）、公害資料館運営（資料管理・活用） ・公害経験を伝える国際交流（情報発信・研修）

出典：公害地域再生センター［1998b; 2004b; 2010b; 2013b; 2016b; 2019b; 2022b］を参照して筆者作成

（2）患者・地域住民と一体となって地域づくりを実践する協働者（パートナー）としての役割
（3）全国レベルの公益法人として、国内各地を対象とし、海外地域も視野に入れた活動交流センターとしての役割

数名の職員からなる非営利組織であるにもかかわらず、事業テーマの幅広さに加えて、その役割においても、非常に高度な要求がされていると言ってよいだろう。この報告書では、必ずしも三つの役割を財団が果たせるための条件や方法が詳細に検討されているわけではない。実態は、内部の専門家からの財団に対する期待が大きかった反面、その方法論については具体的に見えていたわけではないことがうかがえる。

二〇〇五年には、財団設立一〇周年の記念行事を行なう中で、あおぞら財団の今日的意義を確認し合う機会があったことも、財団の事業に方向性を与えることにつながった。二〇〇八年六月、理事会において将来構想検討委員会の設置が提案され、何名かの理事を中心に委員会が構成された。そこでは、約一〇年の活動成果から「財団の強みや果たすべき役割」がより具体的に見えてきたこと、慢性的な財政赤字と高額寄付金の扱い、公益法人制度改革への対応などを背景に、財団の役割と方向性、重点的に取り組むべき分野が検討された［公害地域再生センター 2008b］。

その結果、①交通まちづくりを核とした環境再生・地域づくり、②それを担う人づくり・人材育成を重点課題とし、これに公害患者らの福祉の増進も引き続き重要課題として位置づけられた［公害地域再生センター 2009b］。二〇〇九年度から二〇一五年度までは地域再生に向けた投資として「重点事業」を定めて、高額寄付金を活用して実施している。二〇〇九年度からの重点事業は、次の三点である。

・環境フロンティア講座（財団に関わる専門家等との人的つながりを活かし、環境指導者育成をめざした講座）
・自転車を活用したまちづくり（交通と福祉の交通まちづくり、大野川緑陰道路などをメインとした地域づくり）
・地域交流の拠点づくり（事務所ビル一階を改修し地域交流の拠点「あおぞらイコバ」づくり）

これらに加えて、二〇一一年からは東日本大震災被災地支援（被災地への自動車の寄付、被災地ツアーの企画・実施）、情報発信とファンドレイジングの強化、企業連携によるエコプロジェクト（太陽光発電の設置や社有未利用地の活用）が重点事業と位置付けられた。

二　財政構造の変遷

収支バランス

次に、あおぞら財団の財政構造についてまとめておく。訴訟の和解金のうち三億一〇〇〇万円を基本財産とし、主要な収入源（フロー）は国・自治体や民間団体からの受託事業・助成金・補助金などの事業収入、会費収入、寄付収入、そして基本財産運用収入である。

まずは一九九七年度から二〇二一年度までの、収入と支出を図18に示しておこう。一九九六年度は九月十一日に財団が設立され、正式な事業期間が約半年しかないこと、設立初年度にあたり特殊な収入・支出状況があったと考えられることから、一九九七年度以降を対象とした。ここでは活動の活性度の変遷を概観するために、フロー

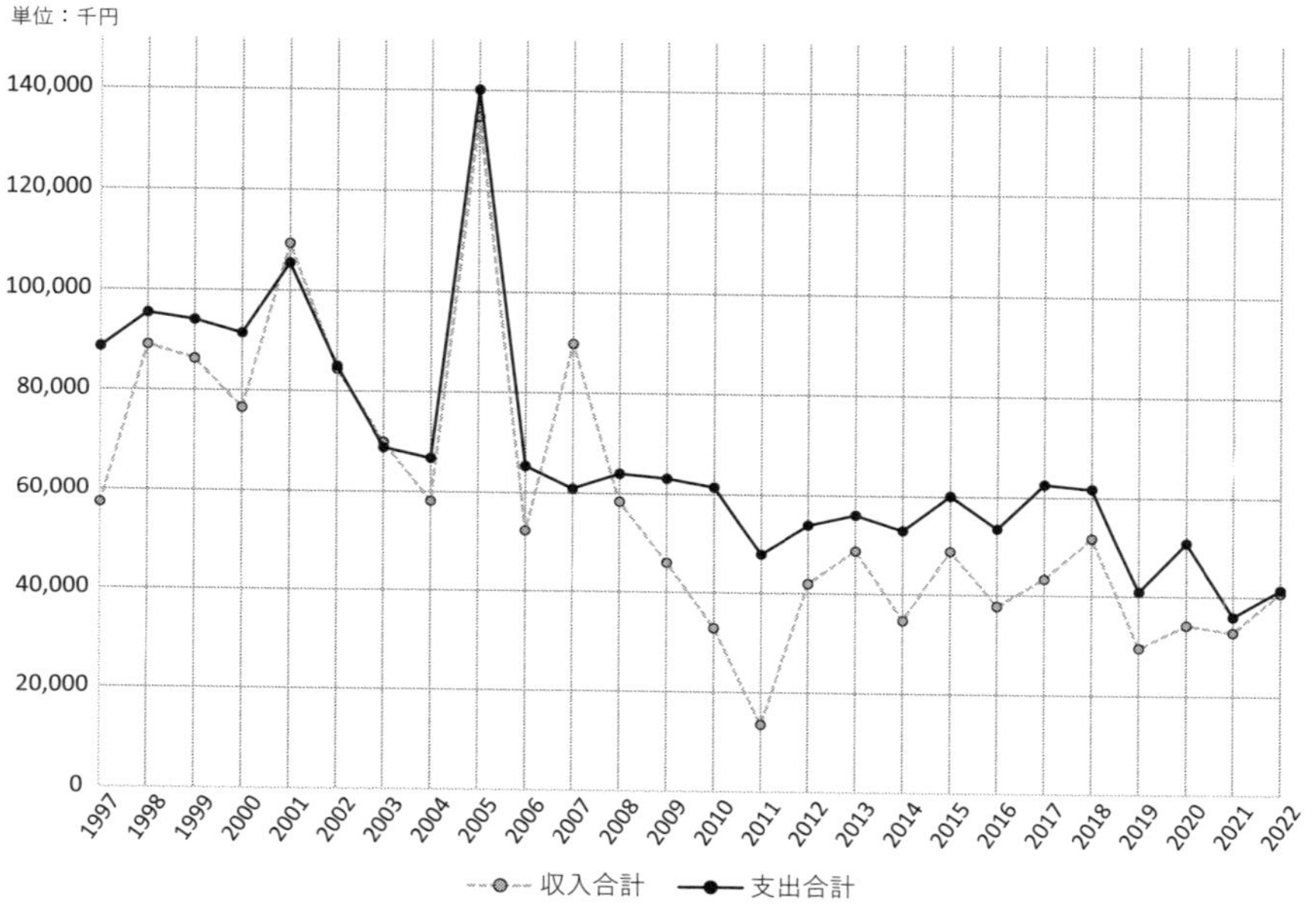

図 18　フロー収入・フロー支出の推移

出典：公害地域再生センター決算報告書（1998 〜 2023 年度）をもとに筆者作成

収入（事業収入、会費収入、寄付収入、基本財産運用収入、雑収入）とフロー支出（事業支出と管理支出）を対象とする。事業費、管理費の区別は、決算報告書等、あおぞら財団の会計書類の区別に従った。基本財産の積立／取り崩し、固定資産取得など、財産（ストック）の増減に関わる収入／支出は対象に含まない。そのため、収支差額は財団が公表する会計資料の数字とは異なっている場合がある。

収入の内訳

図18を見ると、支出が収入を上回る年度がほとんどである。赤字を吸収し重要事業の資金を継続的に確保するために、基本財産の取り崩しと、事業積立金も実行されてきた。二〇二二年度決算では、基本財産は約一億九〇〇〇万円となっており、二六年間で平均して一年あたり約四二〇万円ずつ基本財産を取り崩してきたことになる。また、二〇〇一年度までは年間一億円前後の事業規模であったものが、二〇〇二年度以降は二〇〇五年度

を除いて事業規模が縮小傾向にあり、この数年は年間五〇〇〇万円弱の事業規模となっていることがわかる。

例外として、二〇〇五年度にフロー収入とフロー支出が突出しているのは、後述するエコドライブ実証事業の補助金が高額であったことによるものである。また、二〇〇七年には高額寄付があり、一時的にフロー収入が大きくなっている。それらを除けば、フロー収入は二〇一一年まで低下傾向が続いている。

図19は、フロー収入における勘定科目別割合を示している。二〇〇五年までは収入のほとんどが事業収入によって占められている。一九九〇年以降の長期不況を背景に、当初主要な収入源として期待された運用収入、寄付収入はごくわずかな割合にとどまっている。基本財産の運用益によって組織を維持し、寄付や事業委託金などによって事業費を賄うという当初の経営モデルは、超低金利状態のもとで実現困難となった。

旧制度では財団法人の資産運用は、元本が保証されることを重視する指導監督基準に基づいて、預金や国公債等に限定される形で規制されていた。二〇〇八年の公益法人制度改革により投資方法は当該法人が自主的に決められるものとなり、あおぞら財団も主体的に適切な資産運用に取り組むため、運用基準を定めている。資産運用方法の多様化が迫られる状況のもと、株式・投資信託等の金融商品を購入し運用した結果、二〇一〇年代後半以降、少ないながらも基本財産運用収入は収入の一定割合を占めるに至っている。

また、二〇〇〇年代後半から事業収入において雑収入が占める割合が増加している。雑収入の内訳は講師派遣・研修受入・委員等謝金、物販売上、賃料・使用料収入、広告等である。購入した財団事務所ビルの部屋を地域活動等に低額で貸し出す等が影響しているものと考えられる。雑収入という残余項的な分類ではあるが、その内実は安定的な収入源の確保に向けた努力の結果と見ることもできる。

会費収入についてはどうか。図20は、会員数の推移を示している。あおぞら財団には賛助会員制度があり、個人会員、学生会員、法人・団体会員がある。年会費を納入すると、機関誌『Libella』が送付される。設立直後は

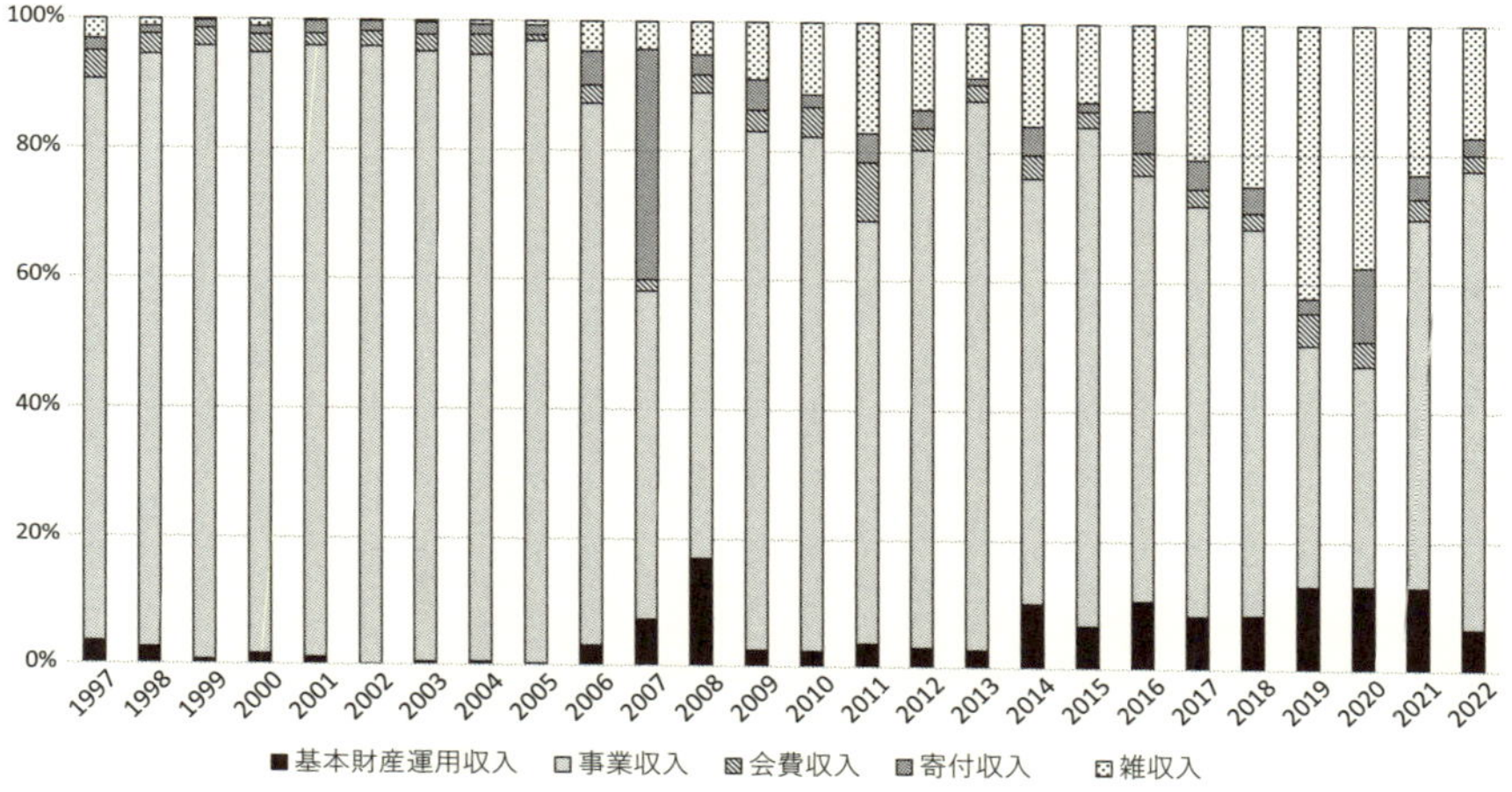

図 19　収入における勘定科目別割合

出典：公害地域再生センター決算報告書（1998 ～ 2023 年度）をもとに筆者作成

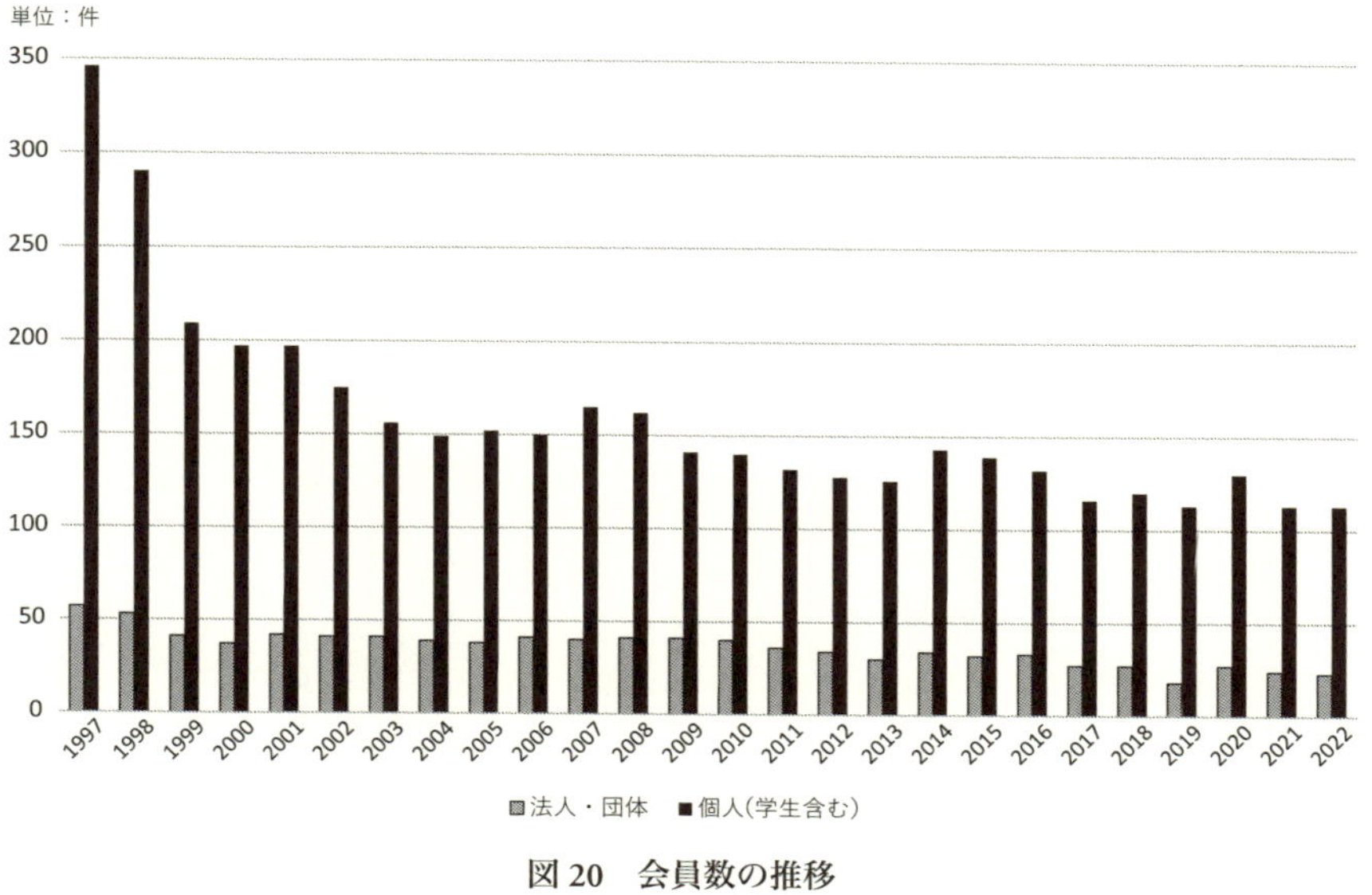

図 20　会員数の推移

出典：公害地域再生センター事業報告書（1998 ～ 2022 年度）および理事会資料（1998 ～ 2023 年度）をもとに筆者作成

三五〇名以上であった個人会員（学生会員を含む）は、近年一〇〇～一五〇名程度で推移している。法人・団体会員についても、設立直後は五〇件以上であったが、近年は二〇～三〇件程度となっている。図19からも、事業収入に占める会費と寄付による収入の割合は、一時的に高額寄付があった年を除いて、一〇％に満たない年が多いことがわかる。

次に、図21で示すのは、事業収入に占める受託金・請負金と、助成金・補助金額の推移である。事業収入全体の大きな傾向が図18のフロー収入に近似した形となっているのは、フロー収入における事業収入が占める割合の大きさを考えると当然であり、あおぞら財団の財政においては事業収入の多寡が財政全体に大きく影響を与えている。事業を受託・請負する場合と、財団事業に助成・補助を受ける場合の大きな違いは、助成・補助は財団が主体となって取り組む事業への助成・補助であるのに対して、受託・請負は、委託元が主体となる事業またはその一部を財団が実施するという点にある。受託・請負事業においても、委託元との関係性の中で、財団として取り組みたい内容が反映されることもあるが、基本的には財団の主体性は発揮しにくい。

ただし、助成金は人件費などの管理費用を支出できず、直接事業に必要な支出しか計上できないことが財政上は大きな問題であり、現在は助成金の割合を低く抑えるようにしている。寄付金や運用益による安定的な収入が少ないあおぞら財団にとっては、事業収入で管理費も賄う必要があり、財政の安定のためには受託金・請負金が重要な意味をもっている。二〇〇一年度から二〇〇四年度まで助成金・補助金の額が多くなっているのは、西淀川患者会からの受託金が助成金に切り替えられたためである。

図22は、受託金・請負金・助成金・補助金合計において、主な委託・助成者が占める割合を示したものである。委託・助成者は年度によって様々であるが、二六年間を通してあおぞら財団の事業収入源となっている委託（助成）者は、西淀川患者会、環境省、環境再生保全機構(2)の三者である。これら三者による委託・助成額は、年度に

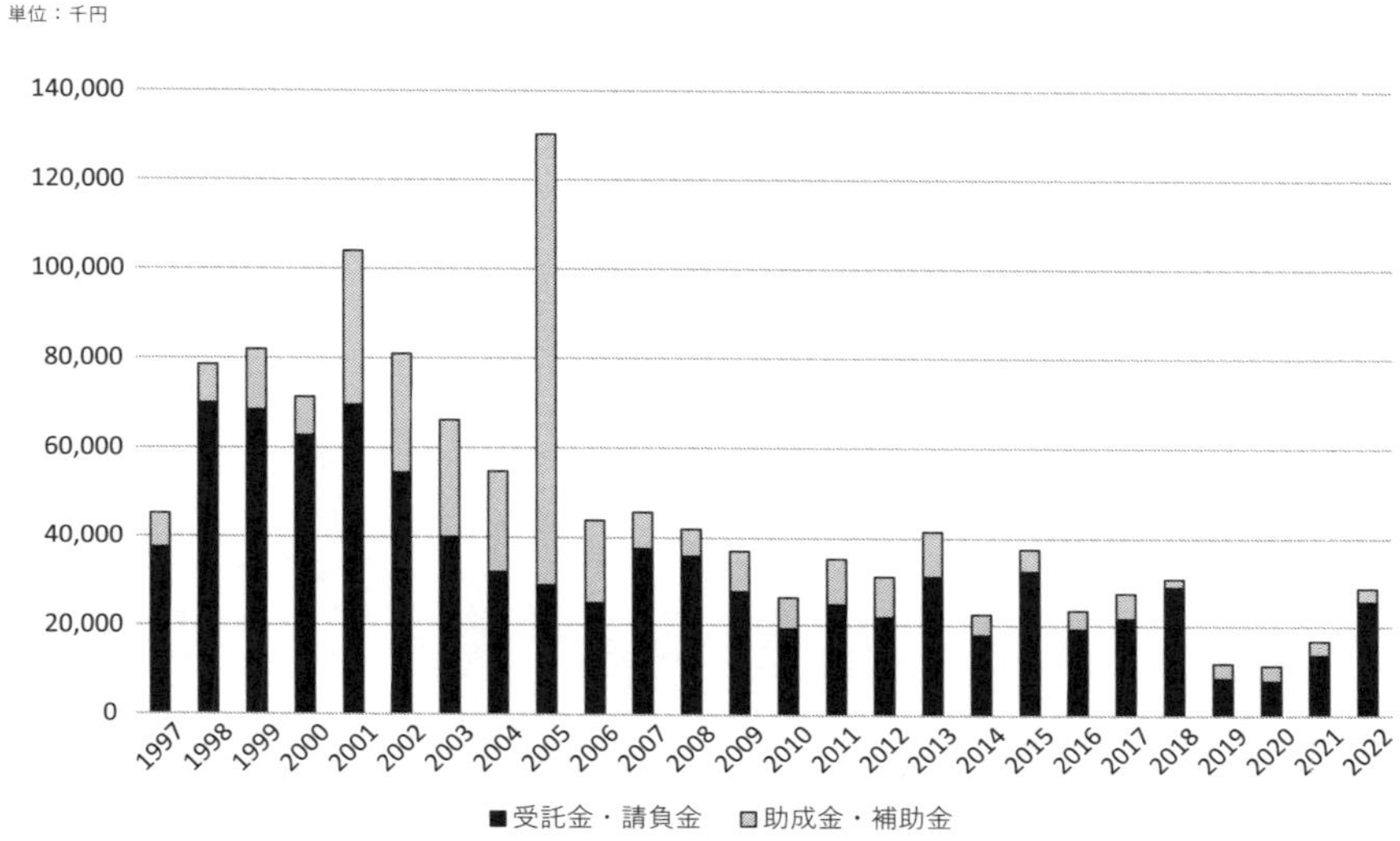

図 21　事業収入に占める受託金・請負金／助成金・補助金の割合

出典：公害地域再生センター決算報告書（1998 ～ 2023 年度）をもとに筆者作成

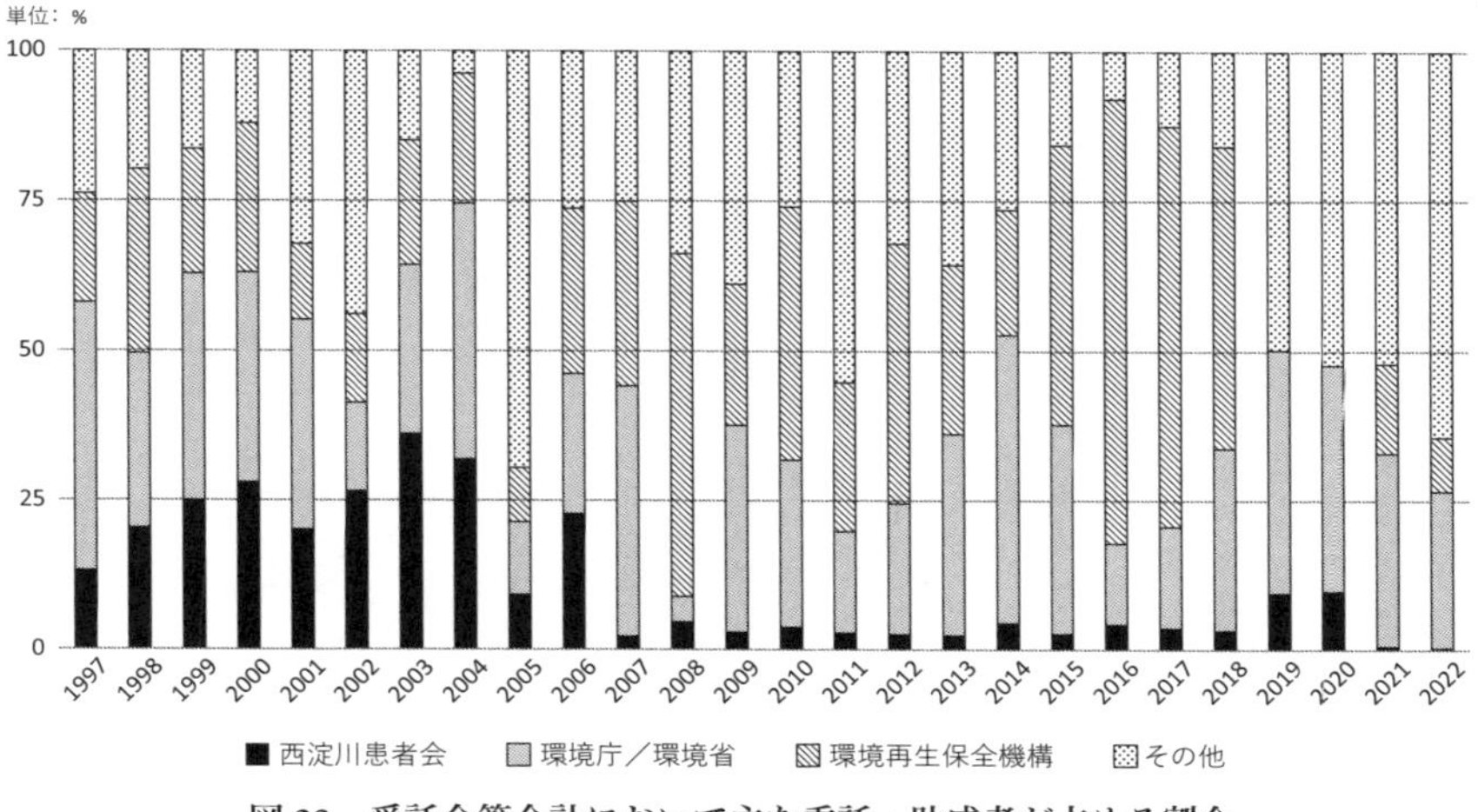

図 22　受託金等合計において主な委託・助成者が占める割合

出典：公害地域再生センター決算報告書（1998 ～ 2023 年度）をもとに筆者作成

より変動があるが、平均して事業収入の七〜八割前後を占める状況が続いてきた。少し詳しくみてみよう。

まず、設立以降二〇〇六年度までは西淀川患者会からの受託金等が一定割合を占めている。前述（第2章）したように企業との和解において、和解金三九億九〇〇〇万円のうち、一五億円を西淀川の地域再生等に使うことが合意されたことを受けて、三億一〇〇〇万円をあおぞら財団の基本財産とした。西淀川患者会があおぞら財団に委託・助成してきた事業は、後述する「道路提言」の作成をはじめとする道路環境対策提言業務が主たるものである、それに公害患者の実態調査等が追加される場合がある。これらは、西淀川患者会が一貫して求めてきた、公害を起こさないまちづくりと公害被害者の救済を実現するための調査・提案業務であり、あおぞら財団が運動団体としての西淀川患者会のシンクタンク的機能を果たしてきたと見ることができる。しかし、二〇〇七年度以降は西淀川患者会からの受託金等は大きく減少し、事業収入減少の一因となっている。これは二〇〇六年に「あおぞら苑」（第5章二一六頁）を建設したことで、会費と資産運用益以外に大きな収入源がない西淀川患者会の財産が減少してきたことによるものである。

環境省／環境庁からは二〇〇六年度まで、各年度に複数事業を受託していた。西淀川をはじめとする公害地域の再生（地域づくり）、道路交通環境、環境保健に関する調査など、公害訴訟の終結後にも残された公害地域の課題に関する調査業務を中心とするものであり、あおぞら財団が公害被害者運動から受け継いだ知見やネットワークを活かした業務である。二〇〇七年頃から、環境省からの受託・請負事業は合計額が以前と比べて減少し、テーマも公害経験の国際発信や公害経験のオーラル・ヒストリー収集など、経験の継承に重点をおいたものに変化している。

環境再生保全機構についてみると、大きな傾向としては事業数も合計金額も増えている。年度により変動はありながらも、西淀川患者会からの受託金・助成金に代わり、環境再生保全機構からの受託金・請負金・助成金は、事業収入において大きな割合を占めるようになっている。

また、二〇一七年ごろから収入全体に占める雑収入の割合が高まり、二〇一九年以降は受託金等合計において「その他」の委託（助成）者からの収入が占める割合が高くなっている。財団の収入源が多様化していることを示している。またこれらの図には表れていないが、自主財源による事業も少なからず存在する。自主事業は財団が実現すべき「公益」の核心に関わる事業であり、財団のミッション実現に重要な意味を持つため、受託・助成金の多寡が事業の重要性の高低と一致するわけではないことに、注意が必要である。

事業部門別の収入

図23は、地域づくり、公害経験、環境保健、環境学習、国際交流の五つの事業部門ごとの受託金等の累計額を示したもの、図24は事業部門ごとの受託金等の委託者等の内訳である。(3)

図23の受託金等の累計額で見れば、地域づくり部門が最も多くの事業収入を得ている。累計事業件数でも地域づくり部門が最も多く、あおぞら財団の財政において地域づくり部門は重要な位置を占めていると言ってよいだろう。

事業一件あたりの受託金等の規模が大きいのは環境保健部門で、平均すると事業一件約四〇〇万円程度の予算規模となる。環境保健部門の事業は、西淀川患者会、環境庁／環境省、環境再生保全機構からの受託金・請負金・助成金が大半を占め、後述するように、公害保健福祉事業と公害健康被害予防事業（以下、予防事業）に関する事業が含まれる。環境保健部門の事業は継続的に受託されてきたが、その傾向は徐々に変化してきている。逆に事業一件あたりの受託金等の規模が小さいのは環境学習部門であり、西淀川患者会、環境省からの受託金はほとんど受けていない。環境学習部門は、公害被害者運動から受け継いだというよりも、あおぞら財団が公害地域再生

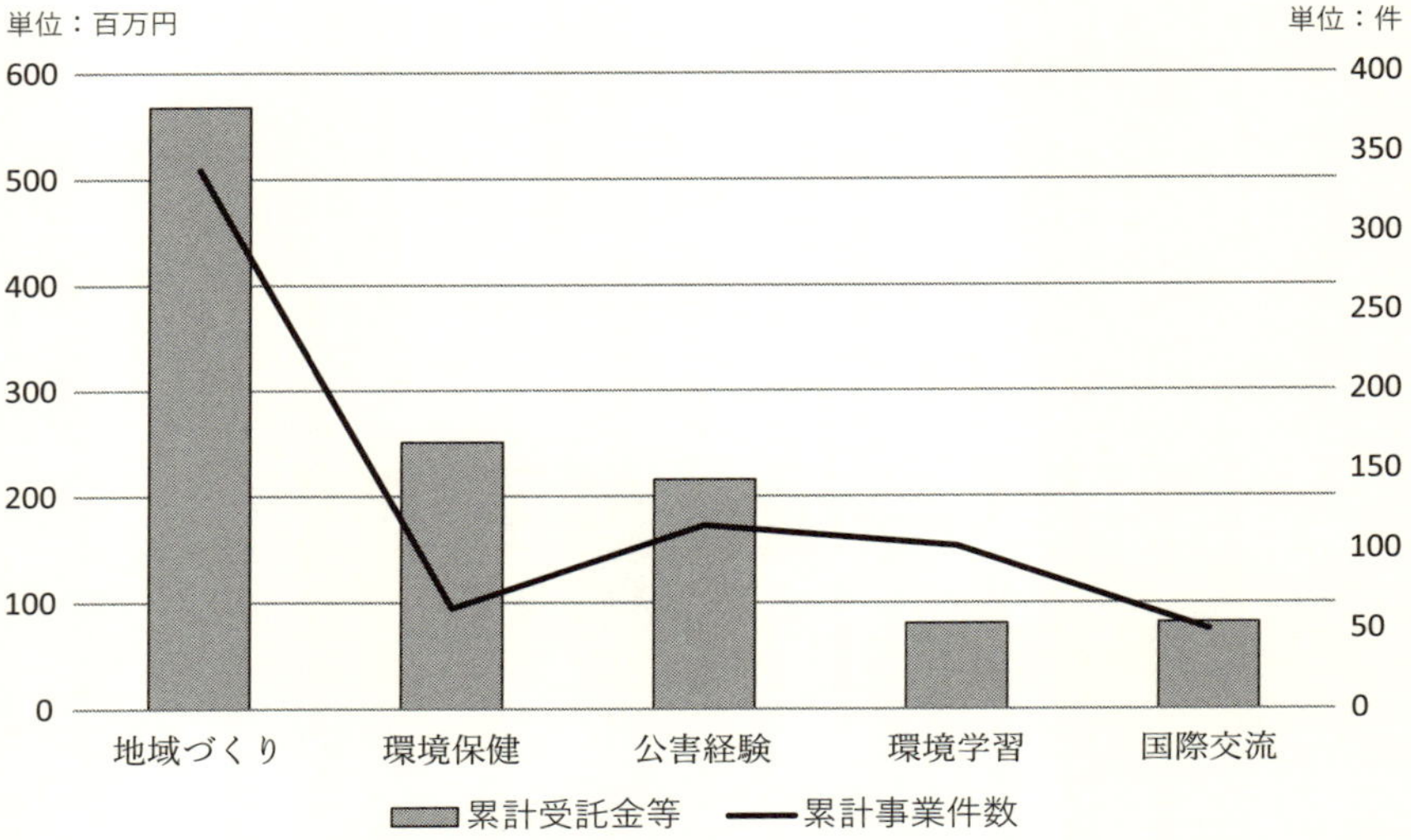

図 23　事業部門別の累計受託金等・累計事業件数（1997 〜 2022 年度）
出典：公害地域再生センター決算報告書（1998 〜 2023 年度）をもとに筆者作成

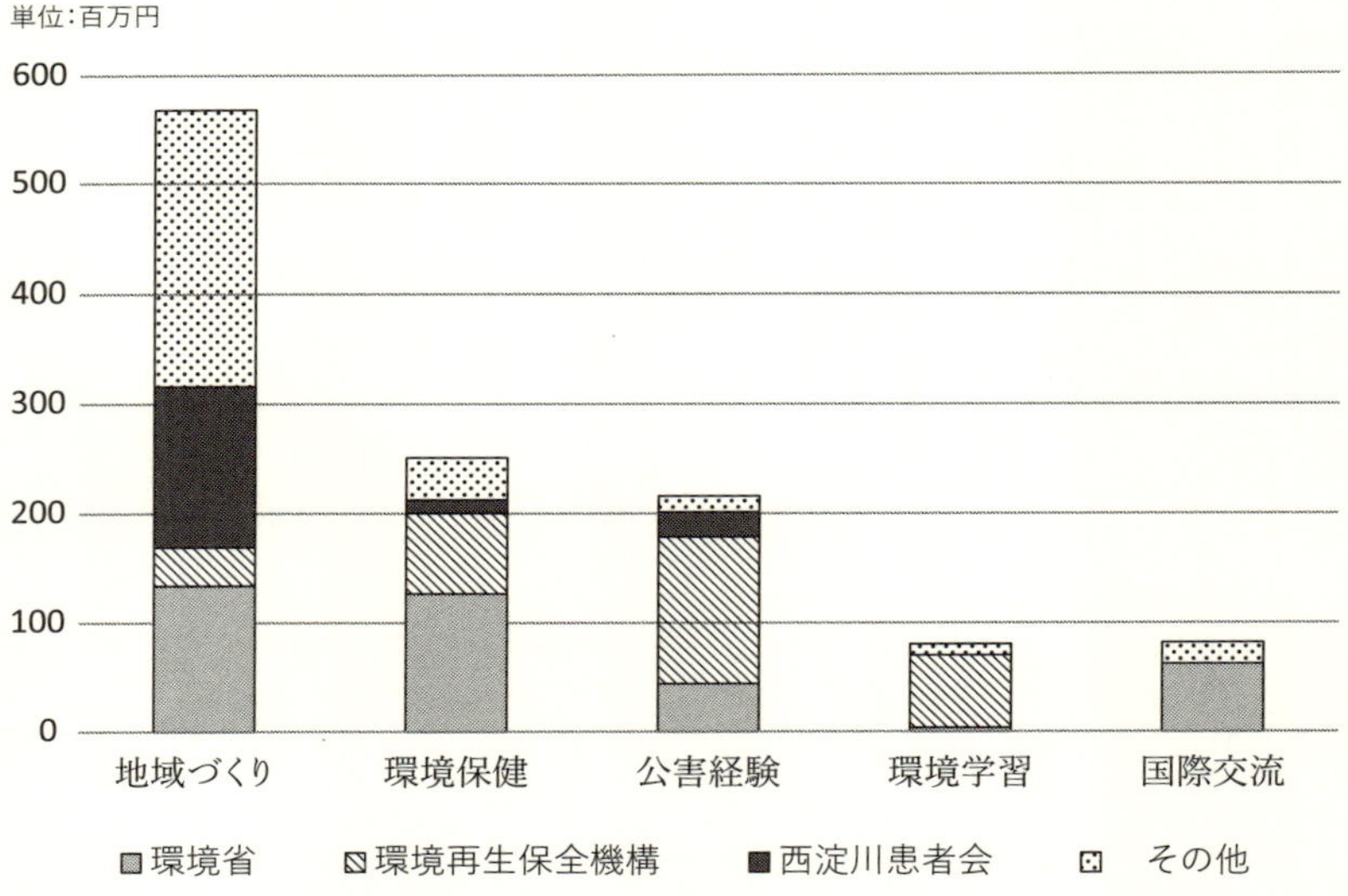

図 24　事業部門別の受託金合計と主な委託・助成者（1997 〜 2022 年度）
出典：公害地域再生センター決算報告書（1998 〜 2023 年度）をもとに筆者作成

に取り組む事業展開の中で新しく開拓してきた分野であることから、事業展開の裏付けとなる財源も自ら探し出さなければならない。ただし、実際には環境学習部門の事業は、公害経験部門や地域づくり部門と内容的に重複することがある。図23から直ちに、環境学習部門だけが財政的に脆弱であることを意味しない。

環境庁／環境省からの受託金が占める割合が多いのは国際交流部門と環境保健部門である。これは、あおぞら財団の国際交流事業と環境保健事業が、政策的な位置付けをもった事業であることを意味している、他方で、公害経験部門と環境学習部門は環境再生保全機構の地球環境基金からの助成金が重要な財源となっている。

このように、事業一件あたりの平均的な予算規模において、事業部門の間で差が見られるが、予算規模が大きいほど財団の中で重要度が高いとか、人員を多く配置しているといった具合に、単純に考えることはできない。予算はないが重視する事業には、自主財源をもって取り組まざるを得ない。たとえば選挙立候補者への公開質問状作成、パブリック・コメントの提出、内部の研究会、公害資料館運営、西淀川での地域イベント等交流活動、学校への講師派遣等の事業は、事業委託や助成金を獲得することが難しいにもかかわらず、財団のミッションを実現するために必要な事業として取り組まれてきた。広報やボランティア・インターンのマネジメント等は、人材育成や地域交流としての側面も持つ事業であるが、組織運営上の業務とされるため、基本的に自主財源で賄われる。自主財源による事業の正確な予算把握は難しいが、人件費等の管理費だけではなく事業費にも少なくない自主財源が充当されている。

三　事業・財政の変化がひらいた可能性

あおぞら財団の事業は、地域づくり、公害経験の記録と発信、環境保健、環境学習、国際交流の五つの事業テーマのもとで取り組まれてきた。財団設立当初、「西淀川再生プラン」はあったものの、実際には何ができるのかもわからないままにスタートし、様々な可能性に期待がかけられていた。二六年の活動を経て、西淀川の再生に向けた地域づくり、公害経験を生かした人材育成、公害地域再生の経験を生かした国際交流、の三つの事業部門のもとで活動が展開されている。

あおぞら財団の財政構造の変遷を見ると、必ずしも「西淀川再生プラン」で想定された思惑通りにはいっていない。基本財産の運用益は期待を大きく下回り、企業や個人からの寄付は一時的な高額寄付を除いて主要な収入源とはなり得ていない。人件費や経常的経費など組織を維持するための資金を事業収入から確保しなければならない状況は、専従職員を複数抱える非営利団体としては厳しいものである。

委託・助成者との関係を見ると、環境庁／環境省からの受託事業はあおぞら財団の収入の一定割合を占めており、初期の約一〇年間の西淀川患者会からの受託・助成金とともに、財団を財政面でも支えてきた。逆に、委託者側から見れば、公害被害者運動を受け継いだあおぞら財団だからこそ実施できる事業を必要とする、政策的・運動的な文脈が存在していたと見ることもできよう。しかし、公益法人制度改革や西淀川患者会の財政的縮小といった背景のもと、二〇〇七年頃からそうした状況は変化している。地域づくりや環境学習などにおいて、財団が独自に蓄積してきた経験やノウハウ、ネットワークを活かした多様な委託者から受託した事業が増えていく。この転換は、財政的には困難を生じさせるものの、あおぞら財団の新しい可能性をひらくものとなった。

注

（1）公益財団法人となってから定められた「定款」においても、ほとんど同じ内容が記載されている。
（2）環境再生保全機構は、二〇〇四年に旧公害健康被害補償予防協会と旧環境事業団が基盤となって、事業と組織が見直されて設立された独立行政法人である。本書では、原則として前身も含めて環境再生保護機構と表記する。公害健康被害補償予防協会（予防協会）は、一九八八年の公害健康被害補償法改正に伴って、公害健康被害補償協会（補償協会）を改組したものである。補償協会は、全国の工場・事業所から汚染賦課金を徴収し都道府県に被害補償金の原資として納付する業務を行なっていた。「大気汚染の状況が改善されてきた」ことを踏まえて第一種（大気汚染）地域指定が解除され、新規の認定がなくなったことに伴い、「新たに大気の汚染の影響による健康被害を予防するため」に公害健康被害予防事業を開始し、予防協会となった。予防事業は、健康相談・健康診査・機能訓練をはじめとした地方公共団体への助成、地域住民の健康確保につなげるための調査研究・知識の普及などであり、それらの事業は環境再生保全機構に引き継がれている。環境事業団は、一九六五年に設立された公害防止事業団を改組したもので、公害防止事業団の主な事業は、産業公害防止のための、町工場の集団移転、緑地整備、公害防止施設整備のための貸付などであった。一九九二年に環境事業団となり、廃棄物処理の施設整備や技術開発、地球環境基金による環境ＮＧＯ支援などに取り組んできた［環境再生保全機構ウェブサイト 2024］。

（3）上述したように、事業部門の分け方には揺れが見られる。個別事業を事業部門に分類する際は原則として財団の理事会資料における部門分類に従ったが、複数年にわたる継続事業で、途中で部門分類が変更されている場合は、変更前の部門に分類している。

第4章　五つの事業部門——実践から何が見えるか

本章では、あおぞら財団がこれまでに取り組んできた主要な個別事業[1]について概観する。あおぞら財団が取り組んできた「公害地域再生」の具体像を描くことになるが、あおぞら財団の事業はきわめて多数かつ多様であるため、その全体像をつかみにくい。そこで、事業部門ごとに事業を時系列でリスト化し、事業部門ごとの全体像を把握した上で、主要な個別事業の概要について述べる。本文中の〈No.〉は、表のNo.に対応している。

一　地域づくり部門——まちづくりは人づくり

地域づくり部門は、図23で示したように事業数と事業収入が最も多く、あおぞら財団の基幹的な事業群である（表7）。地域づくり部門の主要事業を、「西淀川地域再生マスタープラン」の提案と実践、参加型環境アセスメントの提案と実践、道路環境問題の解決にむけた提案と実践、参加型まちづくりの提案と実践、地域コミュニティとの参加・協働、の五つの分野に分けて、各分野に関わる主要事業の内容を概観していく。

「西淀川地域再生マスタープラン」の提案と実践

〈No.1〉　あおぞら財団が公害地域再生をめざして最初に取り組んだ事業の一つは、フィールドミュージアム活動だった。西淀川を歩き、地域の課題、魅力、資源を探し出す「まちづくりたんけん隊」の活動として、財団設立前の一九九六年六月から始められた。西淀川区内外の子どもや大学生、一般の参加者を募集して、区内のエリアを決めてまちを歩き、気づいたことを地図に書き込んでいった。当初は「公園・空き地たんけん隊」と呼ばれ、公園や空き地などのオープンスペースの利用状況と環境について観察した。特に大野川緑陰道路と矢倉海岸は貴重な自然環境となっていることが参加者に認識された。また、街並み観察から住居と工場の混在、旧集落と新住

表７　地域づくり部門の主要事業と実施年度

No.	事業名	97	98	99	00	01	02	03	04	05	06	07	08	09	10	11	12	13	14	15	16	17	18	19	20	21	22
1	フィールドミュージアム活動	■	■	■																							
2	調査研究	■	■	■	■	■	■	■	■	■	■																
3	マスタープランづくり	■	■	■																							
4	環境アセスメント		■	■	■	■	■	■	■	■	■	■	■	■		■	■	■									
5	神戸市西須磨地区住民提案づくり支援					■	■						■														
6	西淀川道路連絡会支援と道路環境再生提言作成	■	■	■	■	■	■	■	■	■	■	■	■	■	■	■	■	■	■	■	■	■	■	■	■	■	■
7	道路環境対策調査		■	■	■	■	■	■																			
8	エコドライブ							■	■	■	■	■	■	■	■	■	■	■									
9	道路環境市民塾							■	■	■	■	■	■	■	■	■	■	■	■								
10	自転車活用											■	■	■	■	■	■	■	■	■	■	■	■	■	■	■	■
11	放置自転車調査・自転車学校プログラム														■	■	■	■	■	■	■	■	■	■	■	■	■
12	一社)CCSP																							■	■	■	■
13	移動と環境に関する調査																				■	■	■	■	■		
14	持続可能なまちづくり研究									■	■	■	■	■	■	■	■	■	■								
15	防災まちづくり活動																	■	■	■	■	■	■	■	■	■	■
16	交流拠点づくり														■	■	■	■	■	■	■	■	■	■	■	■	■
17	みてアート・御幣島芸術祭																	■	■	■	■	■	■	■	■	■	■
18	エコでつながる西淀川推進協議会																	■	■	■	■	■	■	■	■	■	■
19	身近な自然に触れるイベント																				■	■	■	■	■	■	■
20	西淀川まちづくりセンター運営																						■	■	■	■	■
21	多文化共生事業																									■	■

出典：公害地域再生センター事業報告書（1997 ～ 2023 年度）をもとに筆者作成

図 25　まちづくりたんけん隊の活動

背後に見えるのは取り壊される前の合同製鐵の高炉である。（公害地域再生センター提供、1996 年 8 月 25 日撮影）

宅との混在、あるいは阪神・淡路大震災の影響などを読み取る作業も行なわれた。公害患者や古くからの地元住民にも聞き取りを行ない、公害の経験や子どもの頃の遊び場などから、まちの「原風景」をたどっていった（図25）。まちづくりたんけん隊は実行委員会形式で運営され、各回の活動内容も実行委員会で議論して決められていた。たんけん隊の活動は一九九六〜一九九八年にかけて八回（番外編を含む）実施された。

矢倉海岸(2)は大阪市所有地で、市内で唯一コンクリート護岸のない海岸であり、地元の自然愛好家らによる「西淀まちと自然の会」のメンバーが希少な生物の生息を確認していた。大阪市が矢倉海岸の緑地整備を進めることがわかったことで、あおぞら財団は一九九六年十一月にまちづくりたんけん隊参加者らとともに、大阪市建設局と整備計画について意見交換し、市民参加型の整備計画づくりを求めた［公害地域再生センター 1996b］。大阪市は意見反映に応じる姿勢を示し、その後複数回にわたり意見交換を行なっている。

あおぞら財団はまちづくりたんけん隊に参加した子

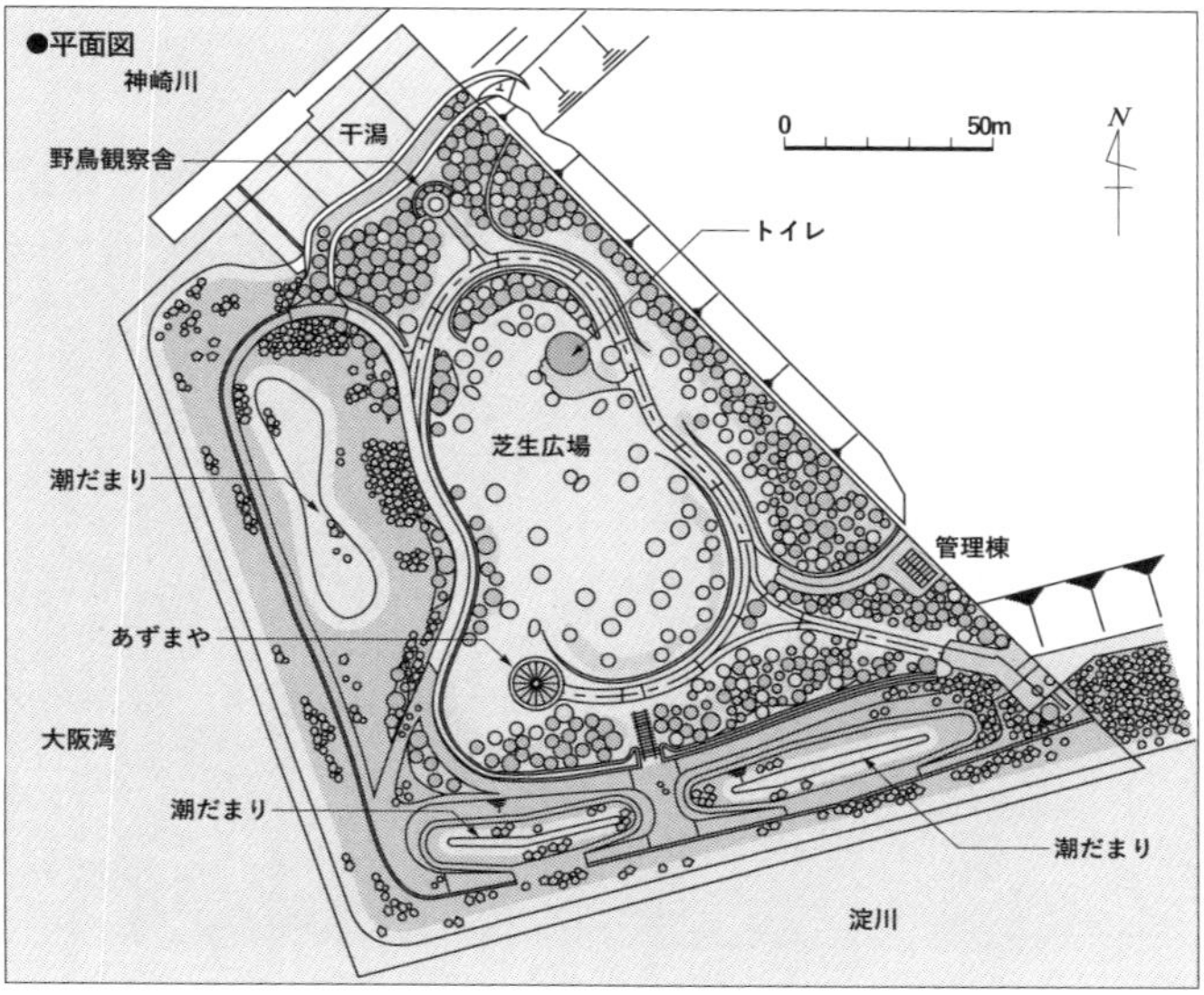

図 26　整備後の矢倉緑地の平面図（2001 年当時）

出典：松浦［2001: 89］

どもたちを中心に、西淀まちと自然の会と協力して工事中の矢倉海岸の自然環境調査を継続した。工事が進む一九九九年、「大阪湾ベイエリア再生にむけた提言」公開コンペとまちづくりたんけん隊参加者らによる「矢倉海岸再生プランづくりワークショップ」を計四回にわたり開催し、「矢倉の海岸公園計画〜つくり・まもり・育てる公園をめざして〜」をまとめた。自然の干潟と多様な生物が生息する緑地空間を中心に、市民参加の森づくりやミュージアム、風車を使った発電などを取り入れた、人と自然が交わる空間づくりを提案している。

矢倉海岸の整備工事は環境事業団の大気汚染対策緑地建設事業[3]で一九九七年から始められた。東側は下水処理施設をつくる計画があり、公園としての整備対象は突端部のみであった（図26）。結果的に、西淀まちと自然の会が求めていた矢倉海岸に残る生態系を活かした公園整備や、「矢倉海岸再生プランづくりワークショップ」の提案どおりにはならなかった。しかし、公害防止のための緑地整備であり、西淀川における自

図27　矢倉緑地公園で開催された「にしよど音楽祭2023」

演奏している Doron-co Brothers の2人は、NPO法人西淀川子どもセンターで子ども支援に取り組む。（2023年11月3日筆者撮影）

然環境の回復の一つと言える。

現在では地域住民が散歩や釣りを楽しむほか、自然観察会や探鳥会[4]などで利用されている。二〇二三年十一月には、矢倉緑地公園で「にしよど音楽祭2023」が開催された（図27）。公害や水害を経て西淀川区内に残された貴重な自然であり、オープンスペースとなっている。

〈No.2〉 初期に取り組まれた数々の調査研究は、「西淀川地域再生マスタープラン」づくりの基礎資料となり、また様々なステークホルダーとのコミュニケーションの機会ともなった。専門家と共同で調査業務を受託し、その結果をもとにして、一九九八年六月に西淀川区民ホールで調査報告・交流会「にしよどがわ会議」が開催されている。そこで報告された調査概要（一部抜粋）は以下のとおりである。

①オープンスペース土壌中の重金属調査

工場跡地につくられた区内の公園の土壌環境調査を実施したところ、その一部から環境基準を上回る重金属が検出された。大阪市は公園建設時に土壌調査を実施していないが、工場跡地をオープンスペースとして再開発する際には土壌汚染調査が必要であるとしている。

②区内企業への緑化に対する意識調査

区内全事業所の中からサンプリング調査を行ない、移転の意向や緑化の可能性、周辺地域の将来像などについて質問している。多くの企業が地域社会との共生に前向きであったが、敷地面積が狭く企業敷地内での緩衝緑地の整備は難しい現状が明らかになったことから、複数工場による共同緑化を一つの方向性として提示している。

③道路環境改善に関する住民アンケート調査

西淀川区で適用可能な交通需要管理（TDM）方策を探るため、住民意識を調べている。結果としては、自動車交通量抑制や自転車交通を重視したまちづくりに多くの住民が賛成していることが明らかにされている。

④姫島地区の居住環境アンケート調査

西淀川区の中でも、地区内工場による公害、周辺地域の大規模工場からの公害、幹線道路からの道路公害が複合して深刻な被害をもたらした姫島地区を対象に、土地利用（工業／住宅／商業／その他）、住民層（旧集落／住宅・工場・商店が混在／工場移転後の住宅地）、住宅形式（戸建／長屋／マンション）などの地域構造と住み続け志向や居住環境への評価等を分析している。その結果、住宅と工場や商店が混在する地域や工場移転後に建設された住宅地は居住環境の質が低く、転出志向が強いことから、課題があると指摘している。

⑤自然環境調査

西淀川区では、特に大野川緑陰道路と矢倉海岸で優れた自然環境が復元されていることを植物・昆虫調査の結果から明らかにしている。大野川緑陰道路は地域環境再生の手本といえるが、課題として水場がないこと、強剪定や人為的植栽等による生態系への影響を指摘している。

表8　「西淀川地域再生マスタープラン」の目標と行動計画

基本方針		
「西淀川地域が経験した公害被害の教訓を踏まえて、環境面からの取組みを通じて、健康で文化的な活力のある地域の実現に寄与します。そのために、市民の主体的な活動を発展させ、行政・企業・専門家らとの連携を強化していきます。また、国の内外にも視野を広げて、学び、交流しながら、地球環境の保全にも貢献していきます。」		
No.	目標	行動計画
①	【新世代の交通】 人間と環境を重視する地域交通と生活様式の発信	・道路公害対策の提言づくりと実験的検証 ・沿道まちづくりの推進 ・地域交通に関する学習活動と新しい交通体系の提言
②	【健康の庭】 身近な自然とのふれあい創出による健康・福祉の充実	・園芸リハビリテーション活動の普及 ・コミュニティ緑地を増やす活動と緑化の市民提案づくり ・健康で環境と共生する住まいづくり
③	【緑でつなぐまち】 大野川緑陰道路を軸とする緑の回廊	・大野川緑陰道路の生き物調査、街路樹調査と提言づくり ・コミュニティ緑地づくりに向けた調査と関係者との懇談
④	【海と川の交わる島】 矢倉海岸を拠点とする水辺とのふれあい創出	・矢倉海岸再生に向けた調査と協働による緑地づくり ・川辺の調査と再生に向けた市民提言づくり ・街中での水辺ビオトープづくり
⑤	【フィールドミュージアム】 地域の生活史から学び、環境と結びついた地域固有の文化活動を育む	・公害資料の収集・保存・活用と資料館の実現 ・地域の歴史・文化・ものづくりを学び保全する ・公害経験と地域再生活動の発信と交流、ネットワーキング

出典：公害地域再生センター［2000］を参考に筆者作成

〈No.3〉「西淀川地域再生マスタープラン」は、まちづくりたんけん隊による参加型調査と、専門家らとの共同研究をはじめ、設立から四年半の活動成果をもとに、西淀川地域再生の目標と行動計画を示したものである（表8）。五つの目標と、当時財団が取り組んでいた事業が紐づけられて書き込まれている。住民や関係主体との対話、調査、市民提言づくりといった「参加・協働」による事業実施が志向されている。

参加型環境アセスメントの提案と実践

〈No.4〉参加型環境アセスメントは、まちづくりたんけん隊等のフィールドミュージアム活動と、公害を起こさない地域づくりとを接続するアプローチの一つである。日本では一九九七年にようやく環境アセスメントが法制化されたが、環境アセスメン

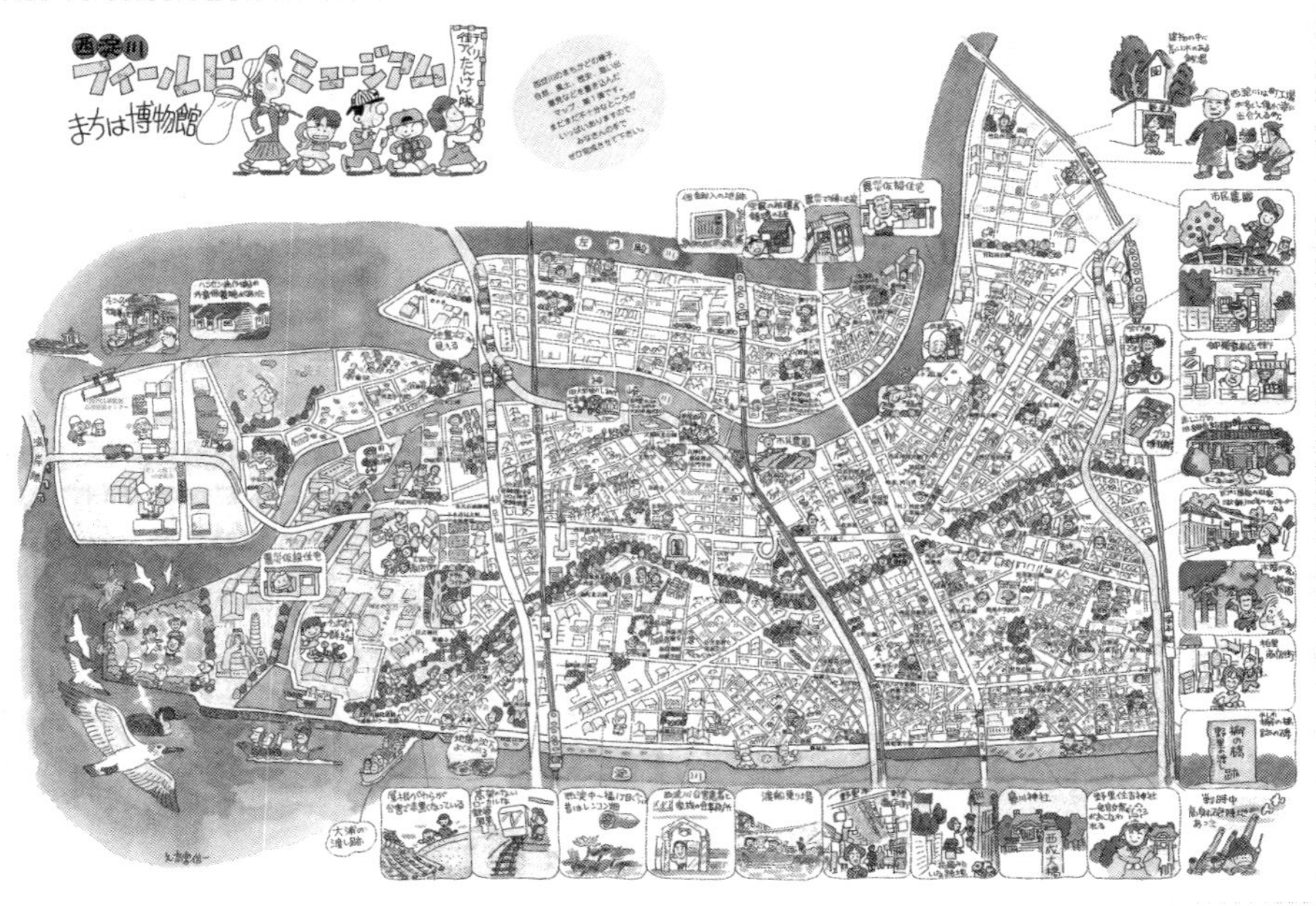

図 28　西淀川フィールドミュージアム　まちあるきマップ
拡大図は**口絵 5** 参照。出典：公害地域再生センター［1997b］

トが機能することが、公害を起こさないまちづくり、つまり公害未然防止の基礎となる。日頃からの環境情報の生産、共有、発信を行なうための手法がまちづくりたんけん隊でつくられた「まちあるきマップ」（**図28**）とそこから環境課題を抽出した「環境診断マップ」であり、その蓄積を基礎とする「参加型環境アセスメント」では形式的な運用や一方通行な情報のやりとりではなく、ワークショップ形式での事業者・住民間の双方向型コミュニケーションの必要がうたわれる（**図29**）。

環境庁（当時）委託により『つくってみよう！　身のまわりの環境診断マップ』［環境庁 2000］および『参加型アセスの手引き』［環境省 2002］を作成、参加型環境アセスメントの手法を開発した。これを普及させるための『市民活動のための環境アセスメント講座運営の手引き』［環境事業団 2004］を

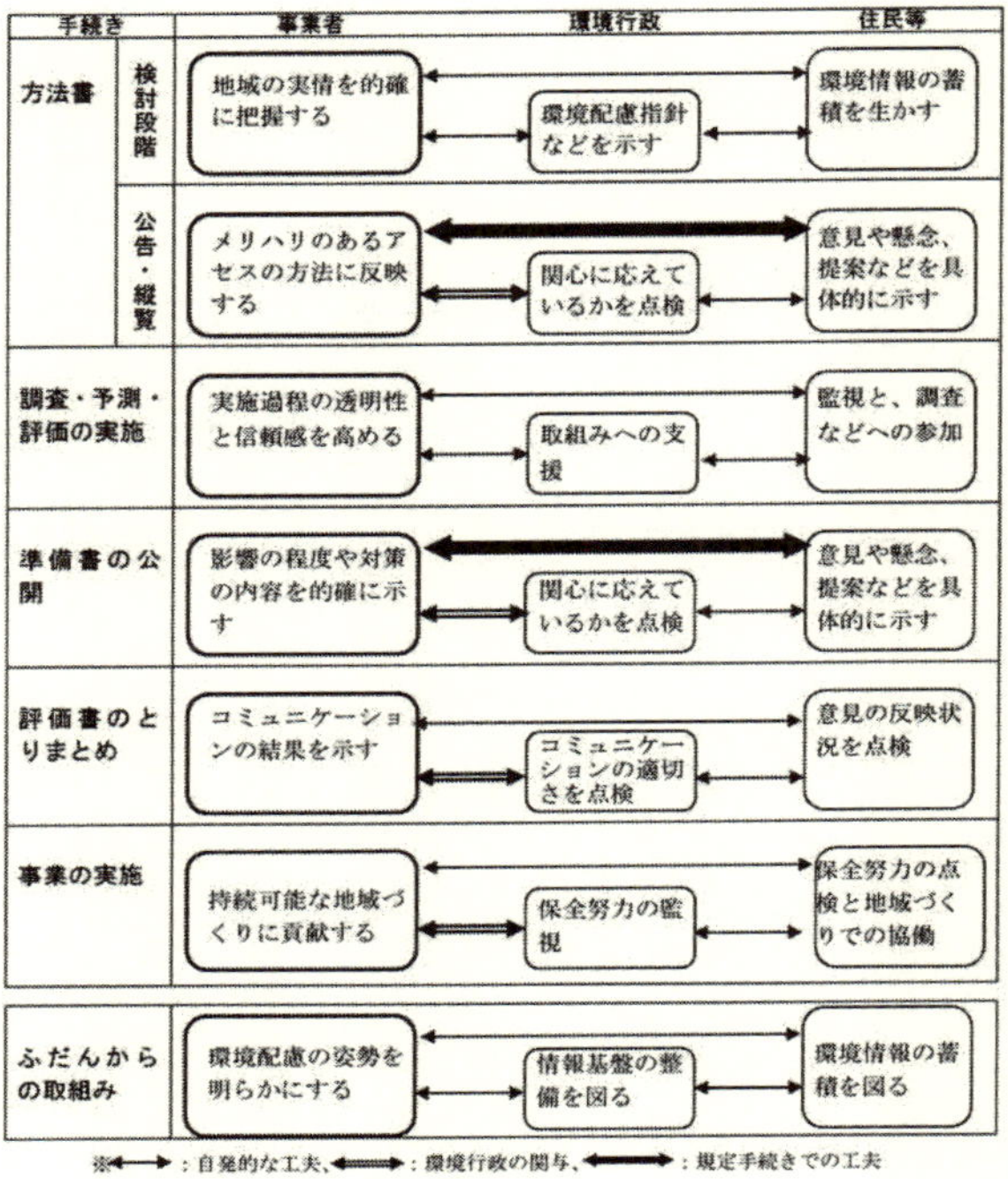

図29　参加型環境アセスメントの流れ

出典：環境省［2002］

環境事業団（当時）委託により作成している。二〇〇四年度からは環境再生保全機構から「市民活動のための環境アセスメント講座」運営を受託し、人材育成に取り組んだ。

〈No.5〉 神戸市西須磨地区では、一九六八年に都市計画決定された須磨多聞線の道路建設をめぐり、建設に反対する地域住民と建設を進めようとする神戸市が対立し、公害紛争調停が行なわれた。(5) あおぞら財団は、道路公害の発生が予想される道路建設計画をめぐる住民運動の中心となった自治会を支援して、住民による代替的な道路設計のための住民アンケート、ワークショップ、懇談会等を実施して、住民運動による参加型環境アセスメントの実践を支援した。

道路環境問題解決に向けた提案と実践

〈No.6～7〉 西淀川の道路公害をめぐっ

図 30　西淀川道路連絡会の様子

尼崎でのあっせん合意を受けて、西淀川でも 2003 年 10 月から公開されるようになった。タスキをかけているのは原告。会の冒頭では、必ず原告が被害の実情を訴える。（公害地域再生センター提供、2004 年 6 月 29 日撮影）

て、一九九八年七月に国・公団との和解が成立した。和解条項では、原告は賠償請求権を放棄するが、原告と被告が沿道環境改善策等について継続的に協議を行なうとされており、一九九八年から現在まで西淀川道路連絡会が実施されてきた（図30）。

西淀川患者会は、一九九七年から継続的にあおぞら財団に道路環境再生に向けた提言づくりを委託し、あおぞら財団は「西淀川道路環境対策検討会」(6)（以下、道路検討会）を設置した。道路検討会では、交通工学、都市計画、交通政策等の専門家らがブレーンとなって道路環境対策提案を作成し、道路連絡会での原告側提案としてきた。(7)それらの提案づくりのための基礎調査にも取り組んだ。

道路連絡会という方式は、国道四三号・阪神高速道路公害訴訟の原告団・調停団と被告の間で、一九九五年から開催された（二〇〇二年に終了）のが最初である。西淀川（一九九八年～）に続いて、川崎（一九九九年～）、尼崎（二〇〇一～二〇一三年）、名古屋南部（二〇〇二～二〇一五年）、東京（二〇〇八年～）での道路公害訴訟の和解後に始まっている。西淀川公害訴訟の対象となった道路は、国道四三号と阪神高速道路の一部区間であるため、その区間だけ対策することは道路の性質上ほとんど不可能であるだけでなく、意味がない。必然的に、西淀川に隣接する尼崎南部の道路連絡会での協議内容は、西淀川での道路環境対策にも影響を与える。他の道路公害訴訟の判決、和解、連絡会の協議の内容も、西淀川道路連絡会での交渉材料とすべく、全国の道路公害訴訟原告団・弁護団が道路連絡会での交渉の方針を共同で検討し、歩調を合わせてきた。

各地の道路連絡会は公害被害者が勝ちとった政策参加の機会として注目すべきものであり［谷内・藤江 2016］、道路連絡会には大きな期待があったが、尼崎では大型車通行規制の必要性等をめぐって連絡会での交渉が膠着化していたことから、二〇〇二年十月に原告側から公害等調整委員会へ和解条項の履行を求めるあっせん申請が行なわれ、二〇〇三年六月にあっせん合意が成立した。これによって国道四三号については尼崎との連続性のもとで沿道環境改善に向けた環境ロードプライシング(8)など、対策が前進した部分もあったが、西淀川道路連絡会では沿道の大気中窒素酸化物濃度が改善しない(9)原因が大型車交通量の多さであると見るかどうかで、嚙み合わない議論が続いた。年一回の限られた時間では実質的な政策協議にはならず、原告側が求める大型車削減への実効的な取り組みを議論することは難しかった。そこで、西淀川道路連絡会では二〇一五年からあおぞら財団が事前に国・阪神高速道路株式会社と実務者レベルでのワーキング会合を複数回行ない、必要なデータや論点などを調整したうえで、道路連絡会での交渉を行なっている。

〈No.8〉 道路環境問題に、道路利用者であるトラックドライバーの行動変容によってアプローチしようとしたのが、エコドライブ実証実験事業である。エコドライブとは「環境にやさしい運転」を指す。具体的には、アイドリングストップ、経済速度での走行、空ぶかしや急発進・急停車を止めることなど、ドライバーの意識と走行を変えることで燃費を高めて二酸化炭素や汚染物質の排出を減らすほか、交通事故防止や経済性の向上などの効果を期待するものである。

二〇〇三年当時、エコドライブの考え方は紹介され始めていたが、デジタルタコグラフなどの記録装置を使った効果測定はまだ普及していなかった。エコドライブの効果を検証するため、新田保次（大阪大学教授・当時）の研究室が中心となり、道路検討会メンバーから数名も検討委員として調査体制に加わり、三協運輸（株）のトラックにエコドライブ支援機器（音声ナビ付デジタルタコグラフ）を設置し、ドライバーの行動変容による燃費データや交通行動の変化を測定する実証実験に取り組んだ。二〇〇五年に受けたＮＥＤＯ技術開発機構の補助金を利用して、「河北地域エコドライブ推進研究会」[10]がエコドライブの推進事業に取り組んだ。あおぞら財団としては、環境省以外からの大型補助金による道路交通関連事業は初めてであった。

エコドライブ実証実験により、平均して燃費が約一〇％程度向上し、二酸化炭素排出量、窒素酸化物排出量とともに削減されたことが明らかとなった［竹内ほか 2005］。このエコドライブの取り組みは、二〇〇六年には地球温暖化防止活動環境大臣表彰を受賞するなど、大きな注目を集めた。

〈No.9〉 二〇〇三年から始まった道路環境市民塾は、道路環境問題の解決に向けて行動できる「人づくり」をめざしたもので、ボランティアによる実行委員会形式で企画運営された連続講座事業である（**口絵**7参照）。二〇〇〇年前後には各地の道路公害訴訟が解決する一方で、東京大気汚染公害訴訟[11]だけは続いていた。そうした状況の中で「道路公害」をより広く、ライフスタイルの問題や、車の乗り方の問題、道路の存在自体の意味を問うといった多様な視点から捉え直すことで、環境問題の一分野として道路環境問題が「市民権を得たい」という思いがあったという［二〇二二年八月二十日、片岡法子氏インタビュー］。

道路環境市民塾では、道路環境問題への多角的な切り口とユニークなアプローチが展開された（**表**9）。実行委

表9　道路環境市民塾　第1期〜第8期の内容・テーマ

年度	期	内容・テーマ
2003	1	・手渡したいのは青い空〜持続可能な交通の未来を考える ・大阪の空気はきれいになったの？〜ブロックを使って考えよう〜 ・フィールドワーク in 西須磨〜まちに巨大な道路ができるとき〜 ・参加で変えよう！政策づくり・まちづくり ・自分と自動車との付き合い方を考える ・環境再生 vs 都市再生?!　〜持続可能なまちへの道しるべ〜 ・自分の思いを形にする
2004	2	・21世紀・どう変える？クルマ社会 ・測定・体験・R43公害〜考えよう阪神間の交通と未来像〜 ・ある日突然！道路建設の話が…あなたならどうする？〜私の街に大きな道路が通ったならば〜 ・西淀川で交通まちづくりを考える〜まちの“たからもの”再発見フィールドワーク＆ワークショップ〜
2005	3	・自転車を活かしたまちづくり　をテーマにして講演、グループでの企画づくり、意見交換、「チャリンコ祭り in 大野川緑陰道路」開催
2006	4	・大阪サイクリングツアー ・カーフリーデーから道と交通を考える ・教えて！道路特定財源 ・物流の現場をたどるツアー〜兵庫県養父市・農業体験など〜 ・クルマをめぐるメディア論〜クルマ広告の秘密が知りたい！〜 ・クルマがないと何に乗る？〜自転車・公共交通の巻〜 ・貸切ちんちん電車で行く　交通で未来の大阪を語る回〜道路環境市民塾みたいな場から何かが始まる！？〜
2007	5	・これで宴会？！西須磨お花見ツアー ・Yes からはじまる市民参加〜市民が作った電車とバス〜 ・No からはじまる市民参加〜ある日突然！私の街に大きな道路が通ったならば…あなたならどうする？〜 ・市民参加の最前線を学ぶ〜結局のところ、『市民参加』ってどういうこと？〜
2008	6	・道路特定財源緊急勉強会 ・自動車を使うことの社会的費用負担 ・環境税の可能性と導入をめぐる課題 ・カーフリーデーとモビリティウィークについて
2009	7	・COP15ミニ学習会「コペンハーゲン会議について」 ・関西交通環境団体7団体との交流会・貴志川線ツアー ・シンポジウム「地球温暖化と地域公共交通」
2010	8	・道路環境市民塾セミナー「交通基本法をみんなで学ぼう！」 ・辻本清美衆議院議員を迎えて交通基本法を学ぶ会

出典：公害地域再生センター事業報告書（2003 〜 2010 年度）をもとに筆者作成

図31　御堂筋サイクルピクニックの様子
アピール走行の様子。ハンドサイン（手信号）を出しながら車道を走行する。（公害地域再生センター提供、2013年9月22日撮影）

員会には、学生、研究者、教員、環境NPO職員などが参加し、当時関心が高まっていたワークショップやロールプレイなどの参加型学習の方法を取り入れるなど、実行委員と参加者が「一緒につくる講座」というスタイルとなった。

〈No.10〜13〉自転車を活かしたまちづくりについては、二〇〇六年三月に発表された「道路提言」Part 6「西淀川発！　これからの交通まちづくり〜低速交通のすすめ〜」において、「低速交通」の重要な手段として自転車を活用したまちづくりを進めていくべきとの方向性が示されたことを契機に、大きく展開していく。

「自転車文化タウンづくりの会」[12]は、自転車愛好家、建築・都市計画系コンサルタント、道路整備施工事業者など、自転車を活用したまちづくりに関心のある個人と団体によって、二〇〇七年に始まっている。あおぞら財団が事務局となり、自転車レーンを拡充した整備案の発表、自転車マナー向上の提案、大阪市中心部での御堂筋サイクルピクニック（PR走行）の実施（図31）、自転車教育プログラムの開発・普及などに取り組んできた。

大阪市は自転車分担率が政令市で最も高い一方で、駅周辺の放置自転車問題が深刻化し、撤去や啓発などの集中的な対策が進められており、「歩道を走る自転車に危険を感じる」という市民意見も多数寄せられていた。自転車文化タウンづくりの会が二〇一二年に御堂筋の自転車レーン整備案を発表した頃、大阪市も御堂筋を「車中心」の道路空間から「人中心」へ再編する方針を打ち出し、二〇一六年には「自転車通行環境整備計画」を策定して、都心部の車道に自転車レーンを設置した。[13]

全国的には二〇一六年には自転車活用推進法が、二〇一八年には自転車活用推進計画が策定され、同年に大阪市でも自転車活用推進計画が策定されている。自転車文化タウンづくりの会による活動が、大阪市の自転車レーン整備に直接的に影響を与えたかどうかは現時点で明らかでないが、「道路提言」Part 6が掲げた「低速交通」重視のまちづくりが具体化されたものと言える。安全な自転車利用の普及という共通の目標実現に向けた「大阪サイクルモデルの提案」（二〇二〇年）では、コロナ禍を踏まえて道路空間再編や自転車マナー普及に向けたさらなる具体的提案をしている。

自転車活用推進法では、自転車の活用は二酸化炭素を排出しない、災害時に機動的、健康増進、混雑緩和などの効用があることがうたわれている。しかし、あおぞら財団が取り組んできた自転車を活用した交通まちづくりは、福祉や教育といった独自の視点のもとに展開してきた。自転車文化タウンづくりの会から二〇一二年に生まれた「大阪でタンデム自転車を楽しむ会」は、あおぞら財団に事務局をおき、視覚障害者も安全に自転車に乗ることができるタンデム自転車（二人乗り自転車）（**図32**）の試乗会やサイクリングツアーの開催、大阪府内での公道走行を可能にする大阪府道路交通規則改正の意見書提出などの活動に取り組んできた。

二〇一六年には大阪府でタンデム自転車の公道走行が可能になり、各地の都道府県で次々と公道走行が可能に

図32　タンデム自転車

前に座るパイロットが主に進行方向やスピードをコントロールする。声をかけあい、お互いを信頼することが重要だ。（公害地域再生センター提供）

なっていった。現在では全都道府県でタンデム自転車の走行が解禁されている。各都道府県での規則改正にあたり、関係者があおぞら財団にタンデム自転車の試乗やヒアリングに訪れるなど、あおぞら財団がタンデム自転車に関する情報拠点の一つとなっている。全国各地にタンデム自転車を楽しみ、広めようとする会が生まれ、タンデム自転車のように、障がいの有無や年齢を問わず自転車による移動ができる「インクルーシブ・サイクリング」の普及に向けて交流している。

また、世代に応じた自転車安全教育の開発と提供をめざして、あおぞら財団が事務局となり「一般社団法人市民自転車学校プロジェクト（Citizen Cycle School Project: CCSP）」を設立し、子どもの発達に応じた未就学児の自転車教育にも取り組んでいる。

参加型まちづくりの提案と実践

〈No.14〜15〉持続可能なまちづくり研究は、植田和弘（京都大学教授・当時）の呼びかけで二〇〇五年度より西淀川地域再生研究会の名称で、公害を生んだまちから持続可能なまちへの再生をさらに一歩進めるための研究として始まった。環境、福祉、防災に着目し、西淀川のまちづくりの現場でそれらがどう関連し合うのかをヒアリング調査などから探る一方で、多様な分野の研究者や西淀川区内外で地域再生に取り組む実践者などとの議論を重ね、二〇〇六年二月には「地域からすすめる参加型まちづくり」シンポジウムを開催した。

二〇〇七年度からは環境と福祉を統合的に実現する参加型交通まちづくりに焦点をあてて検討を重ね、無作為抽出した西淀川区住民を対象とした「西淀川交通まちづくり意見交換会」を開催し、西淀川の地域交通の現状をふまえて、今後の地域交通ビジョンの選択をめぐる熟議を試みた［清水 2010］（口絵9参照）。無作為抽出により招待状を送付したことにより、それまで互いにつながりのなかった人びとが集まり、交通問題や地域の将来に関心を持って熱心に議論を交わしたことは、あおぞら財団にとっても新たな試みであった。数回の意見交換会で実際の政策が生まれたわけではなかったが、関心を持った参加者が「西淀川交通まちづくりプロジェクト」として継続的に集まり、地域の移動・交通の課題調査などに取り組んだことで、(14)環境、福祉、防災の観点から交通まちづくりの課題について考える機会となった。

さらに二〇一一年三月に東日本大震災が発生したことを契機にして、災害時の移動・交通（避難）への関心が高まった。西淀川区は湾岸部に位置しており、地下水の汲み上げによる地盤沈下も加わって、高潮や内水氾濫などによる浸水リスクが高い地域である。交通から福祉と防災を考えた経験が、今度は福祉の視点を取り入れた防災まちづくり活動の展開につながっていった。民間の助成金を活用して明石市・堺市・他のＮＰＯと共同で災害時要援護者支援プログラムを開発し、西淀川区役所からの要援護者支援事業の受託にもつながった。これも民間の助成金を受けて、高齢者の西淀川での災害記憶を収集し、学校等での防災教育プログラムに活用し、区内の学校での防災授業の実施や段階的教材作成など、実践が積み重ねられている。

図33　にしよど親子防災部の活動の様子

災害時に使える頑丈なパラコード（パラシュートに使われる紐）を常時持ち歩けるように、ブレスレットを編むワークショップ。（公害地域再生センター提供、2019年4月28日撮影）

あおぞら財団が事務局をつとめる「にしよど親子防災部」は、「生活の中に防災を！」を合い言葉にして、普段から防災について相談したり、学んだりできるゆるやかなネットワークとして二〇一八年に結成された。災害時に役立つアイディアや、地域を歩いて災害・防災に関する知識を得る「防災さんぽ」「防災ロゲイニング」や「防災かるた」づくりなど、楽しみながら防災について学ぶ活動に、西淀川区内の子ども・子育て支援団体[15]の協力で取り組んでいる（図33）。

〈No.16〜17〉 空き家改修による交流拠点づくりは、二〇一〇年にあおぞら財団の重点事業として、財団事務所が入るあおぞらビルの一階スペースを改修することとなり、地域住民や学生ボランティアの協力を得て、DIY（Do It Yourself）で改修作業が行なわれた。暗く、活用されていなかった一階スペースが交流スペースとなり、「あおぞらイコバ」と命名された（図34）。ジャズコンサート、写真展、フルート教室、にほんごカフェなどで地域住民によって活用され、定期開催される「あ

図34　「あおぞらイコバ」改修作業の様子

きっかけは「会員のつどい2010」での、ある会員からの「あおぞらビルの入り口をもっと明るい雰囲気に」という提案だった。（公害地域再生センター提供）

おぞら市」はオーガニック野菜や雑貨などが販売される場として定着している。

二〇一一年三月に立ち上げた「西淀川から住まいと暮らしを考える環境住宅研究会（Green）」は、「住まいと暮らし」の視点から西淀川の環境再生をめざして活動を始めた。西淀川で環境に配慮した住宅（環境住宅）を建てることをめざして、環境住宅についての学習、まちあるき、既存建物の改修事例の見学などを重ねて、西淀川らしい環境住宅のイメージを練り、具体的な物件の改修案の検討も重ねた。その結果、あおぞらビル一階の壁面緑化、所有者から相談を受けて山本博工務店とGreenの共同で既存建築を改修した「ねおほ」、新聞の配送中継所を改修して子どもの居場所も兼ねた「マルモットステーション」、西淀川公害訴訟に関わった弁護士の実家を改修した「姫里ゲストハウスいこね&くじらカフェ」と、既存建築を改修することで、西淀川らしい雰囲気を残しつつもできるだけ自然素材を使った環境住宅をＤＩＹで生み出していった。

これらの改修物件などＪＲ御幣島駅周辺の五つの会

図 35　もと歌島橋バスターミナルでのみてアート 2024

バスターミナルとして使われていた時の待合室や操車場も当時のまま残っており、それらもインスタレーション作品に使われる。（2024 年 11 月 3 日筆者撮影）

場とそれらをつなぐ通りで、アート作品展示、体験ワークショップ、音楽ライブ、クラフト教室、スタンプラリーを行なったのが、「みてアート・御幣島芸術祭」である。二〇一三年に Green のメンバーの呼びかけで初めて開催され、二〇一四年以降は区役所、区内の商店街、学校、店舗、企業、寺社など、資金・資材提供、会場提供、出展・ボランティアスタッフ等で参加する個人や団体が増加していく。アート作品展示数もスタンプラリーの拠点数も増え、近年は御幣島駅周辺に限らず西淀川区全体に拠点が広がっている。

みてアート・御幣島芸術祭は、当初は西淀川の街を歩きながら環境住宅でアートを楽しむ、というイベントであった。しかし、次第に西淀川という地域の歴史や、ものづくり企業の技術を活かした西淀川らしさを、無形の地域資源としてアート作品に織り込み表現する試みが展開されていく。アーティストが西淀川に一定期間住み込んで作品を制作するなど、御幣島「芸術祭」としての性格と、一般参加型で地域住民による体験や展示を通した交流を中心とする「みてアート」＝「文化祭」としての性格の両方を併せ持ち、補助金や寄付金・協賛金により地域住民ボランティアが運営するという、きわめて珍しいスタイルのアートイベントとなっていった。

二〇一七年からは御幣島駅に隣接する「もと歌島橋バスターミナル」がメイン会場となり、みてアート開催期間以外にも展示会等を開催する「西淀川アートターミナル（Nishiyodogawa Art Terminal: NAT）」として利用されている（図35）。「もと歌島橋バスターミナル」は、大阪市営バスターミナルであったが、二〇一四年に廃止されて以降、[16]バスターミナルは大阪市高速電気軌道株式会社（Osaka Metro）が所有・管理している。地域活動に資する場合は西淀川区地域振興会が利用できることになっており、NATによるバスターミナルの利用も、こうした関係性の中で可能になっている。

地域コミュニティとの参加・協働

〈No.18〜19〉大阪市では、橋下徹市長（当時）のもと策定された市政改革プラン（二〇一二年）に基づき、地域ごとに「地域活動協議会」を設置することになった。市内五ブロックにまちづくりセンターが設置され、二〇一四年度以降は各区でまちづくりセンターを設置し公募型で運営を業務委託している。西淀川区まちづくりセンターは、二〇一八年から「街角企画株式会社・有限会社OM環境計画研究所・公益財団法人公害地域再生センター地活協事業推進共同企業体」が受託している。まちづくりセンターの役割は、地域活動協議会の会計や会議運営のサポート、地域活動の参加拡大やネットワークづくりの支援、地域課題解決のための情報提供など、いわゆる中間支援である。

また、認定NPO法人日本都市計画家協会（JSURP）とあおぞら財団は、「外国人と共に支え合う地域社会形成」をテーマに、休眠預金活用制度によるJANPIA事業[17]の資金配分団体公募に応募し、二〇二〇年からコロナ禍で困難を抱える在住外国人の支援に取り組む実行団体の募集・選定と、実行団体の活動への伴走支援を行なってきた。あおぞら財団は過去にエコドライブ実証事業でＮＥＤＯからの補助金配分団体となった経験があったことから、会計・経理と一部の実行団体への伴走支援を担当した［藤江 2022］。ＪＡＮＰＩＡ事業は西淀川での外国人支援を行なうものではないが、西淀川でも外国籍住民は増えており、多文化共生をめざす地域住民の活動が進められている［公害地域再生センター 2023］。

〈No.20～21〉「エコでつながる西淀川推進協議会」は、二〇〇七～二〇〇八年に環境省「国連持続可能な開発のための教育の一〇年」モデル地域に選ばれた事業「持続可能な交通まちづくり市民会議」の一環として取り組まれた「菜の花プロジェクト」が定着して、今日まで続いている。詳しい経緯は本章の「四　環境学習部門」で後述するが、西淀川区内に廃油回収拠点を設け、佃地域の連合振興町会と浜田化学（株）の協力を得て、回収した廃食油をバイオディーゼル燃料（ＢＤＦ）にする取り組みや、ハンドソープにする取り組みである。あおぞら財団内部では、二〇一三年から環境学習部門としてではなく、地域づくり部門の事業として位置づけている。

大野川緑陰道路、淀川、矢倉海岸などの身近な自然を活かしたイベントは、もとはまちづくりたんけん隊で子どもたちが中心になった自然環境調査に始まる。最初は財団独自の事業であったが、西淀川区の身近な自然に親しむイベントとして、徐々に他団体との協働で取り組まれるようになっている。たとえば淀川でのハゼ釣り大会は、二〇一三年からは西淀川区役所、大阪市漁協、西淀川区生涯学習推進区民会議、矢倉釣りクラブと協力して実行委員会形式で実施している。季節ごとに矢倉海岸と大野川緑陰道路で行なう探鳥会は日本野鳥の会大阪支部との共催で実施している。冬の大気汚染（二酸化窒素）自主測定[18]なども地域づくりの一環として毎年行なわれている。

二　環境保健部門――公害患者の健康・福祉ニーズの変化

環境保健部門の事業を見る前に、あらためて「環境保健」の意味について整理しておきたい。一九七三年十月に成立し、一九七四年九月に施行された公健法では、大気汚染地域（旧第一種地域）に指定された地域に一定期間居住または通勤し、特定の疾病（慢性気管支炎、気管支ぜん息、ぜん息性気管支炎及び肺気腫、並びにこれらの続発症）に罹った人で、都道府県知事に申請し認定を受けた人が「被認定者」とされた。いわゆる認定患者である。認定患者は、等級に応じた補償給付と、都道府県等が実施する公害保健福祉事業（**表10**）の対象となる。これらの事業にかかる費用は、ばい煙発生施設をもつ事業者が納付する汚染負荷量賦課金と自動車重量税から充当し、公害保健福祉事業については事業者だけでなく国・県または市も負担した。

ところが公健法改正によって一九八八年三月一日をもって旧第一種地域はすべて指定解除され、あらたに大気汚染公害による被害認定はなされなくなった。したがって、それ以降に生まれた人や、それまでに認定を受けなかった人は、仮に大気汚染による被害の実態があったとしても補償を受けることができない。地域指定解除については、第2章で述べたように全国の公害被害者団体が強く抗議したが、「昭和三十～四十年代に比べて現在の大気汚染による影響は、これと同様のものとは考えられない」とした一九八六年十月の中央公害対策審議会答申「公害健康被害補償法第一種地域のあり方等について」を受けて、結果的には解除された[19]。新たな被害認定がなされなくなったことにより、汚染負荷量賦課金の算出方法も変更された[20]。

他方で、自動車交通量の大幅な増加により、窒素酸化物や浮遊粒子状物質による大気汚染は依然として環境基準を超える地域が残っていた。大気汚染が健康に何らかの影響を及ぼしている可能性は否定できないとして、大

表 10　公害健康被害補償法による補償給付と公害保健福祉事業（旧第 1 種地域）の例

補償給付	公害保健福祉事業
・療養の給付（医療の現物給付）および療養費 ・障害補償費 ・遺族補償費 ・遺族補償一時金 ・児童補償手当 ・療養手当（交通費等雑費） ・葬祭料	・リハビリテーション事業（知識普及、訓練指導、運動療法の実施等） ・転地療養事業（集団での療養、施設利用、機器整備） ・療養用具支給事業（空気清浄機、加湿器支給） ・家庭療養指導事業（訪問指導等） ・インフルエンザ予防接種費用助成事業

出典：環境再生保全機構ウェブサイト［2024］を参照して筆者作成

表 11　公害健康被害補償法による公害健康被害予防事業の例

	環境再生保全機構が行なう直轄事業	県または市が行なう事業への助成
環境保健事業	・大気汚染による健康影響に関する調査研究 ・講演会・講習会、ホームページ、パンフレット等による知識の普及 ・ぜん息・COPD 電話相談の運営 ・ぜん息児水泳記録会の開催等 ・自治体が行なう予防事業従事者に対する研修	・医師・保健師等によるぜん息等に関する相談 ・幼児を対象としたぜん息発症予防のための指導 ・ぜん息患者等を対象とした水泳訓練教室、デイキャンプ、呼吸リハビリテーション等 ・医療機器整備
環境改善事業	・局地的大気汚染対策に関する調査研究 ・講演会・講習会、ホームページ、パンフレット等による知識の普及 ・自治体が行なう予防事業従事者に対する研修	・地域の大気環境改善のための計画作成 ・大気浄化植樹

出典：環境再生保全機構ウェブサイト［2024］を参照して筆者作成

気汚染の原因物質を排出する施設を持つ事業者による拠出と国の出資によって公害健康被害予防基金（以下、予防基金）が設立され、予防基金による公害健康被害予防事業が一九八八年から開始される［環境再生保全機構 2015］。予防事業は、地域住民の健康の確保・回復を図る環境保健事業と、地域の大気環境自体を改善していく環境改善事業に分類される。環境保健事業では、旧指定地域やそれに準ずる地域の人口集団を対象として、ぜん息等の予防からリハビリまでの一連の措置の中から、地域の状況に応じて実施する自治体の事業を助成する。また、直轄事業として健康回復事業等に関する調査・研究、予防事業の従事者への研修なども行なう（**表11**）。

予防基金は、旧第一種地域における新規認定の停止によって一九八八年以降減

表 12　環境保健部門の主要事業と実施年度

No.	事業名	97	98	99	00	01	02	03	04	05	06	07	08	09	10	11	12	13	14	15	16	17	18	19	20	21	22
1	園芸リハビリテーションの研究と実践	■	■	■	■	■	■	■	■																		
2	高齢認定患者調査（環境省）				■	■	■	■	■																		
3	大牟田市認定患者調査					■	■																				
4	西淀川患者会会員調査						■	■	■	■	■																
5	高齢認定患者の呼吸リハプログラムの開発と普及（環境省）										■	■	■	■													
6	呼吸リハの実践・普及（環境再生保全機構）														■	■	■	■	■	■	■	■	■				
7	呼吸リハの普及、COPD早期発見対策																							■	■	■	■
8	あおぞらプロジェクト													■	■	■	■	■	■								
9	公害患者実態調査（環境省）																									■	■

出典：公害地域再生センター事業報告書（1997 ～ 2023 年度）をもとに筆者作成

少していく年度ごとの汚染負荷量賦課金総額と、一九八七年度分との差額を、各年度の拠出総額として、一九九四年度までの七年間をかけて基金造成されたものである。つまり、指定地域が解除されなければ公害被害者たちが受けとっていたと想定される補償金と事業費を、予防基金として積み、認定患者だけでなく広く一般市民の公害健康被害予防に使うものと見ることもできる。公害患者側から見れば、予防事業は「公害患者の新規救済を打ち切った『見返り』としては、対策の内容も財源の規模もあまりに不十分」〔公害地域再生センター 1999: 99〕なものであったが、あおぞら財団は、公害保健福祉事業と予防事業の双方に関連する事業を受託してきている。

環境保健部門の主要事業群を、公害保健福祉事業モデルの模索、高齢認定患者のＱＯＬ（Quality of Life）実態把握、呼吸ケアリハビリテーションプログラムの開発と普及、未認定患者の被害救済と楽しく呼吸会、の四つのテーマに分けて見てみよう（表12）。

公害保健福祉事業モデルの模索

〈No.1〉公害患者の健康と福祉を向上させる取り組みとして、園芸療法[21]に注目したあおぞら財団は、「ふくの庭」「ひまわりの家」での園芸リハビリテーション[22]の実証研究に取り組んだ。園芸療法とは、医療行為である作業療法の考え方に、植物の世話をする園芸の考え方を導入したものである［小浦 2013］。病院の中の作業療法ではなく、病院外の地域社会と結びついた作業療法であり、園芸療法として確立される過程には、療法の社会化と脱病院化が伴っているとされる［松尾 1998］。

公害患者の健康回復に際して園芸療法に注目したあおぞら財団は、大阪府立羽曳野病院(23)で子どものぜんそく患者を対象とした園芸療法の実証実験に取り組んだのち、一九九九年四月から西淀川区福町の福町児童遊園地の一角に設けた「ふくの庭」での園芸リハビリテーションに取り組んだ。公害患者らの健康づくりと生きがいづくり、コミュニティ・ガーデン（地域の庭）づくりがその目的であった。公園を管理していた福連合振興町会と交渉のうえ、公園を利用したが、地域との関係の中で公園の利用が難しくなり、ふくの庭の活動は二〇〇〇年十二月で終了した。

ふくの庭は二〇〇〇年まで環境省委託事業として取り組まれたが、公害保健福祉事業のモデルとして完成には至らなかった。二〇〇一年以降は西淀川患者会の助成金と民間の助成金を活用して、場所と協力者を探して続けることとなった。西淀川区佃で立ち上がったばかりのデイサービス施設「ひまわりの家」と森脇君雄との個人的な関係から、その庭で園芸リハビリテーションを続け、園芸療法を学ぶ専門学校生の協力を得られることになった。「ひまわりの家」での活動は、西淀川患者会会員を対象に二〇〇四年まで続いた。

二〇〇二年からは高齢の公害患者が水中で運動して健康回復をはかる「水中リラックス教室」のプログラム開発に取り組み、手引書作成や実践者育成講座の実施など、公害保健福祉事業モデルプログラムの開発と普及を行なった。

高齢認定患者のQOL実態把握

〈№2～4、9〉 治療薬の飛躍的進歩によって大気汚染による呼吸器疾患の薬物治療効果は高まった一方、認定患者が高齢化し日常的なQOLと福祉ニーズには変化が生じていることが予想された。環境省は二〇〇四年二月に、全国の認定患者の生活実態を把握する大規模なアンケート調査（以下、環境省調査）を実施した。この調査はその後の公害保健福祉事業の根拠になっていく。あおぞら財団は、二〇〇一年から環境省委託事業「公害病認定患者等の療養生活のQOL向上に関する調査研究」で西淀川患者会会員の生活実態についてのヒアリング調査や、大牟田市委託事業として認定患者の福祉ニーズ調査等に取り組んでおり、これらが実質的に環境省調査の予備調査となった。[24]

二〇〇四年の環境省調査の設計にあたり、あおぞら財団が環境省受託事業で取り組んだ調査結果が活かされ、環境省調査の結果は二〇〇四年十一月八日に共同通信社の配信により神戸新聞、京都新聞、山陽新聞等約五〇紙で報道された。同じく二〇〇四年度に、全日本民医連や各地の患者会（東京、川崎、名古屋、大阪、尼崎、倉敷）の協力を得て、聞き取りによるフォローアップ調査も行なっている。[25] 患者へのフォローアップ調査と同時に、旧第一種地域における公害保健福祉事業等について、事業担当者へのヒアリング調査も行なっている。

環境省が認定患者の実態把握を行ない、その結果明らかになった認定患者の現状を広く社会に発信しながら、公害保健福祉事業を患者が直面する課題やニーズに応じたものにしていくという政策プロセスを、あおぞら財団がこの間の調査事業を通して促した面がある。

また、二〇二一年から環境省委託事業として取り組んだ「公害健康被害補償法被認定者の療養生活に係る先行調査業務」は、四十～六十歳代の認定患者の被害実態を調査したものである。公健法の第一種指定地域解除（一九八八年）前、乳幼児期に認定を受けた患者は、ほとんど患者会活動に参加してこなかったため、どのように公害病を経験し、これまで生きてきたのか、またどのような問題を抱えているのか、その実態は実はよくわかっていなかった。今回の調査によって、比較的若い認定患者の孤立が浮かび上がり、公害被害が今も様々な形で続いていることが明らかになった。なお、調査に参加した認定患者へのインタビュー映像をあおぞら財団が作成し、環境省の動画配信サイトで公開している〔環境省 YouTube チャンネル 2024a; 2024b〕。

呼吸ケアリハビリテーションプログラムの開発と普及

〈No.5～7〉 一連の認定患者実態調査によって、高齢認定患者が日常生活において抱える息苦しさなどの課題と医療・福祉へのニーズが明らかとなった結果、必要性が高いと考えられたのは、呼吸ケアリハビリテーション（以下、呼吸リハ）プログラムの開発と普及であった。二〇〇六年から二〇〇九年にかけて倉敷市の水島協同病院と「倉敷市公害患者と家族の会」の協力のもと、あおぞら財団が高齢認定患者を対象とする呼吸管理指導計画を行なうプログラムの開発と試行、包括的ケアプログラム(26)の開発と試行、診療所での簡易プログラムの検討と普及のためのマニュアル作成、医療従事者と患者を対象とした講習会の開催などを進めた。

呼吸リハは、高齢認定患者の生活実態調査から、治療薬の効果が高まったことにより、年齢を重ねた患者自身が日常生活を送りながら薬をうまく使い、「病気とうまく付き合っていく」ことが重要になることが明らかになったことを受けて、着想された。患者は、医療従事者のサポートを受けて呼吸リハに取り組むことで、個人の日常生活の中で薬をどのように使えば症状を安定させられるか――合併症や、気候の変化、心理的なストレスなどへの対処の仕方を学び、それを日常において続けること――を仲間と励ましあいながら実践する。認定患者のニーズとして顕在化したものだが、尾崎・藤原〔2022〕が指摘するように、呼吸リハは公健法による認定の有無にかかわらず、すべてのぜん息・ＣＯＰＤ（慢性閉塞性肺疾患）患者のＱＯＬを高めるものであり、予防事業において

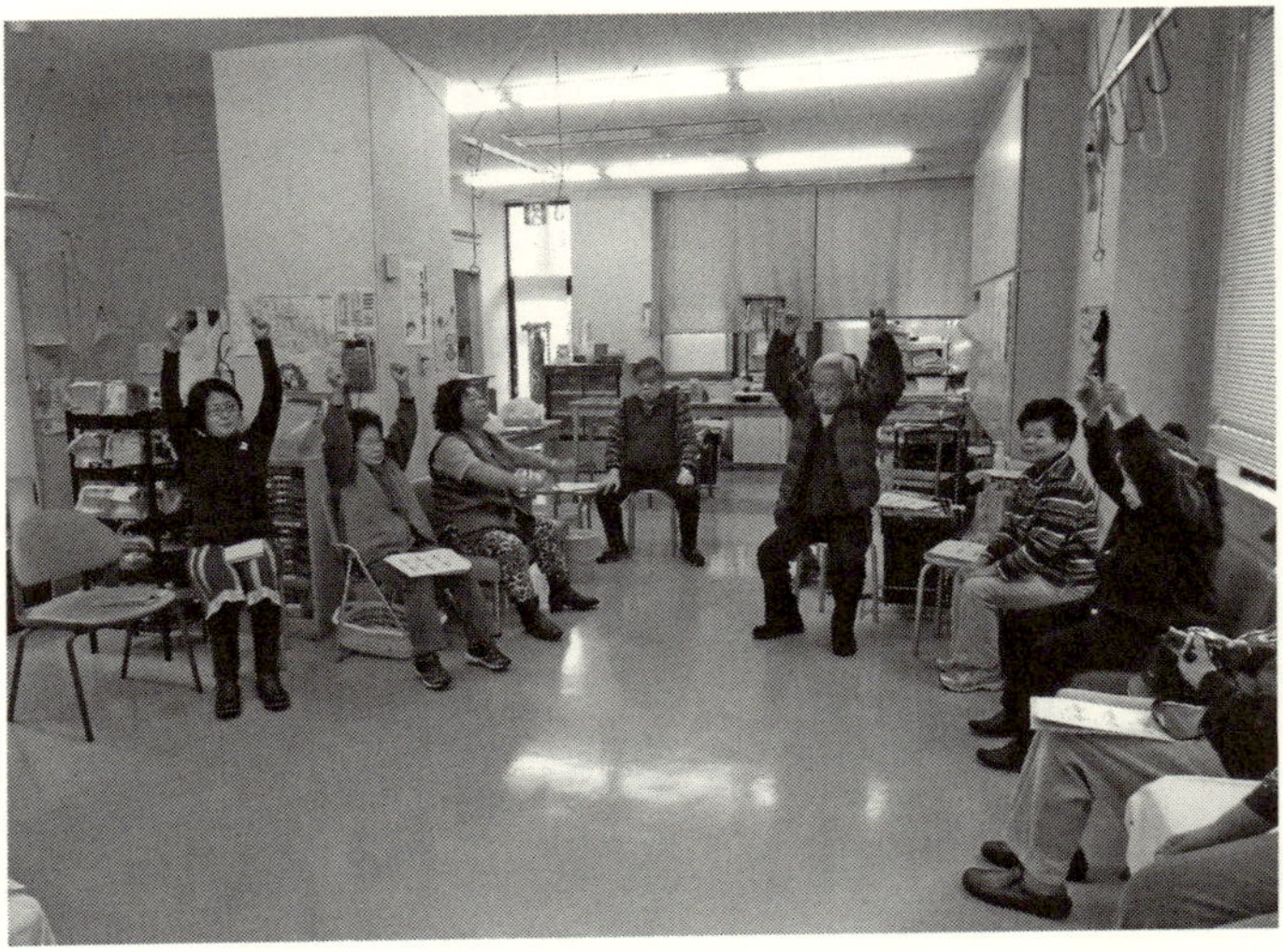

図36　楽らく呼吸会の様子

姫島診療所で、西淀病院の理学療法士から呼吸リハビリの指導を受けている。（公害地域再生センター提供、2013年1月18日撮影）

も活用可能なものである。

未認定患者の救済と「楽らく呼吸会」

〈No.7〜8〉　公健法の地域指定解除により、新たな認定がなされなくなったことで、公害病を患っていても制度的な救済を受けられない、いわゆる未認定患者が生じることになった。未認定・未救済のぜん息患者は大阪府全域で全年齢において増えており、患者は医療費負担が重いために受診を抑制し重症化する悪循環が生じるが、大阪市による小児ぜん息等医療費助成制度は、所得条件があり一部補助のみである。

東京大気汚染公害訴訟の和解成立（二〇〇七年）により、東京都は二〇〇八年から全年齢[27]・東京都全域[28]の気管支ぜん息患者を対象に医療費助成制度を始めた。東京都、自動車メーカー、首都高速道路公団、そして予防基金からの拠出金によるものである。これを契機に汚染被害者救済制度の検討が研究者らによっても行なわれてきた[29]。

二〇〇九年からは「大阪から公害をなくす会」が、未認定・未救済の大気汚染公害患者の実態調査を行ない、未認定・未救済患者の医療費の無料化を求める「あおぞらプロジェクト大阪」を結成し、署名活動や大阪市・大阪府との交渉等の運動を展開した。あおぞら財団もこれに協力し、二〇一〇年七月から、区内の複数診療所で「ぜん息患者こんだん会」を約二ヶ月ごとに開催した。あおぞらプロジェクト大阪の進捗について学習し、ぜん息患者である参加者らが体験を語り合う形式で、未認定患者の学習活動と経験共有による組織化を行ない、運動の推進力としようとした。

二〇一三年度以降、あおぞらプロジェクト大阪の活動は停滞しているが、大阪から公害をなくす会としては、二酸化窒素の自主測定運動「ソラダス」を継続し、その結果をもとに大阪府と大気汚染対策についての交渉を継続している。未認定・未救済のぜん息患者への医療費助成制度創設についても交渉の中で要求している［大阪から公害をなくす会ウェブサイト 2023］。

現状では、未認定・未救済のぜん息患者の医療費無料化は実現していない。「ぜん息患者こんだん会」は二〇一二年三月から、「楽らく呼吸会」と名称を変えて、呼吸リハの実践を中心にして、ぜん息・ＣＯＰＤの患者同士が病気の悩みを語り合い、支えあいながら病気と向き合う仲間づくりの場として、約二ヶ月に一回開催してきた（図36）。

三　公害経験部門——伝えたい公害経験の記録

公害経験部門は、公害資料および西淀川地域資料を記録（収集・保存・整理）して発信・活用する取り組みであり、公害資料館の設立と運営が中心となる。これまでの活動の中で、公害被害者運動の資料を中心に収集・保存・整理・活用を進める動きと、公害被害者運動資料に留まらない地域資料を収集・保存・整理・活用を進めようとす

表 13　公害経験部門の主要事業と実施年度

No.	事業名	97	98	99	00	01	02	03	04	05	06	07	08	09	10	11	12	13	14	15	16	17	18	19	20	21	22
1	公害資料の収集・保存・整理	■	■	■	■	■	■	■	■	■	■	■	■	■	■	■	■	■	■	■	■	■	■	■	■	■	■
2	企画展示	■			■					■																	■
3	外部での展示協力					■	■		■	■	■	■	■	■	■	■	■	■	■	■	■	■	■	■	■	■	■
4	西淀川地域研究会・西淀川アイデンティティ研究会					■	■	■	■	■	■	■	■	■	■	■	■	■			■	■	■	■			
5	公害資料館運営									■	■	■	■	■	■	■	■	■	■	■	■	■	■	■	■	■	■
6	公害資料の電子化										■	■	■														
7	「記録で見る大気汚染と裁判」の作成と更新													■	■	■	■	■	■	■	■	■	■				
8	展示パネル作成												■														
9	公害地域の今を伝えるスタディツアー													■	■	■											
10	公害資料館連携																	■	■	■	■	■	■	■	■	■	
11	街のたからもの・西淀川記憶あつめ隊	■	■												■	■	■	■	■	■	■	■	■				
12	あおぞらイコバでみせ・おもろいわ西淀川																■	■	■								
13	西淀川公害資料集作成																									■	■

出典：公害地域再生センター事業報告書（1997 ～ 2023 年度）をもとに筆者作成

る活動があった。そこで公害資料館の設立準備、公害資料館の運営、ネットワーク形成、公害経験の再構成という四つのテーマで事業群を概観してみたい（表13）。

公害資料館の設立に向けた準備

〈No.1〉「西淀川再生プラン」Part 4では、公害資料館を核とするフィールドミュージアム（生活史博物館）の形成を提唱していた。一九九六年五月に財団内に設置された「『公害博物館（仮称）』基本構想委員会」は、資料の保存と、研究・展示を通じて交流の場を提供する公設の「公害博物館（仮称）」を提案した。しかし、実際にはフィールドミュージアムではなくアーカイブズの方向性へと移っていった［林 2021b］。一九九六年十二月にあおぞら財団事務所が入るビルの一室に「西淀川地域資料室」が開設された。西淀川患者会や弁護団などの事務所へ出かけていき、資料の所在を確認し、所有者に資料保存の重要性を説明し、資料の保存と提供を依頼することから始めた。

　あおぞら財団が本格的に公害資料の収集・保存・整

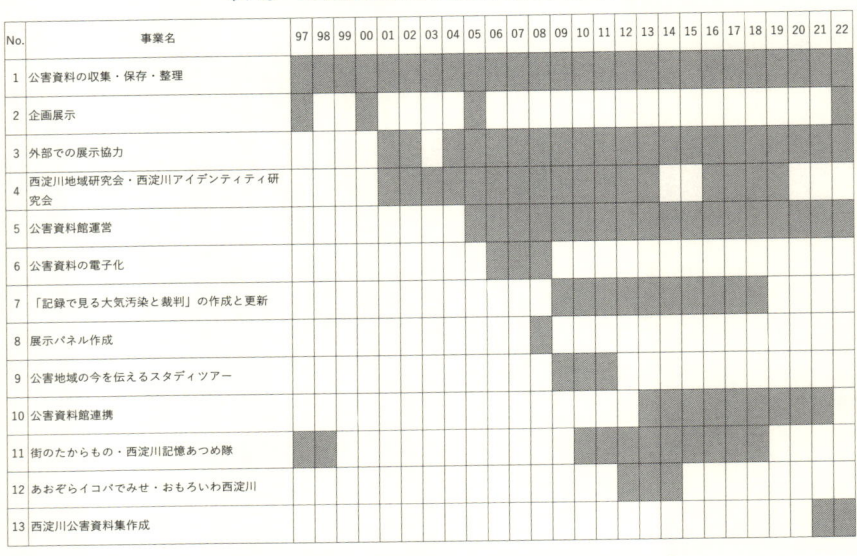

理に取り組んだのは、一九九八年に発足した「公害問題資料保存研究会」においてである。歴史学者や資料保存の専門家が集まり、公害資料の保存・活用体制の確立に向けた課題や方針を検討した。次々と寄贈される資料の目録作成、中性紙袋や保存箱への整理、検索用データベースの作成、資料公開等に関する資料取り扱い要綱の作成など、公害資料館の開設に向けて準備が進められた。資料整理作業には、大学生インターンも参加するなど、多方面からの協力を得た［公害地域再生センター 2004］。

〈No.2〜3〉 公害問題のみに限定せず地域資料を集めて企画展を実施し、地域再生につなげようとする取り組みも始まった。一九九七年に「西淀川の震災展」（一〜二月）、「西淀川の土地の変化」（二〜三月）、「西淀川の生き物展」（七〜八月）、二〇〇〇年に「西淀川の戦中・戦後展」（八月）などの企画展を行なった。(30) フィールドミュージアム活動（まちづくりたんけん隊）として、廃止された合同製鐵の高炉を産業遺産として保存し活用することを求めて、大阪市や合同製鐵と交渉した。(31)

二〇〇二年一月から二月には、大阪人権博物館（以下、リバティおおさか）の企画展「西淀川公害と地域の再生」に協力し、資料を貸し出すなどした。会期中に記念行事「西淀川公害被害と地域の再生」と題して森脇君雄（あおぞら財団理事長・当時）が芝村篤樹（桃山学院大学教授／あおぞら財団理事・当時）との対談で、西淀川の公害反対運動と公害被害者運動の経験について語った。また、被害者の証言を聞くスペースが設けられ、西淀川患者会会員が語り部となった。二〇〇五年のリバティおおさかリニューアルの際には「西淀川公害被害者」コーナーにあおぞら財団が企画協力し資料を提供した。

〈No.4〉 資料の収集・整理・保存と並行して、所蔵資料を活用した研究活動が地道に続けられてきた。二〇〇一年から小田康徳が主宰した西淀川地域研究会は、所蔵資料の紹介や、西淀川公害に関する経験者を招いて聞き取りを行なうなど、資料の収集と活用の両面で資料館活動の充実に寄与した。また、二〇一三年に刊行された『西淀川公害の40年――維持可能な環境都市をめざして』は、日本環境会議理事であった除本理史（東京経済大学教授・当時）らのグループが、西淀川の公害反対運動と公害被害者運動について、関係者への聞き取り調査とエコミューズ（次項参照）の所蔵資料調査を行なって、蓄積した研究成果をまとめたものである。二〇一六年からは除本を中心に、西淀川の「地域の価値」をテーマとした西淀川アイデンティティ研究会がエコミューズ内に設置され、除本ほか［2018］などの研究成果を公表している。

公害資料館の運営

〈No.5〉　二〇〇五年三月十八日には「あおぞら財団付属西淀川・公害と環境資料館」がオープンした（口絵8参照）。記念シンポジウム「環境再生の時代に公害経験から学ぶ～公害・環境問題資料の保存と活用にむけて～」では、新潟、富山、四日市、神戸での資料保存と活用に関する取り組み報告があり、全国の公害被害地域や被災地域とのネットワークの重要性が示された。小田康徳が館長に就任し、公募で選ばれた「エコミューズ」という愛称も発表された。資料館の開設にむけて資料館運営懇談会が設置され、開館後、資料館の日常業務についての検討は毎月の資料館定例会議で検討し、年一回開催される資料館運営協議会は、他の博物館・資料館学芸員や研究者等から資料館運営について意見を聞く場となっている。

〈No.2〉　エコミューズのオープンに合わせた企画展示として、二〇〇五年にプレ企画「写真と映像で見る西淀川地域と人びと」展（五月）、「夏休みワクワク資料室　大野川緑陰道路であそぼう」（八月）が開催された。前者はこれまで財団とつながりのなかった地域郷土史家などの協力を得て、西淀川地域の歴史に焦点をあてたものになっている。後者は子ども向けのクイズを織り交ぜて大野川緑陰道路の歴史を伝えるもので、大阪市立西淀川図書館でも展示された。この後、西淀川図書館ではあおぞら財団の企画展示が毎年行なわれている（表14）。二〇二二年からはエコミューズとして企画展示を作成し、みてアートにも出展している。

〈No.8〉 エコミューズ開館後、西淀川公害についての展示パネルがなかったことから、寄付金を集めて展示パネル「公害みんなで力を合わせて――大阪・西淀川地域の記録と証言」を作成した。公害患者、行政、企業、科学者、医師、ジャーナリストなど、さまざまな立場から公害問題の解決にどのように寄与したかが、所蔵資料（写真）と解説文によって示されている。それまでのあおぞら財団は、西淀川公害を被害者の視点から語っていた。しかし、後述する「西淀川公害に関する学習プログラム研究会」で、パネル展示の内容について議論した。ここでの議論が「さまざまな立場の人の考えや行動を知り、『自分だったらどうするか』を考えてもらえる展示」〔二〇二五年一月七日、あおぞら財団インタビュー〕によって公害を伝えていく必要性を認識するきっかけとなった。

〈No.6〜7〉 所蔵資料を電子化する取り組みも進められた。西淀川患者会の機関紙、ビラ、写真、裁判記録、新聞スクラップなど主要な公害問題資料が電子化された。電子化した資料を使って、環境再生保全機構の請負事業としてウェブサイト「記録で見る大気汚染と裁判」を作成した。西淀川だけでなく、四日市、千葉、川崎、倉敷・水島、尼崎、名古屋・南部、東京の大気汚染公害裁判資料を電子化し、ウェブサイトを更新していった。各地の大気汚染公害裁判についての解説と、電子化した重要資料をウェブサイトから閲覧できるようになった。(32)各地の公害裁判資料整理には、資料所蔵者、資料受入機関、資料整理にあたる担当者との間で、資料保存・整理の

表 14　西淀川図書館であおぞら財団が実施した展示

年度	テーマ
2005	大野川緑陰道路のいま・むかし
2006	見つけたよ！西淀川の自然、にしよど葉っぱアートコンテスト
2007	西淀川の自然と交通をマップで診断 セミのぬけがら＆自転車マップ
2008	西淀川の環境学習〜セミ・菜の花・緑陰道路〜
2009	西淀川菜の花プロジェクト、セミのぬけがら調べ
2010	西淀川の昭和 写真展、セミのぬけがら調べ
2011	西淀川と水害、セミしんぶん
2012	映画『娘たちは風にむかって』から見る西淀川、佃南小・廃油回収ポスターコンクール作品、西淀川と大気汚染
2013	セミが教えてくれること、淀川河口の魚たち、おもろいわ西淀川、西淀川と水害、空気のよごれを調べてみよう、親子で楽しむ淀川のハゼ釣り写真展
2014	廃油キャンドルナイト、みてアート2014御幣島芸術祭、西淀川親子ハゼ釣り大会写真展、西淀川と水害、菜の花プロジェクト
2015	空気の汚れ調べ（二酸化窒素自主測定）
2016	西淀川の空はきれいになった？、防災絵本『西淀川にたいふうがきた』、にしよどがわのかわいい鳥を見にいこう、みてアート2016写真展
2017	西淀川の空のいま〜ソラダス2016調査結果発表！〜、西淀川と災害〜西淀川の過去の災害を知っていますか？〜、みてアート2017写真展、西淀川記憶あつめ隊
2018	みてアート（御幣島芸術祭）展、公害資料館ネットワーク共通パネル、子ども乗せ自転車
2019	必ずやってくる自然災害、西淀川の身近な野鳥、自転車のもつ可能性〜だれもが自由に移動できるように〜
2020	ふだんの生活に防災を！、おもろいわ西淀川
2021	防災かるた、西淀川アートターミナル（NAT）、おもろいわ西淀川、西淀川の身近な野鳥
2022	大野川緑陰道路、西淀川区のハザードマップ、おもろいわ西淀川、みてアート2022
2023	映画監督岸本景子の世界、防災の3つの備え、西淀川公害
2024	矢倉緑地公園、おもろいわ西淀川、みてアート2024

出典：あおぞら財団付属 西淀川・公害と環境資料館［2007; 2009; 2011］、あおぞら財団ブログをもとに筆者作成

方法についての協議や調整を行ないながら作業する必要があった。ここで、後にあおぞら財団が取り組む公害資料館連携の素地となる関係性がつくられた。

資料保存・活用ネットワーク形成

〈No.1〉 あおぞら財団には、最初から資料整理の専門家がいたわけではない。外部の専門家や、公害・災害の資料保存に取り組む団体や個人とのネットワークをつうじて知識習得に努めてきた。前述の公害問題資料保存研究会を基本として、二〇〇二年に開催された「シンポジウム　公害・環境問題資料の保存・活用ネットワークをめざして」、二〇〇三年に開催された「シンポジウム　地域資料の保存と活用を考える」も、地域資料の保存・活用に関する専門家や実践団体とのネットワーク形成の一歩となった。その後もシンポジウムや研究会に参加し、「行政や民間といった立場の違いをこえたネットワークづくりへの参画」［公害地域再生センター 2005a］に取り組んだ。エコミューズを設立する過程でも、水俣、四日市、新潟など、先行して開設された公害資料館や、資料保存に取り組む団体への調査を通じて、公害問題資料保存・活用のネットワーク形成を意識していた。

〈No.9～10〉 公害資料を活用して公害経験を伝える公害資料館の連携事業は、二〇〇九年から三ヶ年で富山、新潟、西淀川で実施した「公害地域の今を伝えるスタディツアー」の実施経験をもとにして始まっている。あおぞら財団が事務局となり応募した環境省「地域活性化を担う環境保全活動の協働取組推進事業」の全国事業に採択され、二〇一三年から全国の公害資料館に呼びかけて相互交流の取り組みを始めた。全国の公害資料館は公立（国、県、市）機関、民間組織、大学など、さまざまな組織形態であるが、お互いの交流が少なく孤軍奮闘状態で運営している場合が少なくなかった。「公害資料館ネットワーク」を結成し、意見交換を重ねて、二〇一五年に

図 37　あおぞらイコバ福でみせの様子

淀川のボラをフライにして食べながら、福在住の漁師の話を聞いた。聞き手は大学生。（公害地域再生センター提供、2013 年 3 月 24 日撮影）

公害資料館同士、また社会のさまざまなステークホルダーとの協働によって実現したいことを示した「協働ビジョン」を作成し公表した。環境省の事業が終了した後も、地球環境基金の助成金を受けて、公害資料館連携フォーラムを開催している[33]［公害資料館ネットワークウェブサイト 2024］。

公害経験の再構成〈No.11〜12〉

エコミューズは少なくとも立ち上げ期においては公害問題資料、とりわけ公害被害者運動資料を中心に扱うこととなり、地域再生の一環として「地域に根ざした資料館」をめざす方向性とどのように整合するのか、が大きな課題であった。機関誌『Libella』の連載記事としてNo. 4〜24（一九九六―九八）に掲載された「街のたからもの」は、地域の生活史を紹介するものだった。二〇一〇年から始まった連載記事「西淀川記憶あつめ隊」は、最初は西淀川患者会の会員から始まり、財団研究員とつながりのある西淀川の住民への聞き取りをもとにしたものである。公害患者ではあっても、公害被害や公害被害者運動の話だけではなく、その人の生い立ちや仕事の話、かつての西淀川の様子など、ライフヒストリーを紹介する企画で、工場経営者や自営業者なども登場する。

二〇一二年から取り組んだ「あおぞらイコバでみせ」は、西淀川の地域の歴史を、地域住民とともに語り合う場をつくり、西淀川地域の記録と記憶を収集し共有するための取り組みである。あおぞらビル一階につくった「あおぞらイコバ」は、あおぞら財団とつながりのある人しか来ない。ならば地域へ出かけていこうということで、佃、福、大和田の各地区で開催し、伝統の箱寿司づくり、漁業者の漁船での体験漁業や、淀川の魚（ボラ）の調理と試食など、体験や共食を伴う「カフェ」形式で、地域住民が集い語り合う場が「あおぞらイコバでみせ」であった（図37）。

インターネット上のＳＮＳを活用して、「あおぞらイコバでみせ」を試みたのが「おもろいわ西淀川」である。Facebookページに、西淀川の面白い場所や気になるものを見つけてあおぞら財団研究員やアルバイトスタッフなどが投稿し、「いいね！」や「シェア」機能で広げていこうというものである。西淀川図書館では、この「おもろいわ西淀川」で多くの「いいね！」を獲得した投稿（写真）を紹介する企画展示が多数開催されており、西淀川区の広報紙『きらり☆にしよど』にも「おもろいわ西淀川」の紹介コーナーが設けられている。

〈No.13〉 二〇二一年度から始まった西淀川公害資料集の作成においては、館長の小田康徳を中心に、エコミューズの所蔵資料を検証し、西淀川公害を知るための基本資料を厳選して解説と共に資料集に収めようとしている。西淀川公害が主題ではあるが、公害発生以前の地域の様子や、公害がどのような過程で認識されていったか、また地域全体に広がっていた公害反対運動がどのようにして公害患者による訴訟という形に焦点化していったのかなど、西淀川公害を史料（資料）にもとづいて、西淀川公害を複眼的に見ようとする姿勢が表れている。

四　環境学習部門――「公害を起こさない社会」の担い手づくり

あおぞら財団は、西淀川の地域づくりや公害経験の発信とも深く連動する、複合的な意味合いを持った独自の環境学習を追求してきた。以下では、市民社会の主体育成、公害経験を活かした教材・プログラム開発、環境学習ネットワークの形成、の三つのテーマに分けて、個別事業について見ていきたい（表15）。

なお、表15には、事業報告書等で環境学習部門に位置付けられていない事業でも、継続性のある事業が環境学習部門として取り組まれるなど、環境学習事業と見なせるものを含んでいる。

市民社会の主体育成

〈No.1〉第1章で言及したように、あおぞら財団が設立された一九九六年当時、環境庁（当時）はNGOをはじめとする市民社会の主体の育成・活用に関心を示していた［藤田 2019］。あおぞら財団自身も環境NGOとして地球環境基金の助成を受けてきたが、設立当初のあおぞら財団は、環境庁所管の財団法人として環境NGOの育成にも関わっていた。環境事業団が主催する地球環境市民大学校西日本校（大阪開催）の運営協力と、講座（国際協力講座、NGO組織運営講座、ホームページ作成講座、環境アセスメント講座など）の企画運営を、受託事業として一九九七年度から二〇〇一年度まで実施した。二〇〇三年度から二〇〇九年度までは市民参加型環境アセスメントをテーマにした講座、二〇一一年度から二〇一二年度には環境保全戦略講座（生物多様性分野）の企画・運営を実施した。

地球環境市民大学校の講座は、その名称からもうかがえるように、一九八〇～九〇年ごろに環境政策上の焦点が地球環境問題へと移る中で、環境NGOの存在が環境政策の形成と実施に不可欠であるという認識から取り組

表 15　環境学習部門の主要事業と実施年度

No.	事業名	97	98	99	00	01	02	03	04	05	06	07	08	09	10	11	12	13	14	15	16	17	18	19	20	21	22
1	地球環境市民大学校西日本校運営協力、講座開催	■	■	■	■	■		■	■	■	■	■	■	■		■	■										
2	西淀自然文化大学運営・西淀自然文化協会との協働		■	■	■	■	■	■	■																		
3	西淀川子どもエコクラブ・子どもの参画べんきょう会		■	■	■	■	■	■	■	■	■	■	■	■	■	■	■	■	■	■							
4	西淀川公害に関する学習プログラム作成研究会				■	■	■	■	■	■	■	■	■														
5	フードマイレージ教材の作成と普及										■	■	■	■	■	■	■	■	■	■	■	■	■	■	■	■	■
6	緑陰道路教材の作成と活用										■	■	■	■	■	■	■	■	■	■	■	■					
7	西淀川高校の環境教育への協力							■	■	■	■	■	■	■	■	■	■	■									
8	西淀川ESDネットワーク・菜の花プロジェクト											■	■	■	■	■	■	■	■	■	■	■	■	■	■	■	■
9	研修受入・講師派遣									■	■	■	■	■	■	■	■	■	■	■	■	■	■	■	■	■	■
10	公害オーラル・ヒストリーの作成																					■	■	■	■		

出典：公害地域再生センター事業報告書（1997 〜 2023 年度）をもとに筆者作成

まれたものであった。

〈No.2〜3〉　あおぞら財団は西淀川の地域再生に取り組む際に、財団以外にも環境保全に関わる主体が必要であると認識していた。そこで、一九九八年に社団法人大阪自然環境保全協会とあおぞら財団が共同で「西淀自然文化大学」を開講し、「身近な自然を観察することを通じて、地域づくり活動を実践していくリーダーを養成」［公害地域再生センター 1998c］することをめざすことになった。西淀自然文化大学の修了生はあおぞら財団が事務局を努める「西淀自然文化協会」に属し、リーダーの立場となって活動を続けるという人材育成の仕組みである[34]。同協会は、自然観察会や「どんぐりフェスタ」を開催するなど、自律的に参加型自然環境調査や自然との触れ合い創出に取り組んだ。こうした活動によって、大野川緑陰道路の周辺で自然環境が回復したこともわかるようになった［村瀬 2003］。ただし、二〇〇五年頃からあおぞら財団は西淀自然文化協会との間で活動方針をめぐる考えの相違等により、事務局の役割を降りている。

まちづくりたんけん隊の主要な参加者であった子どもを対象に、一九九八年に「西淀川こどもエコクラブ[35]」を結成した。身近な自然の観察と調査、身のまわりの環境診断マップづくりなどに取り組んだ。後述のように、まちづくりたんけん隊の活動には複数の目的が交錯する中で、子どもの主体形成をいかに導くかという問題意識が生まれ、学童保育所やガールスカウトなどの指導者らによる「子どもの参画べんきょう会」が並行して開催されるようになった。

公害経験を活かした教材・プログラム開発

〈No. 4〉　環境学習があおぞら財団の中で主要な事業の一つとなっていった背景には、小学校で二〇〇二年に総合的な学習の時間（総合学習）が導入されたことがある。一九九九年に環境省が指定した「総合環境学習ゾーン」の中の拠点施設に選ばれ、財団内でも公害経験を活かした総合学習向けの教材・プログラムの開発に取り組んだ［片岡 2007］。それまでは「〔公害被害者〕運動の延長」で語り部講話などの出前授業を行なっていたにすぎず、明確な方針のもと、財団が公害・環境教育に取り組んでいたわけではなかった［二〇一二年七月三十日、片岡法子氏インタビュー］。

そこで二〇〇〇年に「西淀川公害に関する学習プログラム作成研究会」（以下、学習プログラム研究会）を立ち上げ、現役教員や教員経験者などが参加して、いくつかの教材を作成していった。紙芝居、小学生向けの映像教材「手渡したいのは青い空〜未来からのメッセージ〜」、西淀川のウォーキングマップ（史跡をたどるコース／公害と環境再生の歴史をたどるコース）の作成、西淀川公害を解説する展示パネル（表13 No. 8）などを作成した。映像教材は指導案とセットにして、西淀川区内の学校に配布した。

そのほか、SCPブロック[36]を使って大気汚染問題が発生する空間的構造を理解する教育プログラムの開発などを行なった。その後、二〇〇五年には学習プログラム研究会から交通環境教育を主眼とする「フードマイレージ教材化研究会」と、歴史・自然から地域理解を促す教材づくりをめざす「大野川緑陰道路の教材づくり研究会」

が生まれ、それぞれ教材・プログラムの開発に取り組んだ。

〈No.5〉二〇〇六年度にフードマイレージ教材化研究会で作成したフードマイレージ買物ゲームは、夕食の献立を考え、必要な食材のフードマイレージ(37)を計算するカードゲームである。食材の選択だけでなく、近くの商店街へ徒歩や自転車で行くか、郊外のショッピングセンターに自家用車やバスで行くかといった交通行動の選択も含まれるため、日常生活における個人の移動・交通が環境に影響を及ぼすことを実感できる。また、夕食づくりという日常的行為であるため誰もが取り組みやすく、国内農業の課題、食料自給率の問題、自動車依存社会の問題、食品表示と消費行動など、様々な切り口で学習につなげることが可能となる。そのため、小学校から大学までの学年に合わせて、総合学習だけでなく家庭科、社会科など幅広い学習に使える。教材セットには使い方ガイド・事例集も含まれており、利用者の状況に合わせて柔軟な使い方ができることもあって、教材貸出や出前授業により一層普及が進んだ［林 2008b］。

利用した小学校の声によって小学生用教材を作成したり、他地域を起点とするフードマイレージに合わせた地域版を作成したりするなど、マイナーチェンジ版が作られたことも、活用が進んだことの証左と言える。二〇〇九年には、京都府地球温暖化防止活動推進員の研修でも取り上げられている。「ストップ温暖化『一村一品』大作戦二〇〇九」全国大会で大阪府代表としてフードマイレージ教材化研究会が参加し、フードマイレージ買物ゲームの取り組みが特別賞（環境教育賞）を受賞した。

〈No.6〉「大野川緑陰道路の教材づくり研究会」で作成された教材『西淀川の自然と歴史にふれあおう』は、緑陰道路で見られる動植物の紹介と、大野川から緑陰道路になるまでの経緯をまとめたものである。二〇〇八年五月に教材（冊子）が完成した後は、研究会の名称を「緑陰道路サロン世話人会」と変更し、あおぞら財団が事務局となって地域の自然と歴史を学ぶ「緑陰道路サロン」を開催した。また、緑陰道路サロンと、ＥＣＯまちネットワーク・よどがわ[38]、あおぞら財団が共同で、大野川がかつて接続されていた農業用排水路「中島大水道」のマップを作成したことをきっかけにして「中島大水道サロン」が生まれるなど、より広い視点で地域の自然と歴史を見る視点を提示した。

環境学習ネットワーク形成

〈No. 7〉 大阪府立西淀川高校では、大阪府教育委員会の「府立高等学校余裕教室等活用推進事業」の一環で、生徒数減少によって生じた空き教室を活用して、二〇〇三年からあおぞら財団との連携による「あおぞらプラン」を始めた。あおぞら財団は、西淀川高校文化祭での展示活動に始まり、公害患者・弁護士による語り部講話、常設展の設置、大気中の二酸化窒素簡易測定、区内でのフィールドワークなど、西淀川高校の環境教育に全面的に協力した。

その他にも、あおぞら財団の活動から西淀川高校との連携活動が生まれた例があった。まちづくりたんけん隊の原風景調査の中で出た、西淀川高校に近い中島地区と出来島地区でかつて作られていた「まくわ瓜」が、水害や公害で作られなくなっていた。同様に尼崎でかつて作られていたという「尼いも」を再生させる活動[39]があることに刺激を受けて、西淀川高校の校庭の畑で、高校生が西淀川の伝統野菜「十六まくわ」を栽培した。また、二〇〇六年夏には生徒会有志が西淀川区を自転車で走り、走りにくい道、走りやすい道、危険な箇所、おすすめポイントを書き込んだ自転車マップを作成し、翌年の文化祭で配布した。

西淀川高校での環境教育は、「環境[40]」授業の担当教員による「環境学習プロジェクトチーム」と、生徒有志に

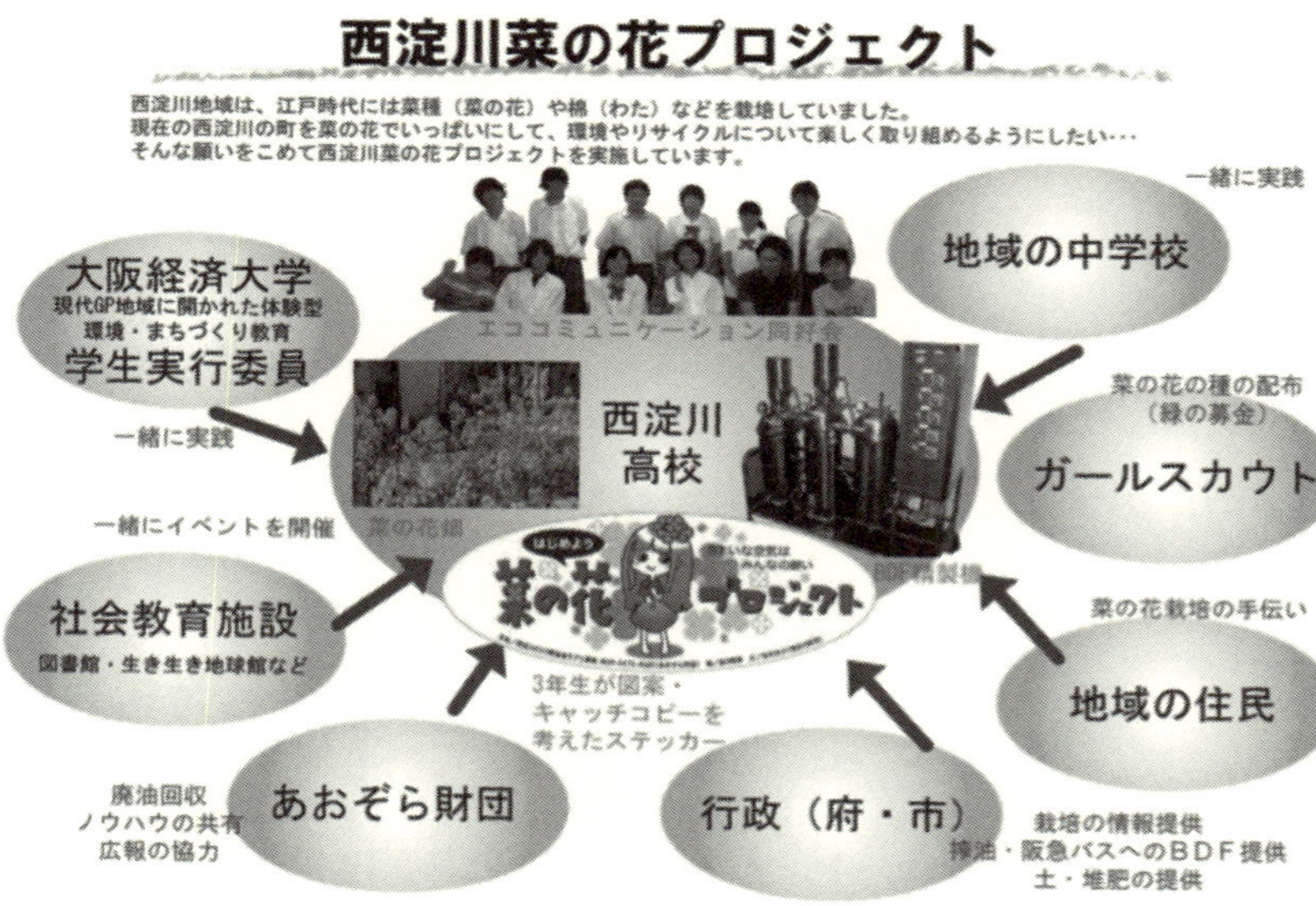

図38　西淀川菜の花プロジェクト

出典：公害地域再生センター提供

よる「エコ・コミュニケーション・クラブ（同好会）」の活動から始まる。地域連携イベント「環境フェスタ」（二〇〇五年〜）では、あおぞら財団も参加し、高校と地域との連携の要となった。西淀川高校は二〇〇九年には科学技術振興機構により「サイエンス・パートナーシップ・プロジェクト」事業の実施校に指定され、「ユネスコスクール」に参加し、二〇一一年には環境コースが設置された(41)［大阪府立西淀川高等学校メモリアルサイト 2019］。

〈No.8〉西淀川高校とあおぞら財団との協働による環境学習の取り組みをきっかけに、西淀川区内に環境学習（ESD：持続可能な開発のための教育）ネットワークが形成されていった。二〇〇七年にはあおぞら財団が「持続可能な交通まちづくり市民会議」のテーマで環境省の「国連ESDの一〇年促進事業」に応募し、ESDモデル地域に選ばれた。小中高大学の教員、社会教育施設などに呼びかけ、自転車、地域資源発掘・活用、菜の花プロジェクト(42)、食と交通（フードマイレージ）の四つのテーマで地域の連携を深め、持続可能な地域づくりの主体育成につながる活動に取り組むというものだ。二〇〇八年には西淀川高校の生徒らが取り組んでいた菜の花プロジェクトを発展させ、地元企業や町内会など西淀川区内の団体が集まる協議会を組織して菜の花栽培、廃油回収、ＢＤＦ化などに取り組んだ（図38）。

環境省のＥＳＤモデル地域事業は二〇〇八年で終了したが、その後も様々な補助金・助成金を得て地域内での菜の花プロジェクトと他地域の団体との交流が継続された。西淀川区内での菜の花プロジェクトに限って見ると、西淀川高校での菜の花栽培を続けながら、ガールスカウトなどによる菜の花の種の配布、地域内の各所で「廃油キャンドル」づくり、キャンドルナイトイベントを実施し、廃油回収への協力を呼びかけた。

二〇一〇年度からは佃地区の連合振興町会と連携して廃油回収活動に取り組み、二〇一一年度には尼崎市に本社をおく廃食油リサイクル業の浜田化学株式会社も加わった。二〇一四年度には「エコでつながる西淀川推進協議会」を設立し、浜田化学が協議会の事務局を引き受けたことで活動が再度活性化する。あおぞら財団は廃油回収拠点の一つとして協力するにとどまり、廃油回収のネットワークと仕組みを地域の中に実装していった。

廃油回収ネットワークを通じて、新しく生まれた事業もあった。佃地区の企業所有の未利用地（約五〇〇㎡）を活用できないかという相談が財団に持ちかけられ、企業の環境ＣＳＲの一環として未利用地を無償で借りて開墾、菜の花を栽培して、地域の未就学児親子の自然体験機会の創出を兼ねて、二〇一五年に菜の花プロジェクトへの協力を呼びかける「ニシヨドガワ　ノラシゴト」を実施した。しかし、工場の閉鎖により二〇一六年で終了した。

〈No.9〉　二〇〇六年三月にエコミューズが開館して以来、公害資料館見学、公害患者の語り部講話、あるいは地域の現地見学などの形で研修を受け入れてきた。学校（小中高・専・大）の授業や校外学習、教員研修、環境省職員研修、医療機関職員研修、韓国と日本の司法修習生、ＪＩＣＡ（国際協力機構）研修生、ＮＰＯ・市民団体研修など、国内外の様々な団体があおぞら財団とエコミューズを訪れ、西淀川公害を学んだ。

二〇一五年には、西淀川公害を授業で扱う現役教員を招いて、新たな授業実践例を収集した。過去の授業実践例と新しい授業実践例をもとに『西淀川・環境学習プログラム』[43]としてまとめ、西淀川区内の小中学校に配布し、公害に関する出前授業をよびかけた。フィールドワーク用のマップもリニューアルし、現地見学のコースがより明確に示された。二〇一六年度には大阪市新任教員研修会への講師派遣を行ない、地元地域の学校で西淀川公害を学ぶ機会の創出に注力した結果、二〇一二年度には西淀川区内小学校での公害に関する出前授業[44]実施は一四校のうち四校だったのが、二〇一七年には八校に増えた。

西淀川公害「を」学ぶことに加えて、西淀川公害「から」学ぶための教材・プログラム開発にも取り組んだ。地球環境基金の助成金事業で「公害に関する参加型アクティビティ開発およびプログラム研究会」を開催し、開発教育、人権教育、市民性教育など、公害・環境教育の隣接分野の知見を取り入れて、西淀川公害「から」学べる内容を検討した。この事業で開発された西淀川公害資料をもとに作成したロールプレイやフォトランゲージなどの参加型アクティビティ[45]教材・プログラムは、その後もあおぞら財団の研修の中で用いられていく。二〇二一年度からは公害・気候変動・防災の関わりから学ぶアクティビティと教材も開発している。

〈No.10〉二〇一七年度にフィージビリティ調査を行ない、二〇一八年度から環境省委託事業で取り組んだ「公害にかかるオーラル・ヒストリー作成」は、企業側の訴訟担当者の語りや、企業側と被害者側との和解交渉に携わった支援者の語りというように、公害被害そのものから少し焦点をずらして西淀川公害が多角的に語られた口述記録を作成したものである。これらは、西淀川公害（訴訟）が、どのようにして解決されていったかを複眼的な視点で理解するためのものである。これまでにも西淀川地域研究会でそうした問題意識での聞き取りが行なわれていたが、ここで作成されたオーラル・ヒストリーは、研修等の資料として活用することを念頭において公開されている。

五　国際交流部門——世界の公害被害地域とのつながり

あおぞら財団の国際交流事業は当初、全国公害患者の会連合会、研究者、弁護士ら司法関係者の取り組みに参加する形で始まった。それらは一時的に停滞したものの、公害資料整理や教材・プログラム作成が一定すんだことや、二〇〇〇年代以降の中国での環境ＮＧＯの拡大を受けて、二〇〇七年からあおぞら財団独自の国際交流事業が再開した。以下では、アジアの公害被害者・ＮＧＯとの交流と政策提言、顔の見える国際交流の二つのテーマに分けて個別事業を見ていく（表16）。

アジアの公害被害者・環境ＮＧＯとの交流と政策提言

〈No.1、2〉　全国公害患者の会連合会は、一九九二年の地球サミットの前年にパリで開催された「ＮＧＯ国際会議」にフランス政府から招待を受けて参加し、森脇君雄が代表として公害被害者の企業・政府との裁判闘争についいて報告している[46]。地球サミットには多くのＮＧＯが参加し、日本国内における環境政策への市民参加の導入も、地球サミットを契機に広がった。

そうした流れを受けて、全国公害患者の会連合会はアジア・太平洋ＮＧＯ環境会議[47]に参加し、一九九七年から地球環境基金の助成金を受けて、現在進行形で公害被害が発生するアジア諸国の被害者と日本の被害者による経

表16　国際交流部門の主要事業と実施年度

No.	事業名	97	98	99	00	01	02	03	04	05	06	07	08	09	10	11	12	13	14	15	16	17	18	19	20	21	22
1	途上国の公害被害者・司法関係者との経験交流	■	■	■	■	■	■																				
2	北九州国際会議の企画・実施				■	■																					
3	大気汚染経験情報発信事業											■	■	■	■	■	■	■	■	■	■	■	■	■	■	■	■
4	日中環境問題サロン・日中学生セミナー												■	■	■	■	■	■	■	■	■	■	■	■	■	■	■
5	JICA中国環境汚染損害賠償制度構築研修														■	■	■	■	■								
6	書籍・映像等の外国語への翻訳と情報発信												■	■	■	■	■	■	■	■	■	■	■	■	■	■	■

出典：公害地域再生センター事業報告書（1997～2023年度）をもとに筆者作成

験交流に取り組んだ。あおぞら財団もこれに協力する形で国際交流活動を始め、タイ、韓国、台湾、フィリピン等の環境NGO・公害被害者らの相互訪問や、韓国司法修習生等の視察・研修受け入れを重ねた。

二〇〇一年十一月にはイオン環境財団[48]の助成を受けて、北九州市学術研究都市にて、「二十一世紀を環境再生の時代に～NGO国際会議と市民のつどい～」（北九州国際会議）を企画・開催した。北九州国際会議の主催者は、七団体[49]からなる「環境再生にむけたNGO国際会議よびかけ団体会議」である。日本、中国、韓国、台湾、インド、フィリピン、タイ、イタリア、ドイツから、公害被害者団体や地域の環境再生に取り組む団体が集まり、環境再生に向けた「北九州アピール」を採択した。

北九州国際会議に先立って北京で開催された「環境紛争処理日中国際ワークショップ」で、日中の公害被害者、弁護士、研究者らが環境汚染の歴史、実態、環境紛争処理に関わる法制度の現状と課題を話し合った。ここで中国の深刻な環境汚染の実態と環境NGO活動の実態が共有され、中国の環境汚染被害の解決のために日本の公害経験を役立てられるよう、両国間での情報交換や交流をあおぞら財団の活動に位置付けるようになった［藤江・鎗山 2009: 192–193］。

北九州国際会議は、公害被害者・環境NGOなどの市民から政策提言の動きをつくろうとする動きであったことに加えて、環境再生を環境政策の中心的課題に据えようという政策提言活動の一環でもあった。一九九九年十月の中央環境審議会で、環境基本計画の見直しについてのヒアリングで傘木宏夫が環境再生政策の重要性を訴えたことをきっかけに、環境庁との交渉を経て、二〇〇〇年五月に滋賀県大津市で開催された主要八カ国（G８）環境大臣会合でのNGOとの懇談の場が設けられた[50]［傘木 2000］。

顔の見える国際交流

〈No.6〉二〇〇七年から環境省の「大気汚染経験情報発信事業」を受託し、あおぞら財団が作成した冊子・映像の翻訳や、中国の環境NGOとの交流に取り組んだ。「環境紛争処理日中国際ワークショップ」と北九州国際会議にも出席した中国政法大学公害被害者法律援助センター（CLAPV）の王燦発[51]や、中国に入国し調査していた環境法政策の研究者らの協力も得て、中国における環境汚染の現状調査および環境NGOの現状調査を行なった。その後、あおぞら財団の中国との交流事業の中心的パートナーとなる中国環境NGO（北京市環友科学技術研究センター）の李力とつながることになった。李は元教員であるが、中国の六〇以上の環境NGOの顧問を務め、汚染企業の副社長となり企業内部から汚染改善を促している［公害地域再生センターウェブサイト 2021］。

李は二〇一〇年に初めてあおぞら財団を訪問して以来、継続的に中国の環境NGOのメンバーとともに来日し、西淀川での地域再生活動の現場を訪ね、財団とつながりのあるさまざまな環境団体や地域団体を訪問してきた。フードマイレージ教材や菜の花プロジェクトなど財団の活動に学び、中国で様々なステークホルダーが集まる「円卓会議」を開催している。「企業や行政と対立するのではなく、相手の立場を理解し対話することが大事だと学んだこと」が役立っているという［公害地域再生センター 2017c］。

二〇〇八年から財団の自主事業として「日中の公害・環境問題を考える学生セミナー」を、二〇〇九年からは中国から環境NGOメンバーが訪日した際に「日中環境問題サロン」を開催してきた。二〇一八年からは環境省からの受託事業で中国だけでなくベトナム、ミャンマー、二〇二四年にはインドの環境ＮＧＯについても現状調査と関係構築に取り組んでいる。

あおぞら財団の国際交流事業は、当初は日本の公害被害者運動の成果をアジアの公害被害者や環境ＮＧＯに伝え、連帯することで公害防止の世界的な世論形成と被害救済を進めていくことをめざしていた。その過程で日本の公害被害者運動の特徴が改めて自覚されることになった。被害者自身が国や企業を相手に裁判を闘い、科学者や弁護士の協力を得て因果関係を立証していったこと、和解金をもとに財団を作ってパートナーシップをめざしていること、道路連絡会のように、継続的に直接的な協議の場を持っていること等々である。

裏返せば、それぞれの国の事情によって政府と市民社会の関係や、法制度などに違いがあり、日本の経験はそのまま即効薬とはならないということだった。あおぞら財団の国際交流事業に協力してきた相川泰（公立鳥取環境大学教授）は、『Libella』への寄稿の中で、中国の環境汚染の現場では「日本で公害を克服したという成功物語は、中国で直面する問題の解決には結びつかない」との苦言さえ聞かれる状況にあり、公害・環境問題の解決に向けた日中交流は「経験を伝える」から「つながりの中でともに解決をはかる」への転換期にあると述べた［相川 2011］。李らとの相互交流のあり方は、まさにこの転換を示唆している。

六　事業の実践を通じた質的転換

四つの時期区分

本章で対象としたあおぞら財団の二六年間をみると、財団設立時に立ち上げた主要な事業が一定進んだ段階で、事業の質的な転換があったと考えられる。事実、「西淀川再生プラン」の想定通りには進まなかった点や、実際の活動に取り組んで生まれた視野の広がりもあった。あらかじめ決められた道をいくのではない、公害地域再生をめざす模索の中で生じた転換である。では、あおぞら財団事業の質的転換とはどのようなものであっただろうか。それを考えるために、あおぞら財団のこれまでの事業期間を、さしあたり四つの時期に区分してみたい。

「Ⅰ期」は、一九九六～二〇〇一年度ごろまでの期間である。公害被害者の立場から「公害被害からの地域再生」に取り組む姿勢を強く打ち出していた一方で、西淀川地域の中に基盤となる場所や関係をつくろうと試行錯誤していた時期である。財政面では、前章で見たように、西淀川患者会と環境庁／環境省、環境再生保全機構からの受託・助成事業、とりわけ調査事業が事業収入の多くを占めていた。一九九八年までは国・公団との訴訟が継続中で、財団として様々な場面で訴訟に協力をし、裁判闘争を支援した団体等との関係を引き継いでいた。Ⅰ期は、公害訴訟および公害被害者運動から受け継いだスタイルや関係性を色濃く残す時期であったと言える。

「Ⅱ期」は、二〇〇二～二〇〇六年度ごろまでの期間で、Ⅰ期の事業活動に取り組む中で生じてきた課題を受けて視点の転換を模索した時期である。事業面では、それまでとは異なる「参加・協働」が試みられ、設立当初から続く事業が二〇〇六年前後に新しい事業へと移行するものが多く見られる。財政面では二〇〇六年度から二〇〇七年度にかけて西淀川患者会からの受託・助成金が減額され、新しい事業資金の獲得が求められるようになる。人員面では初期の財団事業を研究主任として牽引してきた傘木宏夫が二〇〇二年に退職して二〇〇四年に藤江徹が入職したことも、この時期の転換がその後の事業へと展開する契機の一つとなった。

「Ⅲ期」は、二〇〇七～二〇一二年度ごろまでの期間で、事業面では西淀川区の地域生活に密着した事業が新しく展開されるようになっていく。「公害」は必ずしも前面に出ないものの、「環境」「福祉」「文化」などがキーワードとなって、地域のさまざまなステークホルダーとの関係が新たに形成された。事業構成を見ると、公害のないまちづくり、公害被害の総合的救済という公害地域再生の理念を、「ＥＳＤ」や「地域協働」などの普遍性の高いテーマに位置付けようとする事業が増えている。その際、「公害」は活動の主題ではなく背景となっている。財政面では、Ⅱ期までにはなかった新しい受託事業や助成事業を始めたことにより、年度毎の事業収入の変動が大きくなった。研究員を増員して重点事業に取り組んだこともあり、財源として基本財産が取り崩され中長期的な財政基盤の確保が模索された時期であるとも言える。環境省や環境再生保全機構からの受託事業等にもテーマに変化が生じ、あおぞら財団が取り組むべき事業は何なのかがあらためて問われた時期である。

「Ⅳ期」は二〇一三年度以降、Ⅲ期をさらに発展させる方向で、あおぞら財団が新しいネットワークを創出し、地域の中に独自のポジションを形成していった。複数のテーマにわたって形成された協働の場づくりは、財団の外部に主体となる組織をつくり、財団がハブ（結節点）となって自律的に協働を進めるネットワークへと進化していく。「御堂筋／大阪サイクルピクニック」「みてアート・御幣島芸術祭」「公害資料館ネットワーク」など、ユニークな参加・協働の場と関係性を、地域内外の協力者と共に創り出した。財政面では赤字が続いたが、雑収入や寄付金などの財源の多様化を進めた時期である。二〇一九年度以降、事業の予算規模や研究員数は以前と比べれば縮小しているが、この傾向は今まで続いている。西淀川区内で展開する事業はあおぞら財団単独の実施よりも、自治体や地域団体との協働により実施することが常となっており、財政面では、西淀川患者会、環境省、環境再生保全機構からの受託金等が占める割合が初期に比べて相対的に低くなっている。環境省と環境再生保全機構からの受託金・助成金は今後も変動する可能性があるが、西淀川区役所からの受託事業や自主事業によって防災や多文化共生など地域課題に対応した活動にも取り組んでおり、地域の協働ネットワークの中にあおぞら財団が重要な位置を占める状況が生まれている。

質的転換がもたらした成果

こうして見ると、あおぞら財団は、当初構想されていた「ファンド」または「トラスト」としての機能は大きく発揮できていないが、事業主体としては多くの成果をあげてきたと言える。地域に蓄積されてきた有形無形のストックにより形成される地域構造、特に物質的なストックのあり方を変えるという課題に対してあおぞら財団が及ぼした影響は、総体的に未だ弱いと言わざるを得ないが、人材育成や多様な主体との協働関係を創出し、非物質的なストックを豊富化してきたことは、本章で紹介したように貴重な成果を多く生んでいる。おそらく今後、物質的なストックのあり方を変えていく動きは、それらの人材とネットワークの中から芽生え、物質的なストックを変える力を持ち始めてくるだろう。

ここで注目すべき点は、公害被害者運動と訴訟から生まれたあおぞら財団の事業活動は、西淀川の地域コミュニティに対して、少なくとも表面的には「公害を起こさないまちづくり」という問題の枠組みを、徐々に後景化していったように見えることである。代わりに、環境、防災、文化、教育といった地域全体を包摂するようなテーマを掲げ、その背景に公害経験を位置付けるというアプローチをとることで、あおぞら財団は地域コミュニティにとって必要とされる存在となり得てきた。このことは、「公害地域再生」という理念や、公害経験それ自体の重みを軽視している、つまり公害経験の「忘却」に向かっていることになるのだろうか。

あおぞら財団のアプローチの変更が持つ意味を明らかにするには、なぜそのようにアプローチを変更する必要があったのかを知る必要がある。しかし、筆者が調査した限り、文献資料から組織的意志決定による転換を根拠づける事実を読み取ることはできなかった。したがって、財団が組織的にアプローチを変更してきたというよりも、財団研究員が現場での活動の中で、事業の企画・実施における判断と財団ミッションの実現に向けた行動方針を、漸次的に修正してきた結果であると思われる。そうであるとすれば、「公害を起こさないまち」をめざし、よりよい地域をつくろうとする戦略が財団内部でどのように形成され、さらにはそこに向かう地域コミュニティの意志をどのように引き出していったかを丁寧にたどることが必要になる。その過程を解明することで、あおぞら財団は公害経験を「忘却」したまちづくりへと向かっているのか、公害経験を継承し「公害を起こさないまち」へ地域を再生しようとしているのかを評価できるようになるだろう。

注

(1) 個別事業の抽出には、あおぞら財団理事会資料のうち決算報告書(事業別収支計算書等を含む)および事業報告書を参照し、全事業リストを作成した。決算報告書の様式や表記方法も二六年間で変化していることや、明確な収支が計上されない事業もあることから、七五〇を超える全事業を正確に記述することは困難であった。また、本書にそのすべてを記載する必要もないと考え、筆者が主要な事業と判断したものだけを抽出した。予決算資料と事業報告書上の事業名が異なる場合も、内容から同一事業と判断できる場合は事業名を統一した。

(2) 所在地は大阪市西淀川区西島二。江戸時代の新田開発で干拓されたが(矢倉新田)、工業用水の汲み上げにより地盤沈下、一九三四年の室戸台風で冠水し、一九五〇年のジェーン台風で水没した。大阪市は一九七〇年から七年間にわたり一般廃棄物を埋め立てた。その後放置されていたが、大阪市が地主から土地を買い上げ整備したのが現在の矢倉緑地公園である。面積は約二・四ha[松浦 2001; 喜多幡 1998]。

(3) 大気汚染対策緑地建設事業は、大気汚染が著しい都市の地域において、樹木により大気の浄化を図り、地域住民の健康保持に役立つ緑地(都市公園)を建設し、譲渡する事業である。自治体からの申し込みを受けて、公害防止事業団が施設を建設し、事業費は長期・割賦で返済することとなっていた。一九六五年に設置された公害防止事業団の事業の一つで、一九八七年の公害防止事業団法改正により追加された。公害防止事業団は一九九二年に環境事業団に改称、二〇〇五年三月に解散した。

(4) あおぞら財団では日本野鳥の会大阪支部の協力のもとで、矢倉海岸探鳥会を続けている。

(5) 公害紛争調停はその後膠着し、打ち切りを繰り返した。住民側は三次まで調停を申し立てたが、神戸市側は応じず、二〇二〇年に住民五七一名が神戸市を提訴する住民訴訟へと至った。

(6) 西淀川患者会役員、西淀川公害訴訟弁護団の弁護士らもオブザーバーとして参加する。

(7)「道路提言」のタイトルと発行年は以下のとおりである。Part 1：地域から考えるこれからの日本の道路（一九九八年）、Part 2：道路環境対策先導地区形成モデル事業の提案（一九九九年）、Part 3：大型貨物自動車の総量削減に向けた社会実験（二〇〇〇年）、Part 4：阪神地域・環境ＴＤＭ社会実験の提案（二〇〇〇年）、Part 5：阪神地域における貨物自動車・環境ＴＤＭの提案（二〇〇一年）、Part 6：西淀川発！これからの交通まちづくり～低速交通のすすめ～（二〇〇七年）である。

(8) 正確に言えば、阪神高速五号湾岸線の通行料金を値下げすることで国道四三号から湾岸線に誘導する取り組みで、通行者に課金して交通を抑制するロードプライシングとは異なるものである。

(9) 二酸化窒素の環境基準は、「一時間値の一日平均値 0.04ppm–0.06ppm のゾーン内またはそれ以下」であり、二〇〇五年ごろまでは西淀川区出来島測定局では環境基準のゾーン上限値を超えていた。

(10) 社団法人大阪府トラック協会河北支部、矢崎総業株式会社、あおぞら財団、トラック事業者三九社、行政（池田市ほか北摂地域の自治体）、大阪大学などが参加した。地域企業、行政、大学など多様な組織への資金分配団体となった。

(11) 一九九六年に提訴された。国、東京都、首都高速道路公団、自動車メーカー七社を、公害健康被害補償法の認定患者と、認定されていない呼吸器疾患患者をともに含む原告が提訴した。二〇〇六年一審判決、二〇〇七年和解成立。

(12) 代表は新田保次、幹事長は藤江徹である。

(13) この間の経緯については、藤江［2016］、藤江・吉田・鎗山［2016］に詳しい。

(14) 筆者自身も、意見交換会への参加呼びかけをきっかけにして知り合った車椅子利用者の方から、西淀川区の公共空間がいかに危険であるか、また車椅子利用者も住みよいまちにするにはいまだやるべきことが多い、と教えられた。

(15) ＮＰＯ法人にしよどにこネット、ＮＰＯ法人西淀川子どもセンター、にしよどおやこ劇場、にしよどこども食堂「くるる」が協力団体となっている（二〇二四年八月十二日現在）。

(16) 大阪地下鉄・市営バスの経営難が大阪市政の長年の課題とされ、赤バス（コミュニティバス）の廃止、歌島橋バスターミナルを起点・終点とする路線の段階的廃止と、西淀川区でも地域公共交通の縮減が進んでいた。二〇一四年四月、最終的に転回施設としての歌島橋バスターミナルの必要性は無くなったとして、歌島橋バスターミナルは廃止された。橋下徹市長（当時）による市政運営改革により、二〇一五年に大阪市交通局の事業として地下鉄は上下一体で民営化し、バスは地下鉄事業とは分離して民営化する基本方針を示し、市バスについては赤字路線を廃止し、区長権限で民間事業者に委託や補助によって代替手段を確保することとした。

(17) 民間公益活動を促進するための休眠預金等に係る資金の活用に関する法律(休眠預金等活用法)に基づいて、一〇年以上取引のない預金等(休眠預金)を活用して社会課題の解決や民間公益活動の促進のために活用する制度である。一般財団法人日本民間公益活動連携機構(JANPIA)は、休眠預金を活用して、行政の手が届かない社会の諸課題の解決をめざす民間団体の活動を支援している。

(18) 大気汚染の自主測定は、二酸化窒素の環境基準緩和に抗議し、一九七八年から大阪から公害をなくす会が大阪府下一斉の二酸化窒素測定運動を企画し、府内の民主団体が参加して行なわれてきた。天谷式カプセルと呼ばれる二酸化窒素簡易測定方法を使って、住民や患者自身が大気汚染の科学的調査に取り組んだ。西淀川区でも、「二酸化窒素測定運動西淀川区実行委員会」を組織して参加した。現在では、大阪府域全体の二酸化窒素測定調査「ソラダス」の西淀川実行委員会事務局を西淀川患者会とあおぞら財団がつとめ、参加団体の協力でカプセルの設置と回収を行なっている。

(19) 除本[2007]は、公健法改正によって第一種地域指定が解除されたのは、産業公害から都市生活型公害へと都市部における環境被害の構造が変化したにもかかわらず、自動車排出ガスなどの移動発生源に費用負担を移行せず、工場などの固定発生源の費用負担に固執したからだと考察している。一九七〇年以降、固定汚染発生源における硫黄酸化物排出量は削減された一方で、自動車排出ガス汚染が深刻化し、汚染被害は減らなかったので汚染排出量単位あたりの賦課金(賦課金率)が高騰した。そのため産業界が強い負担感を持ち、結果的に公健法の廃止要求が強まったとする。

(20) 賦課金の算出方法については、除本[2007]に詳しい。ある年度に事業者が納入する賦課金は、補償給付等のための必要額、当該地域の前年度汚染排出量、事業者の前年度の汚染排出量を変数として決まる。法改正後は、各年度ごとに計算される現在分賦課金額(四割)と、過去分賦課金額(六割)の合算となっている。

(21) 松尾英輔によれば、その定義は、①専門的訓練を受けた人(園芸療法士)が、②医療や福祉の働きかけを必要とする対象者に対して、③それらの対象者の性格を把握した上で、④目標となる症状を理解し、⑤その治療・改善または改良のための手続として園芸を用い、⑥その過程と成果を記録・評価しつつ、⑦次の手続きを選択しながらゴールに向かって進める一連の手法とされる[松尾 1998]。

(22) 園芸療法を適切に実践するには、医療機関等との十分に連携・協働する必要があるが、ふくの庭では園芸療法士の資格を持つ講師が作業日誌をつけて、専門的見地から活動を方向づけることに留まっているので、園芸療法ではなく園芸リハビリテーションと呼んでいる［二〇二二年二月九日、村松薫氏インタビュー］。

(23) 現在は、地方独立行政法人大阪府立病院機構大阪はびきの医療センターとなっている。

(24) 大牟田市は、公害健康被害補償法の旧第一種指定地域である。

(25) 六十五歳以上の認定患者二四〇人に聞き取りを実施している。

(26) 患者自身が病気や療法について理解し、患者と医療スタッフのコミュニケーションをスムーズにする、効果的な呼吸ケアプログラムをさす。

(27) 十八歳以上の新規申請受付は二〇一四年度で終了した。さらに二〇一九年度からは一部自己負担（上限六〇〇〇円）となっている。

(28) 東京都に一年以上居住するぜん息患者が対象となる。

(29) 日本環境会議大気汚染被害者救済制度検討会（座長：淡路剛久）において新たな大気汚染被害者救済制度の提案が検討された。

(30) 西淀川の震災展は、「西淀川震災復興とまちづくりを考える区民の集い実行委員会」に呼びかけ、震災展の実行委員会が結成されて実施された。「神戸・芦屋・西宮淡路の激烈な被害のかげにかくれて、行政からもマスコミからも忘れ去られた西淀川の震災の実態と二年後の現状を明らかにし、公害のうえに震災でダメージを受けた当地域を安全で、住みやすいまちに再生するための提言を行ない、区民に考えてもらおう」［達脇 1997］というねらいであった。新聞折り込みチラシにより資料提供が呼びかけられ、写真、新聞・雑誌、機関紙、会報、漢詩、短歌、作文など一千点以上が寄せられ、会場のエルモ西淀川（区民会館）には三日間で約九〇〇人が来場した。実行委員会に集まったのはいわゆる民主団体であり、この頃はあおぞら財団と地域とのつながりは訴訟や運動を支援した団体の関係者が中心であったという［二〇二一年七月三十一日、片岡法子氏インタビュー］。

(31) 合同製鐵は高炉の保存運動が高まるのを前にして取り壊しを決定した。

(32) サイトでは、実際の裁判資料（訴状、承認調書、準備書面、書証、判決、和解調書など）の一部の電子データを公開したが、現在は個人情報が含まれるとの理由でそれらはすべて非公開となっている。

(33) 二〇二一年から二〇二三年度までは、公害資料館ネットワークの事務局はみずしま財団におかれた。

(34) 大阪自然環境保全協会が主催した大阪シニア自然大学のスタイルに倣ったものである［長井 1998］。

(35) こどもエコクラブは環境庁（当時）が一九九五年度から始めた事業で、「二十一世紀に向けて環境への負荷の少ない持続可能な社会を構築するため、次世代を担う子ども達が、地域の中で仲間と一緒に主体的に地域環境、地球環境に関する学習や具体的な取組・活動が展開できるよう支援することを目的として、小・中学生を対象として開始した事業」である。子どものグループが主体であるが、活動を支援する大人が一名以上必要となる。活動は自らが決める自主的なものと、全国事務局でデザインした共通的活動がある。全国事務局に登録すると、会員手帳やニューズレターの配布、全国・地域での交流会への参加などの支援を受けられる。これも環境政策分野における「協働」施策の一つとされる。

(36) SCPブロックは、科学的知識をもとに(Scientific knowledge)、環境配慮した交通行動・態度の変容を自ら選択するマインドを身につけ(Attitude change and behavior change)、持続可能な社会実現のために個人が積極的に交通政策に参加する(Civic participation)ことを目的とした教材として開発された[松村・松井・片岡 2002]。市販のブロックを使って、ある地域を通行する自動車と工場から排出される大気汚染物質の推計データを元にして、地図上にブロックを積み上げて大気汚染構造を可視化するものである。

(37) 産地から食卓までの「距離×重さ」がフードマイレージで、これに輸送・交通手段別の二酸化炭素排出係数を乗じる二酸化炭素排出量が算出される。あおぞら財団の教材では、フードマイレージだけではなく輸送・交通由来の二酸化炭素排出量も計算できる仕組みになっているが、食材の生産・加工等の過程は考慮されておらず、「交通環境学習」という位置づけのものである。

(38) 地球温暖化防止と地域活性化を両立するまちづくりをめざして、大阪経済大学地域活性化センターの現代的教育ニーズ取り組み支援プログラム(現代GP)の一環として、よどがわ生協など地域団体に呼びかけて、二〇〇六年に発足した。市民共同発電所の建設などに取り組み、二〇一〇年に認定NPO法人(ECOネットよどがわ)となった。

(39) 尼崎公害患者・家族の会が一九九六年に発表した「尼崎南部再生プラン」に、「子ども頃に食べた〝尼いも〟を再生したい」という願いが書かれていたことから、尼崎南部再生研究室がかつて尼崎で栽培されていたサツマイモ(尼いも)の品種を探し出し、その復活をめざして学校や家庭菜園で栽培して食べる「尼いもクラブ」を結成し活動した[尼崎南部研究室ウェブサイト 2003]。

(40) 西淀川高校では、「環境」の授業が必修化されていた。「環境」の授業では、西淀川公害だけでなく、現代の公害・環境問題や地域でのフィールドワーク、農作業なども取り入れた実践型の授業が取り組まれた[公害地域再生センターウェブサイト 2015]。

(41) 三年連続して定員割れが続いた高校を再編対象とする大阪府立学校条例（二〇一二年制定）に基づき、西淀川高校は二〇一七年に生徒募集を停止し、二〇一九年三月に閉校した。二〇一八年から大阪府立北淀高校と統合され、北淀高校の跡地に府立淀川清流高校が開校した。旧西淀川高校の校舎は、大阪府立出来島支援学校となっている。

(42) 菜の花プロジェクトとは、菜の花を栽培して菜種油を作り、食用等に使用し、廃食油を回収して燃料（ＢＤＦ）等に再利用するという取り組みをさす。

(43) 「西淀川公害から学ぶ」、「にしよどがわのかわいい鳥を見にいこう」、『『ゴミ』を資源にする方法　廃油回収とリサイクルを考える」の三つのプログラム冊子からなる。いずれも、これまでの財団の活動に基づいた内容である。

(44) 動画「手渡したいのは青い空」視聴と語り部講話のどちらか、または両方からなる。

(45) 参加型アクティビティとは、ゲーム、ディスカッション／ディベート、ドラマワークなどの学習者が主体となって取り組む諸活動をいう［渡部・獲得型教育研究会 2018］。

(46) 一九九七年に京都で開催された地球温暖化対策枠組条約第三回締約国会議（ＣＯＰ３）の関連ワークショップ「地球温暖化対策に関する日本の経験」においても、ＮＧＯ代表として森脇君雄が「公害被害者からの地球温暖化防止への提言」と題して報告した。その要諦は、日本政府が産業界の圧力に屈して二酸化窒素の環境基準を緩和したことへの公害被害者の闘いと併せて、二酸化炭素の総量規制や高いレベルでの削減目標設定など、公害対策の前進を活かした有効な規制策の重要性を訴えた［公害地域再生センター 1998c］。

(47) 一九九一年一二月にタイ・バンコクで第一回アジア・太平洋ＮＧＯ環境会議が開催され、第三回会議は一九九四年に京都において日本環境会議が組織して開催されている。

(48) 一九九〇年にイオングループ環境財団として設立され、二〇〇一年八月にイオン環境財団に改称された。

(49) アジア太平洋九州都市環境フォーラム、沖縄環境ネットワーク（一九九六年日本環境会議沖縄大会を契機に発足）、気候ネットワーク、財団法人公害地域再生センター、滋賀県環境生活協同組合、全国公害被害者総行動実行委員会、日本環境会議の七団体である。

(50) 参加したのは滋賀県環境生活協同組合、沖縄環境ネットワーク、気候ネットワーク、全国公害被害者総行動実行委員会、財団法人公害地域再生センターの五団体である。

(51) 中国で公害被害者支援に取り組む法律家・専門家集団である。

第5章　公害地域再生に向かう軌跡

あおぞら財団が取り組んできた事業が、公害経験を「忘却」したまちづくりに向かうものなのか、公害経験と向き合い継承する「公害地域再生」に向かうものなのかを評価するために、二つの視点を持っておきたい。第一に、財団のミッションと事業を担当する財団研究員の意志や経験、そして組織としてのミッションといった、あおぞら財団の主体性への注目である。第二に、西淀川の地域課題、全国的な環境政策の課題、市民社会の課題、事業に協力する関係者の問題意識などからなる、財団をとりまく重層的な文脈を事業に織り込みながら、よりよい地域づくりへ向かう地域住民の意志を引き出す過程への注目である。

本章は、第4章で示した四つの時期区分にしたがって、あおぞら財団内部の視点と、あおぞら財団を取りまく重層的文脈を交差させながら、あおぞら財団の事業展開の軌跡をたどる。

一　I期（一九九六―二〇〇一年）――ストックの再生・創造

自然・コミュニティ・人間の再生――ビオトープ・「ふくの庭」

設立当初のあおぞら財団がめざした地域再生は、自然の再生を一つのシンボルとしていた。「公害のまち」となった西淀川の自然環境の回復を進めるためのモデル事業として、工場地帯にビオトープを造ることを試みた。理事長（当時）の森脇君雄が中島工業団地を運営する大阪工業団地協会の役員と懇意であったこともあり、トンボ池づくりが計画された。トラストが工場跡地の環境再生を行ない、市民の交流の場とするというグラウンドワーク活動の実現が期待され、一九九六年の『平成八年版環境白書』では次のように紹介された。

行政・企業・市民のパートナーシップによる地域環境再生の第一歩として、工業団地の一部を住民参加により植樹、公園整備する計画が進められている。〔中略〕公害によって被害者と加害者として対立関係にあった患者・住民と企業が、失われた地域環境の再生を軸として、ともに地域社会の一員として連携して取組を進める動きをここに見ることができる。〔環境庁 1996〕

しかし、中島工業団地での公園整備は、実現しなかった。理事会では森脇が次のように総括している。

西淀川ではトンボ池ひとつ作るにも、ちょっと土を掘れば危険なものがどっと出てくる。〔中略〕工業団地の公園づくりでは、池があったら安全上、問題があるので整備後に市が引き取れないといい、結局挫折せざるを得なかった。〔公害地域再生センター 1997〕

傘木宏夫はこれを「結局、誰が管理するの?という話だった」〔二〇二三年二月四日、傘木宏夫氏インタビュー〕と振り返った。つまり、工業団地協会が管理するのか、大阪市が公園として管理するのか、あおぞら財団が管理するのか、管理責任の所在についての合意が難しかったのだという。水辺のない市街地や工場地帯に人工的な水辺を造れば、継続的に管理する主体が必要となる。この時点では、あおぞら財団の体制では不十分であり、工業団地にも大阪市にもその主体性はなかったのである。

自然再生の試みは、その後も続く。第五回通常理事会では、事務局から「都市再生シンボルプロジェクト」企画案が提出された。文書は、超低金利と景気後退により基本財産の運用が難しい状況にあることを背景に、工場跡地を購入し、環境再生事業用地として活用することを提案し、具体的な候補地となる複数の工場跡地を地図で示している。整備イメージとして、大気浄化樹とビオトープからなる公園・広場と、市民農園や環境学習ルームからなる「コミュニティ形成の場」が配置されている（図39）。

企画書には「工業団地の公園予定地におけるグランドワーク活動の計画が諸般の事情により挫折した経過があるため、自前の土地でのグランドワーク活動の展開は悲願でもあった」［公害地域再生センター 1998d: 9］とある。あおぞら財団がトラスト方式で土地を所有し、自然再生のシンボルとなるオープンスペースを整備することは、初期のあおぞら財団にとって「悲願」というほどの大きな意味を持っていたのである。中島工業団地では公園（ビオトープ）の管理責任が問題となったことから、「自分たちが管理できる土地」にこだわったという［二〇二三年二月四日、傘木宏夫氏インタビュー］。

しかしその日の第五回通常理事会では、当時の基本財産の八割を土地取得と用地整備に充てる提案に対して慎重な意見が出され、中長期事業では施設整備には手をつけないことが確認された。次の第六回通常理事会（一九九八年六月）では、より詳細な費用見積等も行なわれた上で理事会に修正提案がなされたものの、都市再生シンボルプロジェクトは実現しなかった。

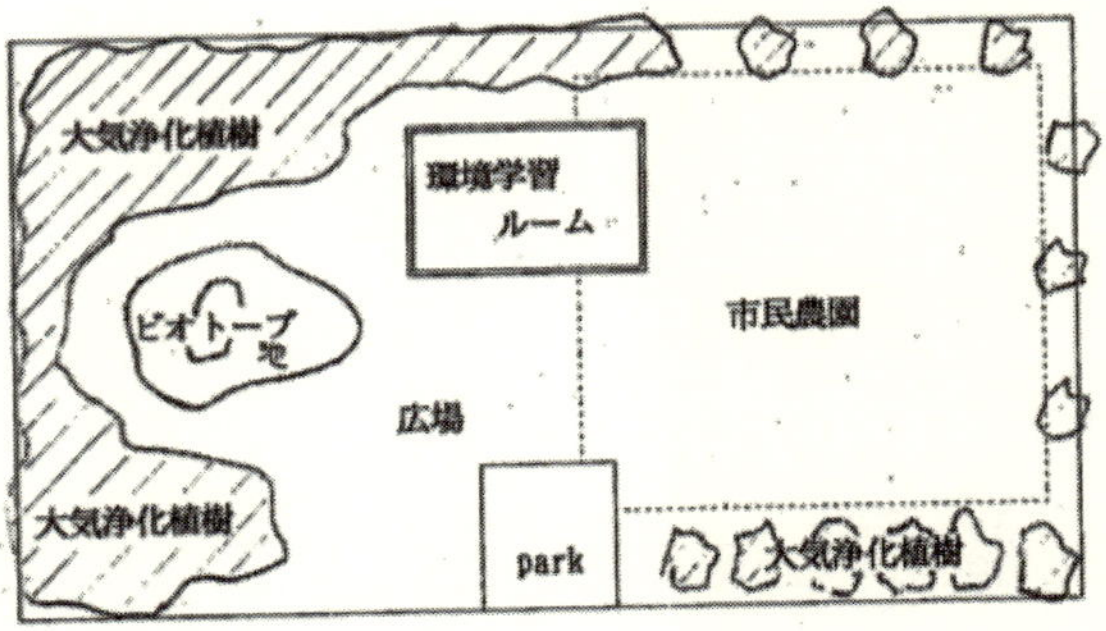

図39　都市再生シンボルプロジェクト案
出典：公害地域再生センター［1998d］

なぜ、それほどまでに自然を再生したかったのか。環境保健部門の事業として取り組まれた「ふくの庭」での活動について、自然・コミュニティ・人間の再生という視点から考えたい。なぜ「園芸」であったのかについて、傘木はこう語る。

樹木というものを患者さんたちが植え、育てることによって、そこに命をつなぐというか、木はもっと成長していく可能性があるので。〔中略〕〔ぜん息患者には〕いつ死ぬかわからない恐怖感っていうのはよくあると言われていて、〔中略〕そういうことも含めて何か昇華できる対象としての木が、自分たちが気兼ねなく植えて管理できる、そして自分たちが死んだ後も次の世代なりが育ててってくれる場所があると、それは繋がるだろうというふうに思ったんですよね。

〔二〇二三年二月四日、傘木宏夫氏インタビュー〕

ふくの庭では、自然環境の再生が、命を次世代へ継承することによる公害被害の癒しと回復、つまり人間の再生に重ねられている。公園での園芸活動によって、公害患者だけでなく地域住民の生活の質が向上し、患者と地域住民の交流の契機になり、「コモン」が育まれるという意味では、コミュニティの再生にもつながると期待された。ふくの庭の実際の様子について、園芸療法士として羽曳野病院での実証実験から担当していた平山ユミ子は次のように紹介している。

「ふくの庭」は福小学校の前にありますので、もうすでに小学生の有志が参加してくれています。高学年から低学年、中には兄弟で別々に参加してくれている例もあり、遊びと遊びの合間にちょこちょこっとゴミ集め、草取り、種撒き〔原文ママ〕、定植と一通りをこなしてくれます。〔中略〕苗を寄付してくださったり、定植したての苗に水やりをしてくださったりと、ご近所の方の協力も出てきました。目立って変化したことは、お菓子の包み紙等ゴミの散らかりが減った事です。『こないだ友達とゴミ拾いしといたで…』との嬉しい言葉は小学五年生の女の子からでした。

〔平山 1999〕

ふくの庭は、西淀川区福町の福町児童遊園地の一角で取り組まれていた（**図40**）。福町は西淀川区内でも公害被

図40　ふくの庭の様子

写真が収められていたアルバムには「患者会 焼きいも」との書き込みがある。（公害地域再生センター提供、1999年11月13日撮影）

害が大きく、患者も多い地域である。福町はまた、西淀川区全体の町内会の連合組織である西淀川区連合振興町会の会長（当時）を長年務める人物の地元でもあった。地縁組織である振興町会との関係を作って地域に入り込みたかったあおぞら財団にとって、公害被害者運動と地域社会との融和の第一歩として、ふくの庭は象徴的な活動となることが期待されていたであろう。

ふくの庭を担当していた三宅雅美は、活動を始めて間もない頃に「（福町は）たくさんの公害病患者を出しましたが、それだけに公害に対する複雑な住民感情も残っています」［三宅 1997］と書いている。福町は古くからある地域で、コミュニティの結びつきが深い。そのような地域では、公健法による認定と補償、あるいは革新勢力に支援される公害被害者運動をめぐって、「複雑な住民感情」があることは想像に難くない。

活動を始めた当初は、地域住民との交流はほとんどなく、日常的な苗や物品の寄付、腐葉土の運搬等を通して関わりを持つ住民が少しいる、という状況であった［三宅 1997］。一九九九年九月からは毎月第二土曜日を「ふくの庭」の地域開放日とし、収穫祭「秋の実りを楽しむ会」（一九九九〜二〇〇〇年）や園芸講座「コミュニティガーデンをつくる会」（一九九九年）など地域住民対象のイベントを開催し、福町での実践者養成講座を開催するなどして、福町住民の中にふくの庭の活動が根付くように取り組みを進めた。その成果が、上記の平山ユミ子が紹介したような状況として現れたのだろう。

しかし、ふくの庭での活動は、頓挫してしまう。傘木の理解によれば、その一つのきっかけは、二〇〇〇年七月に環境庁長官（当時）の川口順子が着任した直後に電撃的に視察に訪れたことであった（口絵6参照）。長官の訪問はマスメディアでも大きく報じられたことで、それを知らされていなかった地元有力者の反発を招いたのではないかと傘木は推測している。この出来事は、福連合振興町会が管理していた福町児童遊園地を利用できなくなった直接的なきっかけであったかもしれないが、この時点ではまだ、あおぞら財団が地域からの信頼を得られていなかったことを意味するものだろう。財団設立当初からの研究員である鎗山《やりやま》善理子は、次のように振り返る。

> 夏になったら水やりとか、職員でやったりしてたんですよ。多分それが足りなかったんですよね。そういうケアが。〔中略〕手入れをしたりとか何か、私らが分かってないことで、地域の中でもいろいろ思いがあったかもしれないです。
>
> ［二〇二一年七月二日、鎗山善理子氏インタビュー］

こうしてふくの庭の活動は二〇〇〇年十二月で終了した。まだふくの庭の活動が続いていた一九九九年三月四日に開催された第三回評議員会で、福町在住で西淀川区連合振興町会長（当時）であり、財団の評議員を務めていた樋口市蔵は、「財団ができて以来、何をやるのか慎重に見ていたが、これからは振興町会とのつながりを持つべきだ」という趣旨の発言をしている［公害地域再生センター 1999c、傍点引用者］。この発言からも、当時の西淀川の地域コミュニティを代表する存在であった振興町会とあおぞら財団の間の、緊張感をはらむ関係をうかがい知ることができる。

財団ができてまだ四年である。傘木は、この時のことを「理念や思いが先行してしまうと、うまくいかない」〔二〇二一年八月十一日、傘木宏夫氏インタビュー〕ゆえに起こった出来事であったと語った。当時の財団と地域コミュニティとの参加・協働（パートナーシップ）は、まだ表面的な形を整えたにすぎないのであって、信頼関係の構築には至らなかったのである。

パートナーシップによる地域再生は一朝一夕に実現できるものではないとはいえ、財団は目に見える成果を出していかなければならない。そうしたプレッシャーの中で、ふくの庭の後継事業をどうつくるかが課題となった。「民間で事業の中身に協力して、一緒にやりましょうっていってくださるところを、一対一でもいいから協力者を探すことがまず大事なんじゃないかということで」〔二〇二二年二月九日、村松薫氏インタビュー〕、「ひまわりの家」の庭で園芸活動を再スタートすることになった。

地域資源の発見——まちづくりたんけん隊・自然環境調査

水俣では吉本哲郎らが一九九〇年から「地元学」に取り組んでいたが〔吉本 2008〕、一九九六年からあおぞら財団が始めた「まちづくりたんけん隊」の活動も同様に、地域にあたりまえに「あるもの」を再発見し、地域の記憶をたどり、西淀川の原風景を再構成しようとする取り組みである。今ではまちづくりの定石となっているが、当時は住民が自分でまちの課題や資源を発見してまちづくりに関与するという実践はまだ一般的でなかった。第2章で述べたように、傘木は大阪都市環境会議で「公園を歩く会」などの経験もあり、まちづくりたんけん隊はあおぞら財団の活動の「一丁目一番地」〔二〇二一年八月十一日、傘木宏夫氏インタビュー〕として、地域内外から参加者を募ってまち歩きをしようと決まったという［宗田ほか 2000］。

まちづくりたんけん隊の活動の目的は、地域住民と協働して地域資源を発見することにあった。活動報告書では「区域全体の状況を把握し、現存する地域資源や特質を適切に見出す必要」、そのためには「そこで住み続けてきた市民の情報と目が必要」であり、さらに「活動を通じてまちづくり活動の存在を知ってもらい、参画する人材を得る」ことが必要であったと述べられている［まちづくりたんけん隊実行委員会 1998］。

まちづくりたんけん隊は当初「公園・空き地たんけん隊」と呼ばれた。公園や空き地などのオープンスペースが「コモン」となる可能性を秘めていると考えたからであろう。第一回の公園・空き地たんけん隊では、区内の二地区（大和田・姫島）にある公園と空き地の利用状況と環境について観察している。公園・空き地に注目した理由については「〔公園・緑地・空き地に〕残された自然、くつろぎの雰囲気を調べ、そこから自然にとっても住民にとっても良好な場所にかえることを『地域再生』への手がかりとしたかった」［宗田ほか 2000: 49］ともある。都市化された街の隙間に残る公園・空き地に、「コモン」のある原風景を見出そうとしていたのだろう。

そうであれば、西淀川の原風景は公園・空き地だけに残るわけではない。宗田ほか［2000］に書かれた詳細な活動記録によると、当初は「公園・空き地たんけん隊」と呼んでいたのが、「最初から特定の課題を設定するよりも、もっと広く地区全体を自由に探検し、その中から魅力や課題を発見するためのイベントこそがたんけん隊では」［宗田ほか 2000: 50］という実行委員会での議論により、全員が合意して「まちづくりたんけん隊」となったという。「公園・空き地たんけん隊」は「まちづくりたんけん隊」と名称を変えて、区内の学童保育所の協力を得て結成した「西淀川こどもエコクラブ」(1)（以下、こどもエコクラブ）の参加を取り入れながら、自然環境調査や西淀川の原風景聞き取り調査に取り組んだ。

まちづくりたんけん隊実行委員会には、地域再生を標榜するあおぞら財団の趣旨に関心を持ち、賛同して集まってきた学生や市民ボランティアがいた。とりわけ熱心だったのは、自然観察活動を続けてきた人たちだった。「まちづくりたんけん隊」の活動で、自然環境調査の指導的役割を担った北元敏夫、西山圭三、八木剛らである。北元らは、一九九一年から「西淀まちと自然の会」として西淀川区内で自然環境調査を行なっていたほか、大阪市が主導した「みどりと生き物会議」で市民ボランティアとして参加した経験を持ち、「何の抵抗も違和感もなく」［北元 2000: 132］初回のまちづくりたんけん隊から参加した。北元は大学等で教鞭をとる生態学者であり、地元の西淀川での自然環境調査に熱意を持って取り組んできた人であった。

［聞き手：環境調査やらないと財団が問題意識を持ってたというよりかは、北元さんにご提案いただいたっていう感じですかね。］

そうですね。それをずっと、いつも指摘されてたような気がします、北元さんに。〔中略〕西淀の自然のことを知らないまま、ああしたい、こうしたいじゃなくて、ちゃんと調査を〔して〕あんたらがまずちゃんと知らなあかんって、言われてたような気がします。

［二〇二二年二月二十六日、三宅雅美氏インタビュー］

こうして、まちづくりたんけん隊の活動に、たんぽぽやセミの抜け殻、野鳥といった指標生物調査や毎木調査など、自然環境調査のノウハウが組み込まれた。まちづくりたんけん隊では自然環境調査だけでなく、公害患者や地元住民から、公害の経験や当時の地域の様子を聞く聞き取り調査も行なった。まちを歩き、住工混在地域や、新しい戸建て住宅・集合住宅と旧集落との混在など西淀川地域の空間構成から公害や災害の影響を読み取るという作業も行なっている。生活者の視点で地域空間を把握しようとする試みであり、活動報告書や宗田ほか［2000］からは、そのための手法を定式化しようとする意識も読みとることができる。自然環境調査を含むまちづくりたんけん隊の活動は、地域資源（ストック）の価値を住民自ら発見するための力を育てるものである。

自然環境調査の中心的な担い手は西淀自然文化協会（第3章四、一六一頁参照）だったが、あおぞら財団と協会との関係が変化してから、こどもエコクラブと子どもの参画べんきょう会（第3章四、一六二頁参照）の活動として春のたんぽぽ調査と夏のセミの抜け殻調査が継続されることになる。まちづくりたんけん隊での方法をもとにして調査を重ねていくが、次第に「調査」と「参加・学習」の間で目的と手段のズレが広がっていく。異なる学年の異なる子どもたちが、事前学習もなく大人数で参加して集めたデータの信頼性は低く、かといって専門家が設定した自然環境調査方法を基本としているため、子どもたちの好奇心や主体性を引き出し学習効果のあるプログラムとは言えなくなっていたのである［二〇二一年六月三日、あおぞら財団インタビュー］。結果的に、たんぽぽ調査とセミの抜け殻調査は、二〇一四年度に終了することになった。

田代・嶋田［2015］は、試行調査を含めて一九年間続けられたセミの抜け殻調査の意義について、次の三点にまとめている。第一に、まちの環境を監視し続ける役割である。継続的に指標生物の調査を行なうモニタリング調査として見ると、一五年間のデータからは一定の割合でアブラゼミの抜け殻が出現していることがわかる(2)。第二に、市民参画の場を提供する役割である。誰でも簡単に関わることができるセミの抜け殻調査は、多種多様な人の参加を得た。第三に、まちの変化を読み取れる人材を育成する役割である。西淀自然文化大学の活動目的とも合致するところだが、田代・嶋田［2015］は、財団が設定した年に一回の調査に受動的に参加するだけでは、そうした素養や感性を培うことは難しく、他の手法を企画立案していくべきだと結んでいる。

ボランティアとして参加した生態学者によって、参加型自然環境調査のノウハウが持ち込まれ、再生すべき自然環境の現状が可視化されるようになった。同時に、参加型調査が新しい参加者を呼び込み、子どもを地域再生まちづくりの主体として育てようという見方が財団内に生まれた。参加型自然環境調査は環境アセスメントへ、まちづくりの主体育成は環境学習の取り組みへと、それぞれ発展していった。

公害を起こさないしくみ――参加型環境アセスメント

まちづくりたんけん隊の、「市民の情報と目」によって地域資源を見出すというアプローチに注目してみると、まちづくりたんけん隊の活動目標の一つは、環境診断マップづくりにあると言える。地域住民がまちを歩いて読み取ったまちのあり様や、共通の調査方法によって集めた情報を持ち寄って共有し、テーマごとに地図に落とし込んで共通認識化し、それをもとにまちづくりの方向性を話し合う。そうした営みがまちづくりの基礎として地域住民の間に文化として根付いていくことが、「公害を起こさないまちづくり」につながる。

子ども版環境診断マップの作り方を書いた手引書『かぶりとえころ爺のまち調べとマップづくり』は、まちづくりたんけん隊の活動を子どもの環境学習として実践するためのマニュアルで、大阪市天王寺区聖和地区の「せいわエコクラブ」の子どもと保護者を中心に作成したものである［片岡 2007］。環境診断マップづくりは、後にあおぞら財団が提起する参加型環境アセスメントの手法の一つになっていく。宗田ほか［2000］の中で傘木は次のように述べている。

> 公害地域のように環境面で疲弊した地域では、従来の経済効率を優先させた開発のあり方が深刻な公害・環境問題を引き起こしてきたという教訓から、地域の歴史や生態系、人々の住まい方などを踏まえた地道な環境再生の戦略が求められており、それに資する開発誘導のシステムとして戦略的アセスメントが機能することが望まれる。環境診断マップづくりは、そのような戦略の構築に資する情報を市民の手によって生み出し、共有化を進め、世論を形成していく市民戦略の中に位置付けることができる。

［宗田ほか 2000: 43、傍線引用者］

日本でも一九九七年にようやく環境影響評価法（環境アセスメント法）が制定されたが、制度的には不十分な点が多く、計画段階からの戦略的アセスメントの導入や、市民参加の実効化、中小規模開発への対応など、課題が残されていた。地域開発のあり方を変える市民参加手法として環境アセスメントを機能させるために、まちづくりたんけん隊や参加型自然環境調査の中で培われた手法は重要な役割を持つと傘木は考えていた［公害地域再生センター 1999d; 2008c］。折しも、当時は二〇〇五年の国際博覧会（愛知万博）の環境アセスメントをめぐり、公共事業計画における市民参加のあり方が問われており、環境アセスメントが「合わすメント」になっていることも露呈していた［町村・吉見 2005］。

二〇〇〇年十二月四日に開催された第一二回臨時理事会では、環境アセスメント業務の事業化が議題に上がり、アセス実施事業者向けの市民参加コーディネートの業務受託、市民向け啓発・支援のための講習会や講師派遣事業を財団事業の柱とする提案がなされた［公害地域再生センター 2000c］。環境診断マップの活用や、地球環境市民大学校での環境アセスメント講座の展開など、参加型環境アセスメントに関する事業は、「公害を起こさない」しくみづくりとして財団のミッションを実現するものと考えられた。同時に、一定の収益を伴う事業とすることも期待されていた。

第3章で述べた神戸市西須磨地区での住民アセスの支援業務は、環境アセスメントの事業化の一つのモデルと考えられていた。西須磨地区では、道路設計案を作成する際の住民側と行政側の調整をあおぞら財団が行なったが、実際に道路が建設された場合の3DVR（ヴァーチャル・リアリティ）シミュレーションを使った環境アセスメントを取り入れた「住民アセス」を試みた。この経験が法定アセスの対象にならない中小規模の開発計画の自主的環境アセスメントの先例となり、傘木は現在も環境アセスメントの研究と実践をライフワークとしている。日本では、環境アセスメントの制度化が遅く不十分であった反面、住民によるコンビナート建設反対運動や参加型調査活動などが非制度的・対抗運動的な住民アセスとして機能してきたことに着目している［傘木 2023］。

あおぞら財団が推進しようとしていた環境アセスメントは、法制度としての環境アセスメントとそこで規定される住民参加にとどまらない。自分たちが暮らす環境に関心を持ち続けるモチベーションと、望ましい環境を可視化して行政・企業・住民等の間で共有する技術を、しくみとして地域に埋め込むことをめざしていたのである。

まちづくりの主体——子どもの参画

まちづくりに参画する新たな主体の形成という観点からまちづくりたんけん隊の活動を見てみよう。活動報告書の第一回参加者リストには、五〇名以上の参加者が記録されており、財団研究員や西淀川患者会の会員、その後活動の中心メンバーとなる学生と市民、また区内の学童保育所の子どもたちが参加していたことがわかる［まちづくりたんけん隊実行委員会 1998］。

あおぞら財団の機関誌『Libella』やウェブサイトでの広報、環境関連の情報誌などで広報したが、当時、あおぞら財団の存在は広く知られていない。西淀川患者会は公害訴訟のイメージが強く、地域内ではそれに対して距離感を感じる人も少なくなかった。それに、理事長の森脇君雄以外の研究員は西淀川区外から通っていたため、あおぞら財団と西淀川区住民との地縁的関係は薄かった。主にあおぞら財団や西淀川患者会と以前から関係のある人や団体を通じて、参加者が集まった。第2章で述べたように、西淀川患者会は、一九七〇年代後半からの環境政策の後退以降、公害被害者の連帯による全国的運動から、一般市民から支持を得る運動へと「方針転換」をした。その際、西淀川患者会は各地の生協や学童保育所(3)などから協力を得ており、訴訟における協力関係の延長上に、まちづくりたんけん隊への学童保育所の子どもたちや指導員の参加があったものと思われる。

一九九六年八月二十五日に結成したこどもエコクラブには、区内の学童保育所の子どもに呼びかけ、後にガールスカウト大阪府連盟二六団（西淀川区野里）の子どもも参加するようになり、西淀まちと自然の会の北元敏夫らが講師となって自然環境調査に取り組んだ。

まちづくりたんけん隊の活動が持つ「調査」としての意味とは別に、子どもや地域住民の「参加・学習」の機会としての意味にも、参加者たちは気づいていった。まちづくりたんけん隊は、当初は子どもの参加は想定していなかったが、参加者から「子どもや地元住民に参加してほしい」という意見があり、子どもの参加を重視することになったという。参加者の拡大や学びと、科学的な記録のどちらをとるか、議論になったが、結果としては「参加・学習」を優先することになった［宗田 2000］。

このような問題意識を深める形で、二〇〇二年末から二〇〇三年にかけて、子どもの主体性に関心を持つメンバーにより、こどもエコクラブでの実践と並行して、ロジャー・ハートの『子どもの参画』［ハート 2000］を学ぶ「子どもの参画べんきょう会」（以下、参画べんきょう会）があおぞら財団内で始まった。ここにはこどもエコクラブの活動に参加した学童保育指導員とガールスカウトのリーダーなどが参加している。二〇〇三年からこどもエコクラブと参画べんきょう会に参加し、会の運営にも中心的に携わった学童保育指導員の江川みえこは、「子どもの参画べんきょう会　報告書」で、次のように書いている。

企画では子どもが「自らの権利主体である」ということを日々の活動の中で感じられるように、おとなが実践の中で子どもたちに示していくことにこだわり、自分たちの住む地域に、おとなと同様に子どもたちが関わることを当たり前であると言うことを、実践の中で示していくことも重視した。一度のイベントに終わることなく、企画自体も継続していくので、一度にたくさん伝えることをせずに、無理なくじっくり子どもたちのペースで行なうことも大切にした。

〔公害地域再生センター 2005d〕

学童保育所やガールスカウトの子どもたちがまちづくりに主体的に「参画」する活動は、「公害のないまち」を求めて運動を展開してきた西淀川住民にも重なる。あおぞら財団に集った人びとがこのような問題意識を持ったことは、偶然ではなかっただろう。二〇〇四年度からは、大野川緑陰道路でもたんぽぽ調査だけでなく、利用者へのインタビューを行ない、車椅子や自転車の利用者の視点から緑道のバリアフリーを大阪市に提案し、翌年には提案が実現している。二〇〇五年三月からは大気中の二酸化窒素測定活動も始め、子どもたちが身近な自然環境を調べる活動に取り組んだ。しかし、上記の報告書で江川はこのようにも書いている。

なかなか「子どもの参画」まで踏み込めていない点やまた指導員やリーダーを巻き込めていないこと、思いが形になっていないことなど〔中略〕思いが空回りし、企画につながらず、とってつけたようなプログラムが、関係するおとなたちを巻き込めないまま、イベント化している。

〔公害地域再生センター 2005d〕

こうした悩みを抱えていた参画べんきょう会では、二〇〇六年四月にキープ協会[4]の川嶋直を講師に招き、ワークショップ形式で財団研究員と学童保育指導員、ガールスカウトリーダーらが集まり総括を行なっている。そこでは、関係する大人同士の情報共有や目的意識のすり合わせなどが課題として挙げられた。こどもエコクラブと参画べんきょう会で取り組まれた身近な自然環境調査の活動は、二〇〇六年に「子どもゆめ基金」からの助成金を活用して「まちのお医者さんになろう」という事業に再構成された。一九九六年から試行し、一九九九年以降同じ方法で続けてきたたんぽぽ調査（春）とセミの抜け殻調査（夏）、淀川でのハゼ釣り（秋）、大気中の二酸化窒素測定（冬）で春夏秋冬のイベントとなった。「市民参加って言うんだったら、もっとちゃんと参加できるようにしたほうがいいじゃないかってことで」〔二〇二一年十一月十二日、林美帆氏インタビュー〕、小学校にチラシを配布するなどして参加者を広く募ったものである。こうして、地域の自然環境学習は参加の入り口として、広く身近な自然体験の機会を創出することが目的となっていった。

あおぞら財団の環境学習は、地域づくりとして身近な自然や環境問題に触れる機会を創出し、参加を広げながら人材育成に取り組む活動（環境学習部門）と、西淀川公害から学ぶ教材・教育プログラムの開発・普及を通して公害からの学びを深める活動（公害経験部門）とに大きく分かれつつも、両者は互いに関連しあっている。参画べんきょう会で議論されたことは、公害から学ぶ取り組みにおいて再び提起される。二〇一四年にあおぞら財団に入職した栗本知子は、西淀川公害から学ぶ教材・プログラム作成の意図を次のように述べた。

> 西淀川公害のことをどう伝えるかという発想から、参加者自身が自分の意見を言うことで学ぶ内容が変化するような、参加者の主体性を重視するプログラムという意図で作った。〔中略〕ＳＤＧｓとかで変革と言われているように、〔中略〕価値を揺さぶるようなものがないと、発想の転換ができない。経済優先で公害が起きても、経済が重要だと思っている価値観が〔まだ〕あるとすると、そこに働きかける工夫がなされたアクティビティが必要だと。〔二〇二一年七月二日、栗本知子氏インタビュー〕

Ⅰ期におけるいくつかの事業の展開過程を、財団内部の視点と当時の重層的な文脈の両方の視点をもちつつたどってきた。Ⅰ期の諸事業を通じて、再生・創造すべき有形無形のストックが浮かび上がった。公害によって傷つき失われた自然環境、生命、コミュニティ、原風景、また、「公害を起こさないまち」をつくろうとする意志、つまり主体性を引き出す手法としくみの創造などである。困難もあったが、Ⅰ期に挑戦したことはすべて、これ以後の財団事業の「種」となっていく。特に、まちづくりの主体を育てることは、参加・協働による地域再生の根幹であるという認識が生まれた。しかしこの時期においては、どちらかと言えば特定の団体や関心のある参加者に止まっており、参加者の主体性を引き出す方法論が明確ではなかった。公害被害者運動を引き継ぎ、運動支援組織に関わらない地域住民とのつながりが弱く、教育・学習の経験やノウハウを持たなかったあおぞら財団にとっては、手探りで人材育成をやっていくしかなかったのである。Ⅰ期における試行錯誤の結果を受けて、Ⅱ期では参加の範囲を広げるうえで重要な、財団内部における視点の転換が生じることとなる。

二　Ⅱ期（二〇〇二—二〇〇六年）——視点の転換

トップダウンとボトムアップ——マスタープラン

設立当初、あおぞら財団の目的や事業を具体的に規定する文書は、「西淀川再生プラン」、財団法人の定款に相当する「寄付行為」、そして「設立趣意書」だけであった。一九九八年に策定された中長期事業計画の内容は、第3章で述べたとおりである。トップダウンで地域の大きな構造転換をはかるか、ボトムアップで意識と行動の変容を積み上げるか。両者は必ずしも二者択一ではないにせよ、時に矛盾をはらむ二つの方向性の間で、初期のあおぞら財団は揺れていたように見える。その中で、あおぞら財団は内部において重要な視点の転換を遂げる。

中長期事業計画策定委員会担当理事であった三村浩史（京都大学名誉教授）は、あおぞら財団の地域づくりの調査・計画・実践のスタイルを、「実地で気づいて重要と思われる側面についての調査が始まっているというスタイル」

で、「実態と住民の意識の問題を組み合わせながら、調査を進めていくというかたちで着実に積み上げてきている」〔三村 1998〕と特徴づけた。ボトムアップ・アプローチがこの頃の財団の特徴的なスタイルだったのである。

他方で、三村は、あおぞら財団が作ろうとするマスタープランは自治体の総合計画とは異なり、「公害を原点にしてそこからの地域再生を図っていくという意味において、環境というものを基調にしたマスタープラン」〔三村 1998〕を描くべきであるとしている。環境保全を基調とした地域像が、少なくとも理想としては一般化する中で、「西淀川があらゆる面で、へき地にされてきたということをふまえて、たとえば、道路公害・自動車交通問題をまちづくりとして先進的に解決するような、あっと驚くような環境回復をしていくという独自性の中に、西淀川の拠点性というのが出てくるのではないか」〔三村 1998、傍点引用者〕とも述べる。都市政策の矛盾を抱え込まされてきた西淀川から先進的な取り組みが出てくることに、あおぞら財団が挑戦する公害地域再生の意義を見出している。この点は、傘木宏夫が「西淀川のまちづくりは公害被害者が主役になるまちづくり」だと考えたことにも通じている。

> あおぞら財団は単なるまちづくり団体ではないので、そこが被害者の思いを受けて、公害被害者が主人公となるまちづくりを進めるところなんだというふうに思っていたんですよ。そのフィールドが要るというふうに強く思っていました。
> だから、まちづくりとして地域に広げていく、構築していくような学び、調査、学習活動によって構築していくというところと同時に、こういうフィールドにおいて牽引するような、シンボルとなるようなプロジェクトっていうものが、〔中略〕必要なんじゃないかっていうふうに思ってましたね。
> 〔二〇二三年二月四日、傘木宏夫氏インタビュー〕

激しい公害被害者運動によって、地域コミュニティからの疎外を経験した公害患者は少なくない。公害被害者を中心に据える地域再生の先進性を積極的に打ち出していくという発想は、地域にとっても財団にとっても大きな挑戦であり、ボトムアップだけでは難しい。傘木はその難しさを理解していたからこそ、いわば誰にも侵されない安全基地として、自前の活動フィールドを持ちたかったのだろう。I期での都市再生シンボルプロジェクトはその試みであった。

あおぞら財団が西淀川で実際に取り組んできた活動は、「パートナーシップによる地域再生」をめざし、地域に暮らす人びととの関わりを丁寧に求め続けて積み上げられたものである。一方では、全国的な大気汚染公害訴訟運動の新たな獲得目標として地域再生を掲げ、社会的インパクトの大きな地域再開発プロジェクトを打ち上げるべきだという考えも、同時に存在していた。傘木は次のように振り返る。

大きなことをやりたいと思ってたのは確かなんです。それは森脇さん自身がそう言っていた。森脇さんは、地元は難しいけど国は動かせるという自信を持っていたんですよね。〔中略〕それと道路公害訴訟の和解というものも、その後、出てくるわけですけども。そういったような中から環境省や国土交通省の力を地域に引き込んでいって変えてくんだという強い意志、夢を持っていたと思います。私自身もそれを具現化しなきゃいけないないという思いでいて。だけどもそれはかなり難しいし。現実にそう簡単に公害被害者をバックボーンにしてそういう事業ができるかっていうと、逆に色眼鏡で見られますので。特に大阪府・市との関係では難しかったわけだと思っています。

〔二〇二一年八月十一日、傘木宏夫氏インタビュー〕

一九九八年七月に国・公団との和解が成立して、道路公害訴訟の「出口」が、関係者の協力・連携による沿道まちづくりによって道路公害被害を緩和していく方向になった。この機運を生かして、地域の環境を大きく変えることへの期待が生じた。

トップダウンとボトムアップという公害地域再生をめぐる二つの方向性の分岐は、一つには西淀川の公害被害者運動の複合的性格に起因するように思われる。第2章で述べたように、西淀川の公害被害者運動は、直接的には西淀川地域の公害とその被害を問題にしながら、より広域的、普遍的な公害被害の救済と公害根絶に対する問題提起を続けてきた。これは西淀川だけのものではなく、日本各地の大気汚染公害被害者が、地域を越えた連帯のもとに訴訟と運動を展開してきたことによるものであるが、西淀川は地域再生を公害訴訟の「出口」として明確に掲げて組織を作った最初のケースであり、二つの異なる方向性を同時に強く打ち出したために、その先進性と困難さが同居することになったと考えられる。

傘木は二〇〇一年に「西淀川地域再生マスタープラン」をつくったあと、西淀川区役所建て替え問題と歌島橋交差点改良問題で、「まちづくり考える会」(区役所建て替え&歌島橋交差点工事を考える会)(5)を立ちあげた。この会の仲間と、二〇〇二年二月に地域再生のための内発的な仕事(稼ぎ)を生み出す「仕事おこしワークショップ」を始める。財団発足以来、受託業務や助成金を獲得して業務を「こなす」ことに忙殺され、「地域再生に役立っているか?」と自問する辛い期間が続いたことで、外部資金に頼らない事業のスタイルをめざそうとしたのである[傘木 2016]。しかし二〇〇二年、傘木は故郷である長野県大町市に帰ることになり、急遽、財団を退職することになる。

政策提言と行動変容――「道路提言」Part 6とエコドライブ

Ⅱ期における視点の転換が顕著であったのは、道路公害に関する取り組みだった。一九九八年の国・公団との和解以降、「道路提言」の作成と西淀川道路連絡会での交渉が中心だったが、第4章で述べたように、道路管理者との交渉によって道路のあり方や使い方を大きく変えていくことには限界もあった。道路問題に関して新たな視点で取り組まれた事業の代表例は、「エコドライブ」と「道路環境市民塾」であろう。トラック事業者との協力によるエコドライブの実証実験は、二〇〇二年に傘木が退職した後、地域づくり部門の事業を中心的に担うことになった片岡法子が大阪大学工学部新田保次研究室の協力のもとで始めた事業であった。新田研究室は道路検討会での提言作成やあおぞら財団が受託する交通関係の調査に協力しており、一九九九年以来西淀川区内の中島工業団地(6)の企業へのアンケート調査や工業団地周辺の交通量調査などにも携わっていた。

新田研究室との関係を傘木から引き継いだ片岡は、次年度は調査だけでなく実践に取り組みたいと提案した。いくつかの選択肢の中で、企業の協力を得られそうなものが「エコドライブ」だった。

> ずっと何年か調査ばかりやってたので、調査ばかりするんですか、どうしますかって。何でもいいから一個、ちっちゃいことでもいいから、実証実験できたらいいよねっていうので、一番現実的な、これだったらできますかっていうので、エコドライブが上がってきたんですね。
>
> [二〇二一年八月二十日、片岡法子氏インタビュー]

中島工業団地の一社から、エコドライブの実証実験に協力を得られることになった。協力企業を見つけるまでの経緯について、片岡は次のように語る。

〔協力企業を見つけられたのは〕今までの蓄積ですよ。財団ができてから、ほぼ毎年、工業団地では何らかの調査さしてもらってたと思うんです。〔中略〕当時の工業団地の事務局長さんが森脇さんと旧知の仲だったっていうこともあって、いろいろお願いしたことについては、融通利かせてくださって、協力もしてくださったので、そういう蓄積なくしては、その一社さんもなかったと思います。それは、本当にそれまでのつながりのおかげです。

〔中略〕財団立ち上げのときに、工業団地の中にビオトープを造る計画があったんです。それが実現しなかったんですね。〔中略〕かなり絵を描いて、こんなふうにやっていきましょうみたいにしてたのが頓挫したということもあって、その後の調査に協力して下さったし、その調査の中からエコドライブが浮上してきたんです。

［二〇二一年八月二十日、片岡法子氏インタビュー］

協働が生まれる背景には、継続的なやりとりを通して形成された信頼関係があった。この実証実験と推進事業を通して明らかとなったエコドライブの効果について、後述の「道路提言」Part 6は「一石六鳥」と表現している。六つの効果とは、①環境面、②経済面、③安全面、④人格形成（他者・環境への配慮、寛容性を養う）、⑤交通流円滑化、⑥コミュニケーション促進（ドライバー・事業主・運行管理者、そして家族）である。ドライバーや事業者全体の「人」としての意識と行動の変化に大きな意義がある、と提言では意義づけられている。あおぞら財団で実証実験からエコドライブ事業を担当した上田敏幸によれば、トラック業界に特有の業態、つまり社長、ドライバー、運行管理者の対等な関係のもとで操業されていることが、講習によって安全や経済性といったエコドライブの価値が一人ひとりのドライバーの意識に浸透し、行動を変容させることにつながったという［二〇二一年十月九日、上田敏幸氏インタビュー〕。上田は新田研究室の学生とともにトラックに同乗して測定や聞き取りを行ない、道路公害の原因とみなしてきた大型トラックに乗るドライバーの実態や思いに触れることにもなった[7]（図41）。上田は、あおぞら財団で一時期増えていた、デスクワークで調査報告書を書き上げるような仕事とは違って、エコドライブ事業は「ツルハシとスコップ」で現場仕事をする自分のスタイルに合っていて印象深かった、と語る〔二〇二一年十月九日、上田敏幸氏インタビュー〕。現在は西淀川患者会の事務局を務めている上田は、エコドライブ事業に取り組んだことで、道路連絡会での交渉における原告側の意識も変わったと述べた。

ドライバーの共感を得てこそ、大気汚染の改善策〔が効果を上げる〕。被害の実相を盾に、実際に被害があるんやからと、ガンガン迫るということをやってきたけど、それだけでは前に進まへんなと、僕自身も感じた。視点を変える、視野を広げるという点で、事業者との協働が役に立ったと思う。財団の要求の仕立て方に変化をもたらしたと思う。被害の側から責めるだけではあかんという意識を、〔自分たちも〕持ち始めてる。〔中略〕患者たちも成長しているんです。この活動を通して。〔二〇二一年七月十九日、上田敏幸氏インタビュー〕

エコドライブ推進事業では、株式会社バード・デザインハウスがエコドライブのPR企画とVI（ビジュアルアイデンティティ）計画を担当した。片岡から事業を引き継いだ藤江徹が「環境問題は正しいからやれ、となりがちだけど、共感してもらうことが大事だと教えてもらった」〔二〇二二年三月十八日、あおぞら財団インタビュー〕と語るように、広報媒体のデザインをとおして取り組みへの共感を生み出すという広報アプローチが、財団の事業活動の変化と軌を一にしていることにも、留意しておきたい。

「道路提言」Part 6「西淀川発！　これからの交通まちづくり～低速交通のすすめ」では、社会全体の多様な交

図41　トラックに積み込んだデジタルタコグラフ

上田は夜通し走るトラックに同乗し、当時まだ普及していなかったデジタルタコグラフでデータを測定した。（公害地域再生センター提供）

通ユーザーの視点で、自転車や公共交通のあり方を含めた包括的な地域交通像を提示した。そこでは、トップダウンで道路のあり方を変える政策提案から、多様な主体の行動変容を促すボトムアップ型の取り組み提案への転換が生じている。例えば、「道路提言」Part 5まではロードプライシングなど道路管理者が取り組む施策を提案していたのに対して、「道路提言」Part 6では自転車利用やエコドライブなど多様な交通ユーザー自身の行動変容を社会全体に提案し、行動変容を促す活動を自ら展開する形へと転換している。

交通ユーザー、ここではトラック事業者一人ひとりの意識と行動の変容に注目する視点の転換は、西淀川道路連絡会での原告側の姿勢にも、反映されていった。例えば原告側は国道四三号の大型車規制を求めてきたが、国・阪神高速道路株式会社（旧公団）は規制は難しいとして、環境ロードプライシングと啓発によって阪神高速五号湾岸線へ大型車の迂回を促している。あおぞら財団理事長の村松昭夫は、ここにもエコドライブ事業の経験が活かされているとして、次のように言う。

かつては原告・弁護団はそんなの〔ロードプライシングは〕邪道だという意見だったけど、人の行動を変えるには、意識を変えることが重要ではないかということで、松村先生の研究も勉強しながら。財団がなければできなかったと思う。（8）〔二〇二一年六月三日、あおぞら財団インタビュー〕

西淀川だけでなく各地の道路連絡会でも、道路管理者に根本的な道路環境対策をとらせることが難しい状況の中で、エコドライブ事業で「被害者側から声をかけたことは大きかったと思う。自治体、トラック事業者、研究者をつなぐところはなかった。財団がなければ成功しなかったのではないか」〔二〇二二年四月十八日、あおぞら財団インタビュー〕と藤江は言う。道路を改良するハード対策だけでは解決できない道路環境問題に、道路の「使い方」を変えるソフト対策を持ち込み、効果の検証や普及活動まで行なったことは、大きな意味があった。

また、藤江はエコドライブの経験が「いろいろなステークホルダーの間を、財団が橋渡しすることができるんだという自信につながった」〔二〇二四年十一月十八日、あおぞら財団インタビュー〕とも振り返った。あおぞら財団のボトムアップによる参加・協働のスタイルを形成する過程においても、エコドライブ事業は重要な転機となったことがわかる。

参加型学習と地域づくり――道路環境市民塾

視点の転換を示すもう一つの事業は、二〇〇三年から始まった道路環境市民塾（以下、市民塾）である。市民塾もまた、片岡法子による発案である。片岡は財団入職後は公害資料の保存に携わり、その後環境学習の担当となり、二〇〇二年からは地域づくりの担当となっている。「環境学習を担当していたときの経験を生かして、地域づくりの枠組みの中での学習ができないかなというので考えて、企画した」〔二〇二二年八月二十日、片岡法子氏インタビュー〕というように、市民塾は、道路環境問題を扱う連続講座ではあるが、地域づくりや市民社会に関わる幅広いテーマを扱っていた（表15）。アカデミックな政策論を展開する企画もあれば、あおぞら財団内で作成した参加型学習教材のお披露目をする内容[9]、実際に起こっている西須磨での道路建設計画問題を題材にしたオリジナルのロールプレイを行なう内容など[10]、各回によってテーマやアプローチは多様で、オリジナリティに富んだものであった。講義形式の講座ではなく、片岡が参加していた関西NGO大学[11]で行なわれていた参加型学習の方法を参考にしたという。運営会議を重ねて、時には合宿もして一緒に作り上げた講座だった。多様なテーマは、道路環境問題とは何なのかを考えるための、多様な視点を提供するものであった。

みんながみんな同じ意見になったわけではないけれども、それぞれ違う意見の人が、違う角度からものを言ってるというのを分かりつつ、この回はこういう角度からやろう、今回はこういう角度からやろうっていうような、全体として、〔中略〕一つの講座をみんなでつくる〔というやり方で進めた〕。

〔二〇二二年八月二十日、片岡法子氏インタビュー〕

道路環境問題を、道路管理者だけの問題としてだけ捉えるのではなく、道路環境問題を生み出している社会の中から生まれてくる問題だと考える。そして、実際の道路環境問題を題材にすることで、あおぞら財団独自の「公害問題からの学び」のスタイルが見えつつあった。

特に西須磨〔の道路建設計画をめぐる住民運動〕なんて、住宅街の中に突然大きな幹線道路が亡霊のように現れるみたいな、そんなことが起こるんやっていうのが、他人ごとじゃなくて、自分のところでも起こるかもしれないよと。そこで行政の進め方が恐ろしく理不尽であったりとか、一体、民主主義っていうのは何なんだろうとか、合意形成って何なんやろうということにぶつかる。そういうことも伝えたかったっていうか、いろんな要素があったと思います。

［二〇二一年八月二十日、片岡法子氏インタビュー］

市民塾は、参加型学習の手法を取り入れ、道路環境問題を市民が主体となり多様な視点で考え行動する、実験的な場であった。公害地域再生には、公害を生じさせる直接・間接の要因全体を視野に入れる必要がある。参加、学習、地域づくり、そして政策形成を一体的に考える市民塾を、自発的に集まった運営委員たちと作り上げたことは、当時において戦略的な意図があったわけではないとしても、その後のあおぞら財団の事業展開を方向づける一つの転換点となったと位置付けてよいだろう。

公害と地域――公害資料館の設立

「西淀川再生プラン」には生活史博物館によって公害を含む地域の生活史を記録し伝えることが盛り込まれていた。あおぞら財団が設立されて間もなく、西淀川公害訴訟の原告側証人でもあった歴史学者の小山仁示は、西淀川に博物館／資料館をつくる必要性について、「公害・環境問題の発信基地、反公害の砦が西淀川区にあるべき」、「西淀川公害訴訟は地球規模の環境問題の観点からも大きな意味を持つ」、「パートナーシップによる地域づくりが行なわれようとしている西淀川で、地域に根付いた、地域に密着した博物館・資料館の役割は大きい」という三点をあげている［小山 1996］。小山が端的に述べているように、西淀川で立ちあげようとしていた博物館／資料館は、西淀川で生まれた公害と反公害運動の歴史、地球規模の普遍性を持つ公害問題の歴史、そして西淀川という地域の歴史、という歴史の重層性が視野に入っていた。

小山に師事する大学院生だった時に財団設立準備室のスタッフとなった片岡法子も、専門家とあおぞら財団内の双方に「地域資料館という意識と、公害資料館という意識が二方向、あったんじゃないか」〔二〇二一年七月三十一日、片岡法子氏インタビュー〕と言う。「公害経験を伝える」ことが中核にあるとしても、地域再生の背後にある文脈を提供する地域史・生活史を含めて伝えるのか、公害問題、とりわけ公害被害者運動の視点から見た公害問題史を伝えるのか。あおぞら財団が資料保存を始めた当初、明確な議論や合意はなかったようである。

それ以前に、地域史にせよ公害史にせよ、公害経験を伝えるために必要な条件について、まず共通理解を持つことが最初の課題であった。その課題に取り組んだのが、一九九八年から三年間、予防協会の委託事業で設けられた「公害問題資料保存研究会」であった。同研究会は、近現代史・資料保存研究者など[12]をあつめ、公害資料の収集・保存・整理の基本的考え方や具体的方法論を検討した。これを担当した研究員の達脇明子は、資料を収集し始めた時のことを次のように書いている。

〔一九九八年から始まった予防協会の委託事業の〕初年度の仕事の中心は、図らずも公害問題の住民運動資料を保存すべき資料群として認知されるように各方面に説明、説得、訴えることであった。まず、「フツーの者には、ゴミとしか思われんもんのかたまりやで。こんなものを残すことが常識的か?」という声。「資料の山のなかで、何が重要で、何が重要でないのか。はっきりさせないと意味がない」「一次資料を残す有効性が証明されないと残しても仕方がない」等々の意見。一次資料は残す必要があるのだという歴史学の分野ではある程度常識のことが、常識とは受け取られにくい状況下でとにかく西淀川住民運動関係の第一次の仮目録をつくること、ネットワークを少しでも広げることを中心課題にして一年目は終わった。〔達脇 1999〕

同じく小山仁示のもとで歴史学を学んだ達脇が、一次資料の収集・保存という歴史学の常識に理解を得られない状況に、困惑した様子が伝わる。なぜ一次資料を保存する必要があるのか、保存してどうするのか。歴史学の専門家らとあおぞら財団、資料所有者（この時点では主に西淀川患者会、弁護団）の間で共通理解をつくることが、資料館設立に向けた最初の関門であった。

一九九九年度からアルバイト（二〇〇五年から研究員）として資料整理に携わった林美帆も、公害資料の収集・保存・整理活動を始めた当初の課題は、第一にあおぞら財団と資料所有者の間の信頼関係をつくること、第二に資料に依拠した公害経験発信の意味を理解してもらうことであったと振り返る［二〇二一年十一月十二日、林美帆氏インタビュー］。

一点目の資料所有者との信頼関係については、西淀川患者会と弁護団の資料をあおぞら財団に寄贈してもらう際、強い警戒感を示されたことがあったという。患者会と弁護団からすれば、自分たちの運動の成果とその根拠をすべて奪われるような気持ちであったのかもしれない。寄贈資料の収集・保存の前提として、資料館は資料所有者に信頼されなければならないが、あおぞら財団をつくった当事者であるはずの西淀川患者会と弁護団の中にも、活動を始めたばかりのあおぞら財団が実際に何をやっていくのかわからない状況のなかで、設立しようとする博物館／資料館のイメージを持てず、漠然とした不安があったのだろう。

二点目の公害経験発信の意味については、西淀川の地域史であれ、公害問題史であれ、それを語るのは誰か、という問題に関わっている。林は、資料整理作業に携わるなかで、多くの人は主観的に語られる歴史を歴史だと思い、文字で残された史料に基づいて研究される歴史のことを理解していないのではないか、と投げかけている［林 2000］。「語られた歴史」をそのまま繰り返すのではなく、個々の資料がもつ意味を検証しつつ、その相互連関の中から歴史的意味を探るために、資料館をつくろうとしていることを強調しているのである。林は、資料保存の重要性についての理解を得ることの難しさについて、次のように語った。

〔森脇は〕展示館さえつくったらいいと思ってたんですよね。〔中略〕歴史学で関わった先生たちは全くそんなふうには思ってなくて。〔中略〕被害者団体にしてみたら自分たちがしゃべってることが正史なんですよ、正しい歴史で。他の人が何かをしゃべるということは、やっぱり受け入れ難いですよね。だけど、どんどん年数がたっていけばいくほど記憶が曖昧になってくる中で、あの資料どこや、この資料どこや、あれはどっかにあったはずや、これはどっかにあったはずやっていったときに資料整理してることで、すぐ出てくるわけですよね。そういうことが重なってきて、やっぱり資料保存って必要なんやなと。

〔二〇二一年十一月十二日、林美帆氏インタビュー〕

二〇〇二年のリバティおおさかでの企画展「西淀川公害と地域の再生」は、所蔵資料を使った西淀川公害の展示を実際に見せる機会となった。「ようやく展示という形で見れるようになって、こういうふうに活用できるんだっていう話になってきたというのもあって、患者会の人たちも資料の保存ということに前向きな状況になって」〔二〇二一年十一月十二日、林美帆氏インタビュー〕いった。他方で、西淀川地域の生活史を語ることができるほどに地域住民との関係を深めるには、さらに時間を必要とした。

まずは西淀川患者会と弁護団の資料を中心に、西淀川公害に関する資料の整理が始まった。少人数の研究員で膨大な資料整理を進めていく際、資料整理の専門知識が欠かせないことから、二〇〇四年には研究員の鎗山善理子が六週間にわたる「アーカイブズ・カレッジ[13]（長期コース）」研修を受講して、資料保存・活用事業にあたって

表17　エコミューズ開館時の所蔵資料概要（2007年3月31日時点）

種類	場所	おもな内容	整理・保存方法	分量と整理状況
(1) 書庫資料【閲覧のみ】	書庫・6F	会議資料、メモ、手帳、チラシ、ビラ、新聞スクラップ、たすき、横断幕、機関紙、写真、ビデオ、8ミリ、スライド、冊子、刊行物、書籍、環境白書など、すべて個人や団体からの提供によるもの	出所（提供者）ごとに通し番号を与えて、箱詰。当初はすべてダンボール箱で、資料はそのまま箱に入れていたが、可能なところから中性紙の封筒や文書箱への入れ替えを行なっている	ダンボール箱約200箱分収納。うち約3分の1にあたる約20000点分の目録あり
(2) 西淀川大気汚染公害裁判記録【閲覧のみ】	閲覧室・5F	準備書面、書証、弁論調書、証人調書、検証調書など西淀川公害裁判の全訴訟記録	種類ごとにファイリングされていた資料を合本製本	計266冊開架。仮目録あり
(3) 開架図書・資料【貸し出し可】		大部分は図書類。その他、各地患者会の総会議案書やシンポジウム、集会の資料など。個人や団体からの寄贈図書、行政からの配布物、財団業務のための購入図書、収集資料など	日本十進分類法にて分類し、順番に開架。公害・環境工学(519)分野については、独自の番号体系を採用しているさらに西淀川地域に関すると書類は、独立させている。登録番号シールと図書貸出カードを各図書に付けている	約5000点の図書等を開架。目録あり
(4) ビデオライブラリー【貸し出し可】		西淀川公害に関するオリジナル制作ビデオ、報道録画映像、語り部映像、昔の西淀川の風景、教材ビデオなど。VHSとDVDあり	「西淀川公害」、「西淀川地域」、「再生まちづくり」、「環境対策」、「環境学習」、「健康・福祉」など11のカテゴリーに分けて分類	VHSテープ157本、DVD144枚。目録あり（所載点数177）

出典：あおぞら財団付属 西淀川・公害と環境資料館［2007］をもとに筆者作成

いる。

資料目録を作成する際には、目録にとるべき項目や、資料寄贈者情報の記録方法などの様式が必要だが、それも初めからあったわけではなかった。公文書とは異なり雑多なモノや文書資料が含まれる運動資料を整理するしくみも体系も存在しておらず、集まり始めた資料を前に、それを作成するところから始めなければならなかった。阪神・淡路大震災時の歴史資料の保全・活用、災害資料の保存・活用に取り組む「歴史資料ネットワーク」に関わる専門家のうち何名かが、「公害問題資料保存研究会」にも参加していたため、そうした外部専門家や学会からの情報を集めながら、資料保存の体制を整えた。

財団設立から約一〇年かけて所蔵資料の整理が一定程度進み、二〇〇六年三月にエコミューズが開館した。開館時の所蔵資料の概要（表17）を見ると、ひとまず被害者運動から見た西淀川公害に関する資料が整理・保存され、エコミューズは西淀川の公害被害者運動のアーカイブズとしてスタートしたことが見てとれる。

一方では公害から環境問題、まちづくりへと対象を広げていく方向性を持ちながら、エコミューズの開設によって西淀川公害を掘り下げる方向性が生じたのも、このⅡ期であった。

環境再生と環境保健——公害患者の実態調査

公害被害者が中心となる地域再生／環境再生のシンボルと目された「ふくの庭」は、「ひまわりの家」で数年間は継続したが、その後あおぞら財団のシンボル的な主要事業として位置付けられなかったのはなぜだろう。一九九八年からアルバイトで、二〇〇〇年から研究員として財団に勤務し、主に環境保健関連業務を担当した村松薫は、直接的には二つの理由があったと振り返る。一つは、園芸活動が特定の場所に固定された活動となってしまい、水平展開の可能性が見えてこなかったということだ。

参加されてる方はすごく喜んでおられるし、その地域の施設にも還元してるっていう意味では、成果としては見えるんですけれども、それ以上還元されることが難しいというか、展開が難しい。

［二〇二二年二月九日、村松薫氏インタビュー］

ここで村松が言う「それ以上〔の〕還元」とは、個別の活動や事業で終わらず、より広く西淀川区全体、あるいは全国の公害地域での取り組みや政策に対する示唆が求められることを意味しよう。例えばふくの庭や園芸療法のパイロット調査等は環境省からの受託事業として取り組まれたもので、公害地域における環境再生だけでなく、広く公害健康福祉事業と予防事業への示唆が期待されていたと考えてよいはずである。

ふくの庭やビオトープづくりなどの取り組みが難航した経緯を見ると、自前の土地でも借りた土地でも、特定の空間を再編し自然環境の回復と地域住民のコミュニティづくりを進めるということ、すなわち人口稠密でほぼ完全に都市化された空間に自然的な「コモン」（共的空間）を取り戻すことは、少なくとも当時は乗り越え難い困難を伴う挑戦であったように思われる。

これと根底ではつながっているであろう、もう一つの理由として、村松は「それが、本当に患者さんが一番に願うことじゃなかったんじゃないか」［二〇二二年二月九日、村松薫氏インタビュー］と語る。つまり、公害認定患者自身が高齢化し、医療の水準も変化する中で、生身の公害認定患者が抱えるニーズに、「公害地域再生」は応えられているのか？という問いの投げかけである。村松は、環境保健事業に携わる日々の中で、「今の生活の息切れを何とかしてほしいとか、今の苦しみをちょっと改善する何かに、日々の生活の中で何か役に立つことがないのか」［二〇二二年二月九日、村松薫氏インタビュー］と考えざるを得なかった。あおぞら財団が「公害地域再生」をめざして取り組んでいる事業は、公害で疲弊した地域コミュニティと傷ついた人間を本当に再生することになるのか、とあらためて問い直すことになったのである。

私たち、〔患者さんが実際はどういう生活をしているのか〕全然知らなかったということに、あらためて気が付いたんです。〔私たちが知っているのは〕側面なんですよね。例えば園芸に来てる時は、園芸の時間だけで、転地療養のときは、転地療養だけ。水中〔リラックス教室〕の時は、その時だけ。断面、断面の場面の参加であって、じゃあ患者さんの日常っていうのが一体、どういう中でそこに参加してるのか、できないのかっていうことすらも、私たちは全く、マスとしては知らなかった。〔中略〕量も知らないし、〔中略〕中身も全く、患者さんのためにやってると言いながら、知らなかったので、そこはやっぱり、教えてもらうことから始めるべきではないのかって。

［二〇二一年二月九日、村松薫氏インタビュー］

この気づきが、二〇〇〇年代前半の環境保健事業の転機となっていく。二〇〇四年に環境省が全国の高齢認定患者の実態調査を実施したことは大きな意味をもつ。その意味について、村松は次のように振り返る。

まずは、この時期じゃないと二度とできなかった。〔中略〕環境省が必要だと思ってやってくれたというふうに、私は思ってるんですけれども。〔中略〕あとは、反響が大きかったんです。新聞に載ったりだとか、世間にそういう人がいるっていうことを、改めて〔知ってもらう〕。〔中略〕公害認定患者が高齢化してて、今、生活自体に困ってるんですということの事実を、その時点で打ち出せた、実態として報告できたっていうのは、大きかったんじゃないかと。

［二〇二一年二月九日、村松薫氏インタビュー］

しかし、この実態調査を始めた当初、環境保健事業の担当者であった村松は、当事者である認定患者たちから、強い警戒感を示されたという。

患者さんから「これって、私たちがもう治ったって言いたいわけ？」とか。「これって、もう薬が良くなったから、もう私らのこと、いいっていうふうに、そういう位置付けでやりたいわけ？」って、すごい言われました。〔中略〕もっと端的な言い方をすると、等級を落とすのではないかとか。認定を取り消すんじゃないかとか。〔中略〕批判じゃなくて、何のためにやってるのかっていうのは、すごく言われました。私たちの何を知りたいのかって。〔中略〕そうじゃないんだよと。今、高齢化して、合併症とか、薬が良くなっても、やっぱり日々の中で困ってることがあると思うので、そこを聞かせていただきたいんですっていうことをお伝えする、気持ちを分かっていただくっていうことに、かなり努力を傾けました。

〔二〇二二年二月九日、村松薫氏インタビュー〕

これまで「補償・救済されるべき被害が存在すること」を社会に訴え、政府や汚染原因者らに認めさせてきた公害患者たちが、「被害の内容が変化していること」を明るみに出すことは、闘いの成果である補償制度を自ら手放すことになりかねない。これまでも「もう公害は改善された」として被害の存在を否定されることに抗い続けてきた公害患者が「何のための調査か?」と問うのは当然のことだろう。

他方で、公害保健福祉事業や予防事業は、その内容が当事者のニーズや社会状況に適合的なものとなるように更新していく必要がある。認定患者が高齢化し、また減少していく現状の中で、補償給付を維持することだけでなく、患者のQOL向上のための公害保健福祉事業や予防事業を充実することは、「公害地域における原状回復的救済を実現していく」〔除本 2007: 112〕ことにもつながるからだ。

西淀川患者会自身も、患者のニーズの変化に応えてきた。二〇〇四年十月十六日に開催した第三三回総会において、「高齢患者のための福祉対策の推進」を特別決議で採択したことを受けて、公害患者のための介護福祉施設の建設計画を進め、患者会会員も利用するデイサービス施設「あおぞら苑」を二〇〇六年に開設した〔西淀川公害患者と家族の会 2004〕。あおぞら財団もこれに協力し、現在の介護保険制度の利用状況、日常生活上の困難や、必要な支援内容を把握するため、各支部別にグループによる聞き取り調査を実施した。「患者会会員が、住みなれた地域で、今後、楽しく安心して利用でき、健康の回復や生きがいづくり、介護の予防をめざす」〔公害地域再生センター 2005〕ことが、二〇〇〇年代以降の環境保健事業の目的となっていく。

三　Ⅲ期（二〇〇七―二〇一二年）――協働関係の構築

学習をつうじた協働――ESDモデル地域事業と「菜の花プロジェクト」

Ⅲ期において、あおぞら財団はいくつかの事業で協働関係構築の要となった。その一つが、環境省のESDモデル地域事業から始まった「菜の花プロジェクト」の取り組みである。この事業は環境省の環境教育推進室からの請負事業であった。第3章で述べたように、二〇〇七年度から西淀川患者会からの受託・助成金が減少し、財団の財政運営上は新たな事業収入の獲得が求められる状況にあった。ESDモデル地域事業に応募した林美帆は、環境省が示す重点事業を読むと資金配分の多いテーマがわかるとのアドバイスを、他の研究員から受けた。重点事業を見てみると、資金配分が多いのはあおぞら財団がそれまで委託事業を受けてきた水・大気環境局ではなく、環境教育推進室や民間活動支援室の方だと気づき、ESDモデル地域事業の募集にたどりついたという〔二〇二一年十一月十二日、林美帆氏インタビュー〕。

菜の花プロジェクトの中心的パートナーであった西淀川高校とは、二〇〇三年から「あおぞらプラン」で連携関係にあり（第4章四）、二〇〇六年当時に「環境」の授業を担当し、バイオディーゼル燃料（BDF）生成に取り組むなどしていた西淀川高校の辻幸二郎教諭もESDに関心を持っていたことから、「辻先生と一緒に船に乗った感じ」だったという〔二〇二一年十一月十二日、林美帆氏インタビュー〕。ESDモデル地域事業の目的は「持続可能なまちをつくる人を育てる」であり、テーマは「持続可能な交通まちづくり市民会議」であった。

西淀川公害パネルやフードマイレージなどの教材開発に関わった方々、道路環境市民塾や、こどもエコクラブなどのイベントに携わった方々、授業の実践等でつながりがあった学校の先生方、図書館や博物館等の社会教育施設の方々、区役所や市役所の行政の方々などがあつまり、「今かかえている課題」「こうなったら良いなという目標」「こんなことやってみたい」「西淀川ＥＳＤで目指すこと大切にすること」をみんなで話し合い、共有しました。キーワードとしてよく出てきたのは「つながりがきれている」ということ、そしてそのつながりをわかりやすいこと、楽しいことでつないでいこうということになりました。［林 2008a］

あおぞら財団から見ると、それまでに取り組んできた環境学習や地域づくりの参加者との関係性を、別々に続けるのではなくつなげた点に、ＥＳＤモデル事業の意義があった。関連する活動に取り組む人や組織と新しく関係ができれば、機を捉えて呼び込み、同じテーブルについてもらった。当時の西淀川には、潜在的に多様な「つながり」を求めていた人たちがいたということかもしれない。例えば、あおぞら財団は「参加・協働」と言いながら、地域では限られた人たちとしか関係を築けていなかった。学校教員は地域や社会とつながりたいと思っても、教員組合の立場の違いなどのしがらみによって地域連携の体制をつくれずにいた。まちづくりに関わるためのつながりを求めていた人びとに、あおぞら財団が要となることで協働の機会を創出した。そこでお互い「教え教えられ」たり、普段は関わりのない人に「伝える」ことを試みたり、先生と生徒という縦の関係とは異なる、相互に学び合う「斜めの関係」をつくったりしながら、新しい体験から信頼に基づくつながりを再生・創出できた。それがＥＳＤモデル事業の成果であった［林 2009］。

きんき環境館（近畿環境パートナーシップオフィス）[14]職員としてESDモデル地域事業を伴走支援した廣田学は、西淀川のESDモデル地域事業を、①環境保全活動だけでなく教育事業として充実していた、②地域と学校の域学連携、異年齢の学校間連携に取り組んだという二点を挙げ、成功例として高く評価した〔廣田 2009〕。あおぞら財団の役割は、公害を起こしたまちの再生を掲げて事業を起こし、地域を牽引していくことだと、当初は考えられていたかもしれない。しかし、ESDモデル地域事業に取り組んだことで、誰もが参加できる場をつくり、人びとの思いを引き出しながら自発的に学び合える関係（つながり）づくりを媒介するという役割もあることに気づいていった。

教育ということを目的にすれば、いろいろな人が協力してくれるということは、私はこのESDのモデル事業で非常に学んだと思います。子どもたちが変わっていくんですよね、それで。そのことに辻先生も可能性を感じていたし、私も可能性をすごく感じていて。特に西淀〔川〕高校って、社会に希望を持たない子どもたちが多い。〔中略〕持続可能な社会っていうのは未来があるわけですよね。未来があって、自分たちにもできることがあるっていうのが見えてくる中で、子どもたちが変わってくるわけですよね。かつ、公害地域の再生のことで言えば、〔中略〕教育っていうワードにしていけば、割に参加してもらいやすいということはすごく希望を感じていましたね。

〔二〇二一年十一月十二日、林美帆氏インタビュー〕

あおぞら財団は学校でも教育者集団でもないが、あらためて考えれば、まちづくりたんけん隊以来、多種多様な事業をとおして、広い意味での教育に取り組もうとしてきたのではないか。あおぞら財団は、公害地域再生をとおした教育、教育をとおした公害地域再生＝ESDをめざしてきたことに、若い研究員も少しずつ気づいていった。菜の花プロジェクトをＰＲする「廃油キャンドルナイト」は、ボランティアや学生インターンの力を借りて行なわれた。二〇一一年にあおぞら財団に入職し廃油キャンドルナイトを担当した相澤翔平は、最初はインターン学生がイベントの企画運営に携わることの教育効果を重視していたが、まちづくりを通して参加者全員の学習になるという見方が徐々に生まれていったと述べる。

〔西淀川の菜の花プロジェクトである〕「エコでつながる西淀川」の位置付けって、環境学習的なところがどうしてもあったんですけど、活動をしているときに、佃の小学校で、廃油回収とかの取り組みについて佃の町会の人が来て話をする。「エコでつながる西淀川」があったからそういうふうになってくれたと。〔中略〕最終的には一つ一つの町で、子どもたちに対して伝え合ったりするみたいな、教育そのものが教育の枠を越えるのかなと。

［二〇二一年十二月十八日、相澤翔平氏インタビュー］

菜の花プロジェクトは、高校生や大学生など子ども・若者に参加と学習の機会をひらいた。それだけでなく、一般の地域住民が参加して廃油回収活動に取り組むことで、「教育」という枠組みを越えて、地域全体に広がっていった。長洲智子は、モデル地域事業の副担当、エコでつながる西淀川推進協議会を設立した際に主担当の研究員であった。二〇〇六年に入職した当初、長洲は、公害訴訟当時を知る地域住民から、財団は政治色の強い運動団体と見られており、一般性のあるまちづくり組織とは見られていなかったと感じていたと言う。しかし、廃油回収活動を始めた頃から、地域住民との関係性について風向きが変わってきたと感じていた。廃油回収活動には、佃連合振興町会長が、町会の活動メニューの一つとして「エコに取り組む」ことを明言し、一般の地域住民が気軽に行動できる環境活動の場ができた。「環境派」ではない人びとが、「もったいない」から廃油回収に参加し始めて、次第に資源問題や環境問題に気づけることに「心地よさ、参加の楽しさ」を感じたという〔二〇二一年十一月二十八日、長洲智子氏インタビュー〕。

一方で、西淀川区内での廃油回収の仕組みが整い、回収拠点が増えるなどして活動が地域に広がっていくと、廃油回収活動が前面に出て、異動等により組織・団体の担当者が変わるなどするうちに、ＥＳＤの根本であった教育／学習的な視点は薄れてくる。菜の花プロジェクトは菜種油の資源循環が軸であり、廃油回収は今も続けられている。しかしその一方、菜の花栽培は次第にチューリップやさつまいもを植えることになってしまい、現在は菜の花の栽培活動は行なわれていない〔二〇二一年六月三日、あおぞら財団インタビュー〕。

長洲は、廃油回収活動が町会活動などをとおして一般の地域住民によって担われるものになった時、ＥＳＤという言葉を使わないようにしていたと振り返る。廃油回収活動への参加の輪を広げるために、佃連合振興町会長が説明で用いた「エコ」という言葉から、菜の花プロジェクトの取り組みに「エコでつながる西淀川」と名付けた。同時に、「公害地域再生」が地域の中でどう理解されるのかということも気にかけていた。

「再生」というと、マイナスが前提となり、古い〔地域の〕人は違和感をもっていたから、自分では使っていなかったんです。〔中略〕患者さん以外の地域の人と接する中で、「地域のことを悪く言わないで」と言われることもあって、地域のことを誇りに思っている人、自治会の人に悪いという感じがして、〔中略〕住んでいる人たちに「再生」という言葉を使うと、参加が狭まるような気がして、子どもや新しい住民の人にはやってる中で気づいてもらったらいいとは思ってました。〔二〇二一年十一月二十八日、長洲智子氏インタビュー〕

公害からの地域再生という物語が、公害患者以外の地域住民にとっても有意義なものとして共有されうるかどうか、という課題は、Ⅲ期においてもまだ明確な答えが得られていなかった。

対話をつうじた協働——スタディツアー・公害資料館連携

二〇〇九年から三年間に富山、新潟、大阪・西淀川で開催した「公害地域の今を伝えるスタディツアー」は、公害教育のＥＳＤ化をめざして企画された［林 2016］。大学生を中心とする若い参加者が、実際に公害が起こった現地へ赴き、被害者だけでなく、企業、医師、弁護士、行政、マスコミなどさまざまな立場の関係者に直接会って話を聞いた。事業を企画した林が「［スタディツアーは］ＥＳＤ（モデル地域事業）を外に持っていった」［二〇二一年十一月十二日、林美帆氏インタビュー］ものだと述べるように、異なる立場や属性の人びとを、学習をとおしてつなぎ合わせ、各地域の公害問題の全体像を描くことをめざしていた。西淀川のＥＳＤモデル地域事業で、教育を媒介にすれば異なる立場の人たちも協働できるという実体験があったからこその企画だった。スタディツアーは公害の経験から、問い問われかつ問い返す、参加者と話者との対話、参加者同士の対話、参加者一人ひとりの自己との対話等々、様々な対話に満ちた時間だった［清水 2023］。

林が多様な主体との協働を追求した背景には、公害被害者運動の視点だけでは環境教育に公害問題を位置付けることができず、また、地域コミュニティにも公害問題の歴史は受容されないという問題意識があった。あおぞら財団の活動に参加する教員経験者からは「患者さんの話ばかり聞いていても、公害が分からない」「全国の公害の中での西淀川公害の位置づけが分からないのに、環境教育に取り入れようがない」といった教育現場の視点での指摘も受けていた［二〇二一年十一月十二日、林美帆氏インタビュー］。また、スタディツアーは毎回詳細な報告書を作成しているが、その編集作業を委託したライターの大滝あやから、公害被害者運動の文脈を前提に書かれた文章は一般の人には意味がわからないので、一般の人が読んで意味がわかるような文章にしないといけないと指摘された。「運動の文脈じゃないっていうことは、結局、企業の人にも読めるっていうことだったんですよね。行政の人とか、企業の人も読みやすい」［二〇二一年十一月十二日、林美帆氏インタビュー］と、これまでは多様な立場の人が公害について対話できる前提を欠いていたことに、気がついていった。

スタディツアーが公害資料館ネットワークの設立につながったことは、林［2021a］などで詳述されているとおりである。スタディツアーから公害資料館ネットワークを設立する動きへと連動していく過程で、あおぞら財団が中心的な役割を果たした意義は、公害被害者運動の視点から見れば、公害地域間のゆるやかな連携関係を再構築したことにあった［二〇二一年八月十一日、傘木宏夫氏インタビュー］。あおぞら財団は、全国のモデルとして公害地域再生に取り組むと謳ったものの、実際には各地の被害者団体の地域再生への考え方は一様ではなかった。表1（四頁）に示したように、大気汚染に限っても各地の公害地域再生にむけた活動はそれぞれ独自のスタイルをとっていた。あおぞら財団のスタディツアーを契機とした公害資料館のネットワーク化によって、公害経験を継承するという共通の課題のもとに、大気汚染だけでない公害地域がつながり、全国的な公害地域の状況と課題が可視化されるようになった。

他方で、公害資料館が「地域に根ざした資料館」になるには、地域の歴史の中に公害の経験を位置付けることが必要だった。それは専門家が学術的な観点と手法によって行なうのではなく、西淀川で生きてきた人びとの姿に目を向けあうこと、耳を傾けあうこと、それを文字や写真といった記録として残していくこと、といった実践を積み重ね、協働によってコミュニティの歴史を書いていくことである。これを西淀川でのパブリック・ヒストリーの実践と捉えたい。

西淀川で、パブリック・ヒストリーの実践はどのように展開されたか。二〇一四年から取り組んだ「あおぞらイコバでみせ」は、地域の中に出かけていって地域住民が語る地域の歴史を聞き、記録する活動である。「おもろいわ西淀川」は、西淀川の様々な風景を独自の感覚で切り取り「おもろいわ」と表現することで、公害だけではない西淀川の「いろいろな顔」を共有することが目的だった。あおぞら財団ブログ「みんなの＃おもろいわ西淀川を発掘！」では、「おもろいわ西淀川」の趣旨を次のように説明している。

それは西淀川の大気汚染公害の経験を「なかったこと」にするのではなく、西淀川のまるごとを受けとめて誇りを持って暮らしたい、そのために西淀川の良さや面白さを共有したいという思いからです。
［公害地域再生センターウェブサイト 2023］

あえて「公害」とは異なる視点で地域を見ることで、「公害」に光を当てることによって見えなくなっていたものに、光を当てる。Ⅲ期以降のあおぞら財団の各事業には、その方向性が比較的強く現れている。そうすることで、公害の経験の経験を再構成し、語り直すことにつながるのか。そして、公害の経験をも含めた「西淀川のまるごと」を、誇りに思うことができるのか。そこが、現在も問われている。

地域ネットワークへの「埋め込み」

あおぞら財団が西淀川に根を張ろうとする際、区役所や地域組織との関係は重要な意味を持つ。同時に、西淀川が住工混在地域から住宅地域へと徐々に変化しつつあることも事実で、あおぞら財団は地域自治をめぐる大阪市政の動向にも影響を受けながら、地域との関係を変えていった。その変化は、第1章で述べた「埋め込み」のあり方として把握できる。あおぞら財団がどのようにして地域のネットワークに「埋め込まれ」ていったのか、見てみたい。

大阪市の地域組織の変遷については鰺坂・徳田［2019］が詳しい。ここでは両氏の論文に即してその要点を確認しておく。大阪市では、戦時体制下で行政の末端組織となった町内会が戦後も赤十字奉仕団という形でその機能が維持された。高度経済成長に伴い大阪でも都市圏域の拡大と都市問題の噴出が生じ、コミュニティ政策が必要となった時、大阪市は一九七五年に地域振興町会を組織し、行政協力を求めた。戦前からの町会の関係性が続く地域では、共有財産の維持管理、伝統的な祭りなどの活動も続いており、それらを引き継いだ地域振興町会の存在感は大きかった。

あおぞら財団が設立された当時、西淀川区役所および地域振興町会との関係はほとんどなかったと言ってよい。当時の区役所は市役所の出先機関にすぎず、自律した政策形成機能を持たなかったため、交渉は大阪市役所の各部局を相手にせざるを得ず、区役所とは没交渉であった。ほぼ唯一、西淀川区役所勤務で大阪市役所労働組合員の松川修（あおぞら財団理事）だけがあおぞら財団との関係を保っていた。松川が西淀川区役所職員として関わった「地域福祉アクションプラン」の策定に際して、従前はいわゆる「宛て職」委員の参加のみであったのが、初めて区民から委員を公募し、あおぞら財団から研究員の藤江徹らが応募し委員となった。地域福祉アクションプランは、大阪市の地域福祉計画を実現するための区単位の行動計画という位置付けであり、大阪市二四区で各区ごと独自の進め方で策定された(15)。折しも、地方自治法が改正され住民自治の強化に向けた「地域自治区(16)」制度が創設された二〇〇四年のことである。

西淀川区地域福祉アクションプラン策定委員会は、プラン策定後も実現に向けて部会に分かれて活動を続けた。その後も「西淀川区地域福祉推進ビジョン」（二〇一六年）、「西淀川区地域福祉計画・地域福祉活動計画」（二〇二〇年から五カ年）に基づく「西淀川区地域福祉推進会議」（二〇二〇年〜）と、継続的な取り組みとなっている。ここで子ども、障がい者、高齢者、区内在住外国人などの支援に取り組む個人や団体とあおぞら財団とのつながりが生まれた。現在あおぞらイコバで開催している「にほんごカフェ」は、藤江が外国人支援を行なう部会「ウェルカムバンクにしよど」のメンバーとして取り組んでいる活動である。一連の活動を通して生まれた関係は、子ども支援に取り組むNPO法人西淀川子どもセンター〔西川 2022〕の立ち上げの際に藤江が理事として参加するなど、西淀川区内の様々な場面で地域住民・団体との協働のベースとなっている。あおぞら財団が地域ネットワークに「埋め込まれ」ていく過程の内実は、財団としての組織的関与というよりも、西淀川区民でもある藤江らが日常的な地域活動に参画し、活動を牽引する存在となっていったという経過の中で進行している。その結果として、あおぞら財団としての組織的な関与も生まれている。

前出の相澤は二〇一二年に、第4章で述べた西淀川区まちづくりセンターへまちづくり支援員として週二日の出向を自ら希望し、勤務した。その動機は、あおぞら財団が西淀川のまちづくりに関与していると言うわりに、自分自身は西淀川に住んでいる人と接点がなく、もっと住民との関係性を増やすべきではないかと考えたことだった〔二〇二一年十二月十八日、相澤翔平氏インタビュー〕。しかし実際に地域に出てみると、すでに関係性はつくられていたことに気づいたという。

〔当時、藤江が注力していた自転車活用の取り組みは〕西淀川区と全然関係ないことをしているのもあって、僕の実感としては、まちづくりを西淀川区のいろんな人たちとやってるって印象はそんなになかった〔中略〕。実際には藤江さんっていう存在〔を通して〕、あおぞら財団っていう存在は皆さん知ってくれてた、という実態なので、それはすごい安心した覚えがあって。〔二〇二一年十二月十八日、相澤翔平氏インタビュー〕

一方の藤江は、参加型まちづくりに取り組むつもりで、二〇〇四年にあおぞら財団に入職している。

参加型でみたいなことは、僕もそれまでそういう仕事をしていたので、素直に受け止めたし、やっぱり〔それまでの財団の業務は〕調査計画系が多かったので、これを次は実現にっていうことやったんやろうなと思った。ちょうど「道路提言」Part 6が〔できたのが〕そのころで、関わってる皆さんもそういう意識やったんで、そういうことをやっていきゃええんやなと思ってました。〔中略〕その頃に地域福祉アクションプランっていうのがあって、支援をしてもらうには数いく〔地域との関係をもつ機会をできるだけ多くつくる〕しかないなと思って通っていたのが最初で。

〔二〇二二年一月十四日、あおぞら財団インタビュー〕

あおぞら財団の提言や計画を実現しようとすれば、参加・協働によって、地域住民に支持される活動になっていく必要がある。地域コミュニティにおける日常的な活動は、基本的に無償の相互扶助行為であり、各人の日常生活の延長線上で、できることをやることが基本である。事業の一環として地域活動に参加する企業や団体もあるだろうが、藤江がとったアプローチは、あくまで対等な一住民として活動に参加し、汗をかきながら住民一人ひとりとの人間的な信頼関係を作り、協働による活動を創出していくというものだ。財団の事業につながることを期待はするが、それを表立って追求はしない。個人として地域に住み着き、地域に根を張って生きる姿勢が、あおぞら財団への信頼にもつながり、西淀川が住み続けられるまち、ひいては「公害を起こさないまち」になっていく、という信念に基づいた息の長い取り組みである。

西淀川区では、地域福祉アクションプランの策定において、他区に先行して住民の参画が取り入れられた形だが、同じ頃に大阪市では住民自治の強化に向けた制度改革——地域自治組織と区役所の機能強化——がめざされることとなった。關淳一市長（当時）は、二〇〇四年に市職員の不祥事が発覚したことに端を発した市政改革に取り組んだ。二〇〇七年三月に大阪市が発表した「区政改革方針」では、それまで市役所各局から縦割りで区に配分されていた予算を、区長自ら予算編成・要求・執行できるように移譲することとしたほか、区を単位として幅広い団体の市民参画の場を設置する方針が示された。

關市長に続く平松邦夫市長（当時）は改革方針を引き継いだが、区長は局長より職位が低いなど、長く続いてきた局と区の関係を変えることは容易でなく、早急な地域自治組織の導入にも慎重であった。平松市長は、地域振興町会の交付金不正問題や加入率低下などを受けて、二〇一〇年に地域住民組織の漸進的な再編に着手したが、二〇一一年に橋下徹が市長に当選したことで、改革は急激に進んだ。橋下市長（当時）は「大阪都構想」と「ニア・イズ・ベター」を掲げて「市政改革」を強く推し進め、二〇一二年に公募区長制度を導入し、区長を市長、副市長に次ぐポストに格上げして権限を強化した。また、地域住民組織の「地域活動協議会」への翌年までの再編を厳命した。(17) 西淀川区でも二〇一二年に民間企業出身の区長が誕生するとともに、各地域に地域活動協議会が設立された。また、地域活動協議会の運営や企画を支援する中間支援組織として、まちづくりセンターが各区に設置された。

二〇一八年からあおぞら財団等が西淀川区まちづくりセンター運営業務を受託している。地域活動協議会の役員との間に顔の見える関係ができたことで、西淀川区内で事業を実施する際に協力を得やすいなどの効果があるという［二〇二二年六月三日、あおぞら財団インタビュー］。

また大阪市は二〇一一年から市内各区に区政会議を設置しており、西淀川区でも二〇一三年に設置された。区政会議には区長が指定した地域団体からの推薦を受けた委員と、公募委員、学識経験者等が参加する。あおぞら財団からも研究員が委員として参加している。大阪市区政会議運営条例にも定められているように、区政会議はあくまでも意見把握・意見聴取の場ではあるが、幅広い地縁団体や住民の声を聞くことができる場である。

大阪の「市政改革」の全体像については賛否を含めて様々な評価があろうが、少なくともあおぞら財団にとっては、全国的な地方自治の拡充をめざす動きの中で、市政改革が西淀川区の地域コミュニティに根を張るための「窓」を開く契機となったことは確かであろう。また、それが西淀川区での地域コミュニティの活性化につながっているようにも見えるが、それは別途、地域側の視点から評価しなければならない。

逆に、あおぞら財団が地域に入り込もうとするとき、長洲智子が「再生」という表現を使うことを躊躇ったように、地域コミュニティの文脈を優先せざるを得ず、あおぞら財団のミッションを正面から追求できないというジレンマもある。「人によっては〔あおぞら財団の研究員は〕まちセン〔西淀川区まちづくりセンター〕の人と思われていて、財団の人と認知されていないこともある」〔二〇二一年六月三日、あおぞら財団インタビュー〕という研究員の懸念や、財団と協働する地域団体のリーダーの「あおぞら財団はイベントの事務局をやっている財団というイメージが強くなっている」〔公害地域再生センター 2024〕という心配は、そうしたジレンマの結果として生じている。あおぞら財団が地域に根ざした存在になりつつあるからこそ、ここで蓄積された人間関係が公害地域再生にどうつながっていくのか、を改めて考えてみる必要がある。

四　Ⅳ期（二〇一三年―）――ネットワークの創出と自立

アートと地域の相互変容――みてアート・御幣島芸術祭

Ⅳ期においては、Ⅲ期までに形成されてきた協働関係の中から、自立的なネットワークとして機能するものが生まれてきた。一つは、みてアート・御幣島芸術祭である。第4章で述べたように、みてアートは、空き家を環境住宅に改修するプロジェクトに取り組むGreen（環境住宅研究会）から生まれた。なぜアートだったか。使われていない空き家の活用案を提案する際、「アートで使わせてほしい」と言えば面白そうだと思ってもらえるのではないか、という目論見もあったという。実際に空き家を改修して活用するには、コンテンツを提供するネットワークと、面的な広がりを作ることができる場所が必要となる。Greenの代表で第一回みてアート実行委員長を務めた松富謙一は、大阪市内の他地域で街なかにアートを展示するイベント「からほりまちアート」に関わっていたことから、そのネットワークを活用して、二〇一三年に御幣島駅周辺の五ヶ所で「みてアート」を実施した。改修物件と、協力が得られたギャラリー合わせて五ヶ所を会場に、アート作品を展示した。その初回「みてアート」を聞きつけて面白そうだと感じた人、特にアートディレクターを務めた西塙《にしばね》美子[18]や、子育て中の女性らが自然と集まり、二回目、三回目と続いていった。団体への協力要請というよりも、個人ベースで広がっていったのが、初期のみてアートの特徴であった［二〇二〇年八月十八日、あおぞら財団インタビュー］。

西塙に代わって二〇一八年からアートディレクターを務めた山田龍太は、みてアートを、アーティストによる芸術作品の制作・展示（御幣島芸術祭）と、地域住民の交流や体験（みてアート）に分けて二層構造で捉えていた。美術館やギャラリーがなくアートに触れる機会のない西淀川で、アーティストの作品に触れることと、工作やアート体験で表現することの双方に意味を見出し、西淀川にふさわしいバランスを探していた。プロのアート作品といっても、単に著名なアーティストの作品を展示することをめざしたのではなく、その資金もない。西淀川の街や人の雰囲気に触発されてアーティストが街に滞在して作品をつくる「アーティスト・イン・レジデンス」に取り組み、その作品の質を高めることを重視した。クライアント（この場合は企業）の希望を形にするのではなく、双方が持つ潜在的な力を引き出し「面白い作品」が生まれるよう、山田が企業と作家の間に入り調整をしながら制作を進めていたという［二〇二〇年三月二十六日、山田龍太氏インタビュー］。

各地で開催されている芸術祭が地域活性化につながるとの期待はあるが、アートが地域に何をもたらし、地域がアートをどう変えるのかは、ケース・バイ・ケースである［吉田 2019=2021］。芸術祭におけるアート作品は、地域の環境や風景と結びついたものとなるが、それにはあおぞら財団のような「このまちで何かしている人がいることが大事」だと山田は言う。コロナ禍を経て、山田はみてアートから離れているが、彼の考え方は今もみてアートのあり方を支えているように思える。

二〇二三年に行なわれた「みてアート２０２３」に、アーティストが西淀川区福町に通いつめて制作した「アケルナルの光をみる」という作品展示があった。福町を中心とした西淀川区の住民らが、まちの記憶を語りあう中で浮かんだ言葉を、一人ひとり針金で文字にしたものをつなぎ合わせて舟にするという、参加型で制作された作品だ。制作したアーティストの村田のぞみによれば、「土地の記憶を元に、その場所で紡ぎ出された言葉を作品に編み込むような作品」（村田のぞみ個展フライヤー）である。古くからある漁師町である福町には細い路地に住宅が立ち並び、淀川で獲れたウナギやシジミなどの魚介類を売る店などがあったという。また、臨海部や大野川沿いには工場が多く、公害被害も深刻であった。そんな重層的な記憶の積み重なっている福町で、自分が営んでいた店の名前、一緒に遊んだ友達の名前、あるいは、公害患者の話から拾い上げた言葉など、言葉によって象られた「記憶」が無数につながり、「舟」の空間を満たしている（図42）。

作品制作の過程は、記録映像［MURATA 2024］や取材記事［メイドインニシヨド 2023］、この作品制作のきっかけとなった大阪公立大学「EJ ART」人材育成プログラムのアーカイブウェブサイトに収録されている。公害の記憶も「まちの記憶」の一つとして、無数の記憶の中に含まれることが確認され、ゆるやかに共有された。これを制作したアーティストの村田のぞみは次のように振り返りながら、みてアートに参加してよかったこととして、「作品の根拠をきちんと持てたこと」をあげた。

図 42 「言葉の舟を編む」制作風景

赤、青、黄、緑の太さの異なる針金で作られた言葉が、舟に見立てられた木枠に吊り下げられる。（2023年 11 月 5 日筆者撮影。画像を一部加工）

今回の作品はあおぞら財団が公害資料をしっかり保存していて、〔公害患者の短歌から作品の着想を得た際に〕資料をすぐ出してくれて、説明もしてくれる人がいて、患者さんにも実際にお話を聞くことができて、制作の鍵となる資料にアクセスしやすかった。それがあったので、今までは作品の根拠が曖昧なことがあったが、今回はきちんとできたと思う。〔龍谷大学政策学部清水ゼミ 2024: 14〕

アート作品と地域とを結びつけるやり方は、さまざまにあるであろうが、この場合は公害患者（実藤雍徳・西淀川患者会副会長）が残した短歌であり、それが作られた背景を語る資料群であった。西淀川の中に「作品の根拠」を持つことで、アートはどう変わるのか。村田は続けて次のように語る。

実際に作品を作ったからと言って、例えば西淀川では空気がきれいになるわけではない。でもやってみて思うのは、自分の意識が変わるということ。自分の生活も見直す必要があると思うようになった。たとえば瀬戸内では海の環境が変化してタコがとれなくなって生活をどうしよう、みたいなタコ漁師さんの話を間近で聞くと、洗剤変えなきゃ、とか化粧品も自然で分解できるものにしようとか思う。住んでいる土地から離れて活動することで、新しい視点が生まれた。例えば次の選挙どこに投票しようかという行動にも繋がっている。自分がより良い選択をするために芸術祭に関わり続けているという思いもある。

［龍谷大学政策学部清水ゼミ 2024: 20–21］

アートには人を引き寄せる力があるが、それだけではない。アーティストによって、地域がさまざまに表現され、その「根拠」が共有されることで、住民も知らない地域の潜在的な特徴が明らかになる。地域での作品制作を通してアーティスト自身も変容する。

山田龍太は、「西淀アーティスト軍団ができたらおもしろい」［二〇二〇年三月二十六日、山田龍太氏インタビュー］と語ったが、未来の西淀アーティスト軍団は、どのような作品をつくる人びとなのだろうか。アーティストも一人の人間であり、社会の中で生きている。こうした滞在型制作を通して地域の文脈から感じ取った何かが、作品のテーマや制作手法にも反映されていくのだろう。そこに、西淀川のあらたな原風景が発見されるのかもしれない。

インクルーシブ・サイクリングの実現——自転車の活用

道路検討会が二〇〇一年までに発表してきた「道路提言」（Part 1 ～ 5）は、交通量の削減により沿道環境を改善するという俯瞰的視点からの提言が中心であった。一方で、二〇〇七年に発表した「道路提言」Part 6は「西淀川発！　これからの交通まちづくり〜低速交通のすすめ」と題し、交通ユーザーの視点から、自転車や公共交通などの移動・交通全体を視野に入れて「交通まちづくり」を提唱するものである〔公害地域再生センター 2007〕。「道路提言」Part 6において、それまでの提言よりも幅広い論点を包括するようになった背景には、道路・交通政策における潮流の変化、すなわち道路交通円滑化と交通安全が中心的課題であった交通政策から、公害・環境問題への対応、そしてバリアフリー整備やモビリティ確保といった移動・交通のユーザー視点の交通政策への転換を経て、多様な交通課題への対応を盛り込んだ包括的な交通政策基本法成立（二〇一三年）に至る流れがあった〔新田 2016〕。この交通ユーザーの視点への転換は、本章のII期でも述べたようにあおぞら財団の事業に大きな影響を与えた。とりわけ、「低速交通」の重要な手段となる自転車を活用したまちづくりの実践が、「道路提言」Part 6から大きく展開していく。

「道路提言」Part 6では低速交通システムの構成要素として、バリアフリーによる歩行系移動環境整備、自転車走行環境整備、地域福祉交通システムを提案している。自転車走行環境整備については、自転車道の整備とネットワーク化が中心となるが、実現に向けて活動する団体として「自転車文化タウンづくりの会」が設立された。自転車文化タウンづくりの会は、設立趣意書に次のような一文を記している。

「自転車力を生かした文化に満ちるまち（自転車文化タウン）づくり」のあり方について、市民、事業者、行政、教育・研究者たちが連携し、情報交流、調査研究等を通じ、伴に考え、提案し、具体の地域において実践する、行動する会として、「自転車文化タウンづくりの会」の設立を目指す。

〔自転車文化タウンづくりの会ウェブサイト 2007〕

低速交通が生み出す価値について、新田保次はアマルティア・センの「ケイパビリティ（capability）」概念から説明している［新田 2016］。徒歩、自転車、バス、路面電車などの低速交通は身近な交通手段であり、通院や買い物、習い事や会食、旅行などの外出を可能にする。また、低速であることで人と人、人と自然のふれあいの機会を創出するという文化的な意味もある。低速交通システムは、個人の選択機会を増大させることでケイパビリティ（＝何ができるかという可能性）を拡大させ、人びとの生活の質（well-being）を向上させる可能性を持っている。これまで、経済合理性や輸送効率を追求し高速化してきた結果、公害・環境問題やモビリティ格差を生み出した交通システムを構築してきたことへの反省にたって、異なる交通価値を打ち立てようとするものである。

そうした交通価値を具現化する一つの考え方が、「インクルーシブ・サイクリング」である。年齢、性別、経験、障害の有無などにかかわらず誰もが自転車を楽しめることを意味するインクルーシブ・サイクリングは、あおぞら財団がめざしてきた自転車まちづくりの一つのあり方を示している。あおぞら財団では、「低速交通」への意味づけを踏まえて、福祉や教育といった独自の視点を軸に自転車活用の取り組みを展開していく。その取り組みが、タンデム自転車の普及と自転車教育である。

タンデム自転車に対する視覚障がいを持つ人びとの関心は高く、財団研究員もそれまで接点のなかった彼らとの交流を楽しみながら、試乗会やサイクリングツアーなどを重ね、タンデム自転車の普及に取り組んだ。

視覚障がい者の人も自転車に乗れて、それをみんながめっちゃ喜んでいて。これは一つの新しい世界っていうか。自分はそういうこと知らなかったけれども、単に楽しみってだけじゃなくて、移動の手段としても有効なわけですし、それはすごいなっていうか。それと皆さんのそういう熱意というか、普通に生活をしているそういう状況なんかを聞いても、〔その工夫や熱意に〕いつも驚きというか。

〔二〇二一年七月二日、鎗山善理子氏インタビュー〕

障がいを持つ人の移動というテーマは、すでに「道路提言」Part 6に含まれていたが、実際には二〇〇九年に西淀川交通まちづくり意見交換会［藤江・谷内・清水 2013］を実施した際に、区内在住の車椅子利用者と接点を持ったことから始まった。その後二〇一一年三月十一日に発生した東日本大震災を受けて、災害時の要援護者避難支援手法を開発し普及していく活動にもつながったことは、第4章にて述べたとおりである。

自転車教育という観点に関して言えば、「道路提言」Part 6で交通環境教育の必要性を示しているが、政府・行政の取り組みが不足している部分である。吉田長裕（大阪公立大学准教授）が主宰し、藤江徹も参加した、デンマークで取り組まれている自転車教育手法を参考に日本で自転車教育を実践する研究プロジェクトを受けて、あおぞら財団も参加して一般社団法人「市民自転車学校プロジェクト（ＣＣＳＰ）」を設立した。ＣＣＳＰは子供向け自転車教室など、ライフステージに応じた自転車教育プログラムを各地で実施している［市民自転車学校ＣＣＳＰウェブサイト 2024］。ＣＣＳＰの事務局はあおぞら財団に置かれている。

自転車の活用については、あおぞら財団単独ではなし得なかったであろう多様な活動が波及的に展開されている。自転車道整備やタンデム自転車走行解禁が実現してきた背景には、市民社会における自転車利用の拡大を求める動き、多様な移動・交通手段に対する評価が総体としてプラスに働いたと見ておくべきであろう。協働の過程で見出されたインクルーシブ・サイクリングの考え方は、誰かに犠牲を押しつけたまま、公益の名のもとに利便性や快適性を優先する社会のあり方そのものを変革することを含んでいる。それは、経済成長を優先し公害被害を住民に押しつける社会から、「公害を起こさない」社会への変革をめざす、公害地域再生の理念と、根底において共鳴する。あおぞら財団という組織の枠を超えて形成された協働のネットワークが、新しい価値を実現している。

注

（1）環境省のこどもエコクラブ事業を利用して、あおぞら財団が事務局となり複数の学童保育所に呼びかけて「西淀川こどもエコクラブ」を設立し、まちづくりたんけん隊や矢倉海岸の自然観察会などに参加した。

（2）一般的に、都市化した環境ではアブラゼミが減り、クマゼミが増えると言われている。一定割合でアブラゼミがいるということは、大野川緑陰道路周辺が、都市の自然に多様性をもたらしている可能性があることを示している。

（3）大阪市では、小学生の放課後保育を行なう学童保育所を、民間で運営してきた経緯がある。大阪市学童保育連絡協議会は、大阪市学童保育所について「大阪市においては共働き家庭や母子・父子家庭の切実な要求に背を向け、事業主体として学童保育を設置せず、補助金のみという施策を現在も続けています。働く父母自らが指導員と協力して学童保育所を市内各地につくり、父母自らが運営（民設民営）するという、全国の学童保育の実情から見ても大阪市は特異な存在になっています」と説明している［大阪市学童保育連絡協議会ウェブサイト 2015］。

（4）キープ協会は、八ヶ岳山麓の清里を拠点に、環境教育等に取り組んでいる。キープ協会の環境教育事業は、第二次世界大戦後、ポール・ラッシュ博士がキリスト教に基づく民主主義を普及させることを目的として農場や農業学校などを運営したことに始まる［キープ協会ウェブサイト 2024］。

（5）淀川勤労者厚生協会（竹島診療所、御幣島診療所、柏里診療所、姫島診療所、淀の里診療所、泉北診療所）、西淀川健康友の会、あおぞら薬局、西淀川労連、西淀川医療労働組合、大阪市役所労働組合、よどっこ保育園、新日本婦人の会西淀川支部、借地借家人組合、西淀川患者会、生活と健康を守る会、西淀川民主商工会、あおぞら財団、共産党西淀川地区委員会などの民主団体が参加し、地域懇談会を開催して意見を聞く場をつくった。傘木によれば、財団設立以来、新しい協働関係をつくることに注力して新しい事業に挑戦してきたが、裁判を支援してきた民主系団体との協働によってまちづくりに取り組もうとして結成したという［二〇二三年二月四日、傘木宏夫氏インタビュー］。

（6）中島工業団地は、西淀川区の既存市街地や住工混在地域における公害が深刻化し、一九七〇年代後半から検討されていた工場集団化の構想に基づき、公害防止事業団（当時）の事業として業種別の協同組合が集まり造成されたものであり、現在は（一社）大阪工業団地協会がその管理を担っている。
(7) 上田敏幸は、千葉大気汚染公害訴訟の和解交渉の糸口を探るため、毎日のように患者とともに被告企業であった川崎製鉄に通い、ビラ配りなどを行なった。上田は、その様子を見ていた守衛から総務担当者を紹介され、面会の機会を得た。総務担当者が一人の人間として患者の苦しみを受け止めたことが、原告との和解交渉のきっかけを作ったという［公害地域再生センターウェブサイト 2024］。立場上は「敵」であった相手と、一人の人間として向き合った経験が、エコドライブでのトラックドライバーとの関係と重なっているように、筆者には見える。
(8) 大阪大学工学部助手（二〇〇三年当時）の松村暢彦。エコドライブ実証実験に検討委員として参加したほか、あおぞら財団内の「西淀川道路環境対策検討会」、「西淀川公害に関する学習プログラム作成研究会」、「道路環境市民塾」運営委員会などに参加している。
(9) ここでは、あおぞら財団内の用語法にしたがい「参加型学習」と表記するが、その内容は、第4章で触れた「参加型アクティビティ」に等しい。
(10) 片岡によれば、実際の事例を題材にした講座という方法は、あおぞら財団が環境事業団（当時）から受託していた環境アセスメント講座で、実際のアセス書を読んでいたことを参考にしたものである。
(11) 関西NGO協議会が主催し、国際社会の課題に取り組むNGOの人材育成を目的に、一九八七年から二〇一七年まで毎年実施された。講義の他に、討議、ロールプレイ、シミュレーションなどのワークショップを取り入れ、「気づき」→「学び」→「行動」のプロセスを重視した［関西NGO協議会ウェブサイト 2022］。
(12) 奥村弘（神戸大学文学部助教授）、小田康徳（大阪電気通信大学工学部教授）、佐賀朝（桃山学院大学文学部専任講師）、佐々木和子（(財) 阪神・淡路大震災記念協会職員、震災・まちのアーカイブ会員）、芝村篤樹（桃山学院大学経済学部教授）、辻川敦（尼崎戦後史聞き取り研究会代表）、津留崎直美（大阪西淀川大気汚染公害訴訟弁護団事務局長）、早川光俊（地球環境と大気汚染を考える全国市民会議（CASA）専務理事）、原田敬一（佛教大学文学部教授）（以上、所属は当時、敬称略）の九名からなる。代表は芝村篤樹である。
(13) 国文学研究資料館がアーキビスト（記録史料専門職員）の養成を目的に、毎年開催している。
(14) 環境省は、環境教育等による環境保全の取組の促進に関する法律に基づいて、持続可能な地域づくりのための中間支援機能を持った環境パートナーシップオフィスを全国八ヵ所に設置し運営している。
(15) 地域福祉アクションプランと並行して、「公私協働」の取り組みとして進められていたのは「未来わがまち会議」である。各連合地域振興町会からメンバーが集められ、地域活動に取り組んでいた。

（16）市町村は、市町村長の権限に属する事務を分掌させ、及び地域住民の意見を反映させつつこれを処理させるため、条例で、その区域を分けて定める区域ごとに地域自治区を設けることができる（地方自治法第二〇二条の四　第一項）。

（17）詳しい経緯は、栗本［2024］などを参照。

（18）今回、インタビューを行なうことができなかったが、西墻は「大阪府工賃倍増五ヵ年計画」の推進事業に携わり、障がい者福祉作業所の工賃の向上、技術力の向上や経営に関するノウハウの支援などに取り組んでいた。みてアートから離れたあと、現在に至るまで触法障がい者の支援に取り組んでいる。

（19）村田は、瀬戸内芸術祭２０２２で「まなうらの景色２０２２」を制作する際、高見島に滞在して島民から島の生活について聞き、作品制作につなげたという。

（20）この間の経緯については、藤江［2016］に詳しい。

終章　西淀川からの公害地域再生論

本書では西淀川の公害被害者運動から公害地域再生の理念が生まれ、それがどのような過程をへて具体化されてきたのかをたどってきた。第1章で、公害地域の対象・主体・継承という三つの視角を提示した。本章ではこれに沿って、西淀川における公害地域再生の成果と課題を整理しながら、あおぞら財団が未だ抱え続けている葛藤と、公害地域再生の一つのあるべき形について考察を深めてみたい。

一 公害地域再生の成果と課題――対象・主体・継承

西淀川で何が再生されたのか。まずは物質的な環境に注目しよう。訴訟提起から四七年、西淀川区内の大気汚染は全体的には改善に向かっている。訴訟終結後も課題として残されてきた自動車排気ガス由来の汚染について、二〇二三年度測定結果において二酸化窒素ははじめてすべての測定局で環境基準の下限値を下回り、微小粒子状物質はすべての測定局で環境基準をクリアしている(1)。矢倉海岸、大野川緑陰道路は緑地が再生・維持され、住民による清掃活動なども行なわれている。一時的にであれ未利用地等を菜の花畑にしたこと、また、大阪市内で自転車専用レーンが拡大してきたことや、エコドライブが一般に普及したことなども貴重な成果である。ただ、それらの変化はあおぞら財団の事業によって達成された成果というよりも、あおぞら財団を含むネットワークの働きによって達成されたものである。

物質的なストックをつくりかえるには、大規模な資金が必要となる。あおぞら財団は当初、トラスト方式による自然環境再生をめざしたが、それを実現させることはできていない。財団の基本財産を投じて環境再生を象徴する空間を造ろうとしたこともあったが、できなかった。「できなかった」と言うよりも、「しなかった」と言う方が正しいかもしれない。超低金利の状況が続いたことは確かに組織運営上の誤算であったかもしれないが、金融資産を不動産（土地）に換えることを真剣に検討したうえで、「しなかった」のである。

では、その代わりにあおぞら財団は、何を再生することを選択したのか。複数の専任職員を雇用する組織として存続し、地域のステークホルダーとの相互理解と信頼関係を深め、協働によって地域再生に取り組む人とネットワークをつくり、少しずつ物質的なストックのあり方を変えていく、という選択をしている。第5章は、その変容の過程を四つの時期区分ごとにたどってきた。そこでの鍵概念の一つは「協働」であった。もちろんあおぞら財団は、その変容を明確な方針として掲げてきたわけではない。しかし、例えば空き家の改修と利用、道路連絡会における実務者協議、未利用地の活用など、いずれもその時々の多様なパートナーとの協働によって、時間をかけて実現してきたものである。その過程で築かれた関係性が、他の地域課題にも迅速に対応できるネットワークとして機能し、新しい取り組みを生み出す基盤となっている。そうしたネットワークの形成は、新しく転入してきた住民が地域コミュニティに参入し、公害経験を含む西淀川の過去と現在を理解し、今後のまちづくりの主体となる契機を創出すると期待できる。

そのように考えれば、人材や、社会関係、文化といった非物質的なストックは、目にみえる物質的な「環境」をも、住民の生活の質を高めるように変える基盤となるだろう。第1章で述べたように、社会的共通資本は社会的基準にしたがって管理される。西淀川の社会的共通資本の管理は生活の質（well-being）を高めようという思いを持った人たちを巻き込みながら、少しずつ社会に開かれるようになってきた。つまり、参加と協働を求める社会の変化を背景に、あおぞら財団とその協働ネットワークが、社会に散在する意志を拾い上げながら、社会的共通資本の管理を「社会」に開いてきたのではなかっただろうか。

西淀川で何が再生されたのか？という第一の問いは、第二の問い、つまり誰が公害地域を再生するのか？という主体の問題に連なる。あおぞら財団は公害被害者運動では必ずしも協力関係になかった団体や個人とも、環境・

エコ、学習、福祉、文化・アート、防災といった、公害とは異なる切り口で協働関係を築いてきた。だが、最初からそれが可能であったわけではない。財政構造を見ても明らかであったように、設立当初のⅠ期は、環境庁（当時）と西淀川患者会との結びつきが強かった。また、西淀川公害二～四次訴訟が一九九八年まで続いていたこともあって、公害被害者運動の継承者としての性格が活動に反映されていたとも言える。環境庁や患者会との関係は、どちらかといえば「公害」をめぐる「タテ」の協働である。受託事業が収入の多くを占めるあおぞら財団では、委託者の組織方針や財政状況が、事業活動に直接的な影響を与えることになる。Ⅱ期からⅢ期にかけて、「タテ」の協働からより広く「ヨコ」に参加を開き、エコドライブやＥＳＤなど、それまで協力関係になかった人びとやバラバラに取り組んでいた人びととの協働で事業を展開していった。委託者から出されたテーマは必ずしも「公害」を前面に掲げたものではなかった。その結果として、地域再生に関わる主体やテーマの広がりが生まれると同時に、正面から「公害をなくす」ことを追求する事業や、訴訟を含む公害被害者運動のネットワークは相対的にウェイトが低下した。

では、あおぞら財団は西淀川の公害を「忘却」しようとしているのかと問えば、そうではない。公害を起こさないための制度・政策の提言を重ね、時間経過とともに変化する公害被害者の実態と向き合い、彼らのニーズを充足することに加えて、潜在的な被害者をも対象とする被害救済・予防のための事業やしくみを提案し実践してきた。また、あおぞら財団にとって、公害の経験を伝えることは組織のミッションの根幹にあり続け、研究員が事業を企画する時の起点の一つになっている。公害経験の伝え方について、様々な試行錯誤を重ねる過程で、西淀川公害の経験をたえず語り直す＝再構成することにもなっている。あおぞら財団がこうした活動を続けてきた理由は、公害被害者運動から生まれたという出自を強く意識してきたことである。

しかしそれだけではなく、財団自身の出自に対する地域住民の様々な感情を受け止めながら、「公害を起こさないまち」をつくるという目標を敷衍して、そこに含まれる様々な価値を一つずつ具現化する事業を実施してきたことに、あおぞら財団の独自性がある。したがって、あおぞら財団のどれか一つの事業を取り上げてみても、公害地域再生の全体像は読み取れない。だからこそ、本書で公害地域再生とは何を考えようとした際、あおぞら財団の全事業を俯瞰する必要があった。また、それらの事業はあおぞら財団単独で取り組むのではなく、財団が地域内外の多様な個人・団体とのネットワークに「埋め込まれ」、要《かなめ》の機能を果たすことによって、一つの組織の限界を超えて、協働による多種多様な事業の目的達成が可能になっている。その際の協働は、効率的で民主的な役割分担を実現する「タテ」「ヨコ」の協働にとどまらず、社会の中で十分に可視化されていない課題をすくい上げ、学習と対話を重ねて課題に取り組む自立的／自律的な主体を新たに形成・発展させていく、創発的な過程としての協働である。

再度、西淀川における公害地域再生の現場に目を転じてみると、Ⅱ期以降のあおぞら財団は、足元の地域に対して「公害」を前面に出さない「あおぞら財団」としての顔と、「公害」にまつわる種々の記録と記憶を継承し「公害を起こさない」社会への変革を求める「公害地域再生センター」としての顔を、使い分けてきたように見える。両者がどう接続されるのか、財団ははっきりと示してきたようには見えない。西淀川で公害地域再生の取り組みに公害経験の継承が不可欠のものであることを、あおぞら財団の軌跡から客観的に証明することは、現在のところ難しい。ただし、紆余曲折のあったあおぞら財団の軌跡の中には、公害地域再生の主体としてのあり様をめぐる葛藤が見出される。それを乗り越えたところに、あおぞら財団の軌跡における転換が生じたとも言える。公害地域再生の「根っこ」には、正解のない「公害地域再生」になんとか形を与えようとする研究員一人ひとりの葛藤があった。

二　公害地域再生をめぐる二つの葛藤

本書で描いてきたように、西淀川で展開されてきた多彩な取り組みは、基本的には一人ひとりの研究員がそれぞれの経験・関心と専門性を持って個々の事業活動を構想し企画・実施したもので、研究員は組織的な意図や計画によって定められたものを「こなす」だけの存在ではない。そのことは同時に、あおぞら財団が実現しようとする「公害地域再生」の全体像を分かりにくくもさせている。財団研究員同士で公害地域再生をどのように考えているかを改めて話し合ったこともあったが、イメージを一つに収斂させるのは難しかったという。財団への寄付を呼びかけるリーフレット（図43）を作成した際のことを、二〇一四年に入職した田代優秋は次のように振り返る。

みんな〔財団研究員〕が思い描く「手渡したいのは青い空」って何ですかっていう、ここを出発点に放射状に広げていくイメージだったんですよ。要は何かに集約されていくイメージじゃなくて。みんなの思いを聞いて形にしたパンフレットを作ったんです。寄付金なんで、そういうばらばらのほうがいいっていう考え方。でも根っこは「手渡したいのは青い空」っていう、ここに共感してもらって、寄付する事業は自転車のものでもいいし、資料館ネットワークでもいいし、根っこさえ、みんなが一緒だったらいいよねっていう。

〔二〇二二年二月二十六日、田代優秋氏インタビュー〕

「手渡したいのは青い空」を実現する過程は単線的ではない。行きつ戻りつし、揺れながら進んできた過程に

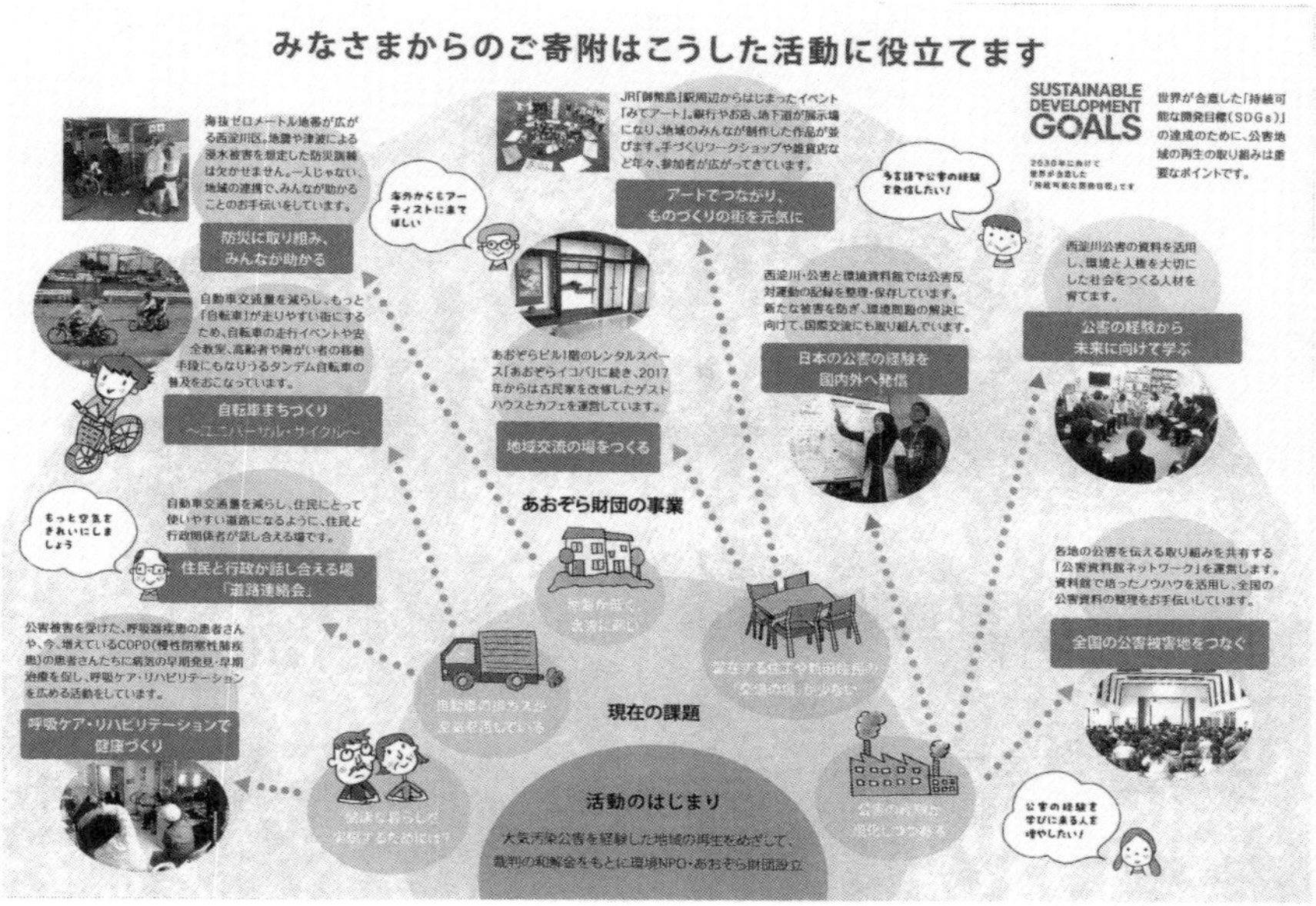

図43　寄付呼びかけリーフレットイラスト
（公害地域再生センター提供）

はあおぞら財団の主体性をめぐる葛藤が内包されていた。葛藤のすえに何を選択してきたのか。その試行錯誤の過程の中に西淀川における公害地域再生の「根っこ」を見ることができるのではないだろうか。

一つ目の葛藤は、「診断」と「学習」である。Ⅰ期からⅡ期に浮き彫りになったもので、地域コミュニティにおけるあおぞら財団の立場や、公害地域再生における主体性の在処に関わる。まちづくりたんけん隊の活動から、環境診断マップづくり、セミの抜け殻調べやたんぽぽ調査などの自然環境調査、参加型環境アセスメントの定式化と普及という流れは、地域環境を「診断」する方法論の構築に重点を置いたものであった。一方で、まちづくりたんけん隊の活動は、子どもがまちづくりの主体であることを発見し、環境学習の教材・プログラム開発や地域でのＥＳＤなど「学習」によるまちづくりの主体形成をめざす実践へとつながった。

現在のあおぞら財団は、研究員が各々の専門性を持ちながらも、かつて想定されていたような、地域環境の「診断」やその支援を行なうコーディネート・シンクタンク機能（第3章一〇五頁）を前面に出していない。例えば防災まちづくりでは、避難ルートマップづくりや、防災ロゲイニング(2)などを地域の子ども・子育て支援団体や区役所等との共同事業で取り組んでいる。これらは「診断」の要素を含んでいることは確かだが、マップづくりやそのつくり方といった「診断」の方法を洗練させたり、「診断」内容の正確さを追求したりする取り組みではない。参加者一人ひとりが地域を知り防災行動に活かせるようになる「学習」と「主体形成」の取り組みである。あおぞら財団は、協働のパートナー（第3章一〇七頁）として「診断」活動の中にある「学習」的要素を選択的に発展させてきたともいえる。

「診断」は、ともすれば地域コミュニティに線を引き、数値を与え、「白黒つける」ことにもつながりうる。「診断」を誰が、何のために行なうのか。その結果が問題の当事者にどのように受容され、問題解決につながるのか。「診断」を設計する文脈を慎重に設定する必要がある。例えば、かつて西淀川区内のある地区であおぞら財団が受託事業で土壌調査を行なったところ、重金属汚染が明らかとなり、新聞報道されるという出来事があった。この突然の報道を受けて、地元住民はあおぞら財団に強く抗議したことがあった。大阪市に土壌汚染対策を求めるために必要なデータであっても、居住地を一方的に「診断」され、新聞にまで出された地域住民の感情からすれば、受容し難い出来事であっただろう。

参加型環境調査や参加型環境アセスメント（住民アセス）は、「診断」する主体と「診断」される主体の一致を図る、つまり住民が主体となって「診断」するという発想だ。しかしその前提として、当事者が「診断」を自ら求める状況と、「診断」を支援し、実際の環境保全へと導く主体の存在が必要である。

住民らの意向を受けて地域が「診断」され、自治体行政が環境保全に取り組む関係があればよいが、大阪市や西淀川区とはこれまでのところ、そのような関係をつくるところまで至っていない。

また、地域住民は研究者とは違って地域社会の当事者であるため、「診断」で問題が見つかっても、行政批判で終わらせることができない。公害を起こさないまちづくりに必要なのは、「学習」を重ねて自らの地域を「診断」し、実際の居住環境の「改善」に取り組む、実践的な協働なのだ。例えばGreenで環境住宅のあり方を学びながら街を歩き、実際の空き家改修にＤＩＹで取り組み、アート拠点をつくってきた活動は、「診断」で終わらない「学習」が「改善」につながり、実を結んだ活動である。

二つ目に、「事業」と「活動」、そして「運動」の間の葛藤である。あおぞら財団は公益財団法人ではあるが、設立時に財産として拠出された訴訟の和解金は追加されることがないため、組織を維持し公害地域再生に取り組むには、基本財産運用益と寄付等で足りなければ、常に事業収入を確保する必要に迫られる。公益性とのバランスを保ったうえで、安定的な事業収入をもたらす事業は、組織財政において重要である。しかし、地域でのイベントの企画開催など、地域住民がボランティアで参加する「活動」には、対価がなくとも地域コミュニティの一員として参加している。地域住民との関係を深めることが、財団が「埋め込まれ」た地域のネットワークを強化するとの期待がある。

これまでのあおぞら財団は、大きく言えば「運動」から「事業」「活動」へと重心をシフトさせてきた。公健法の旧第一種地域指定解除によって、西淀川における公害患者を新たに定義する制度的な枠組みはなく、裁判も終結したため、「公害患者」は場合によっては本人からでさえ見えにくい存在になってしまった。かつての公害被害者運動をそのままの形で続けることが難しい状況にある。では、あおぞら財団は公害被害者運動をどのような形で継承してきたのだろうか。

あおぞら財団が独自に獲得してきたのは、学習と主体形成を重視し、予示的志向性の強い「経験運動」としての運動性である。社会変革を求める集合行為が社会運動であるとすると、組織的動員によって戦略的に特定の交渉相手の考えや行動を変えるのではなく、参加した個人が主体的に変わることで、社会全体の行動規範や価値観を変えるというアプローチに変化したのである。

それが、結果的にはより上位レベルでの制度・政策の変化につながっている例もあるが[3]、戦略的であれ予示的であれ、運動の結果としてもたらされる制度化は、必ずしも歓迎されるものばかりではない。環境改善が進んだように見えれば規制緩和を求める声も出る。最近の例が、自動車NO_x・PM法の対策地域指定解除をめぐる動きである[4]。その意味では、あおぞら財団が対抗的な運動性を弱めてきたことによる危うさも存在しており、少なくとも財団内で社会への批判的視座を維持することも求められよう。

三　公害地域再生の「根っこ」にあるもの

最後に、西淀川で取り組まれてきた公害地域再生の「根っこ」にある本質とは何かを、考えてみたい。あおぞら財団事務局長の藤江徹は、もし運動体としての西淀川患者会がなくなったとしても、あおぞら財団がその意志を受け継いで運動を続けることはできるとし、その原点は一人ひとりの患者が訴える姿なのだという。

〔上述の自動車NO_x・PM法の対策地域指定解除に関する中央〕環境審議会の事前ヒアリングで、環境省や委員の人相手に〔中略〕患者の方がしゃべるんですけど。それは、今もしんどいんやし、そのためになんかせなあかんと。そういうことは、別に〔公害患者の〕数が減ろうが、一でもあれば、それが土台になる。

［二〇二二年一月十四日、あおぞら財団インタビュー］

あおぞら財団の「根っこ」にあるのは、公害により生命と生活（life）を奪われた人の「悲願」から生まれた、「公害を起こさない世界にしたい」という願いである。公害患者が経験してきた筆舌に尽くし難い苦労と、「公害を起こさないまち」への切実な願いを受け止め、時宜にかなった具体的な事業や活動を起こしていくという、「翻訳者」の役割を果たすのが、あおぞら財団の研究員である。設立当初に大学院修了直後の若い研究員を採用していたように、財団研究員は比較的に若く、直接的に激甚な公害を体験したことも見聞きしたことも、全国的な公害反対運動の高まりを体感したこともない非体験者世代が中心である。西淀川区で生まれ育った人もいない。しかしそれぞれに「公害を起こさないまちづくり」に関わる経験や関心を持って入職してきた人びとである。では、公害の非体験者である研究員が、過去と現在・未来を創造的につなぐ「飛躍」を遂げられたのはなぜか。あおぞら財団が掲げてきた理念とそれを実現しようとする実践の蓄積とともに、生身の公害患者とのコミュニケーションも大きな意味を持っている。

インタビューを行なったあおぞら財団研究員経験者のうち、年代を問わず複数名があおぞら財団での仕事の「原点」として語ったのは、全国公害被害者総行動や企業交渉などの公害被害者運動の現場に立ち会った体験だ。

川崎の被告企業との集団交渉があって、〔入職して間もない頃だったので〕研修兼ねて、行っておいでって言われて。私も座り込みとかやったことないし、シュプレヒコールとかもやったことないし、全く初体験で。全国の患者さんが集まってこられていて、もちろん西淀の患者さんも一緒に行ってて。〔中略〕こういう運動をするんか、と思いました。〔中略〕その時に、一番初めに、川崎の患者さんが被害の訴えをされたんですね。ある企業との交渉に同席させてもらったんですが、私は、生で被害の訴えを聞いたのが、その時初めてやったんですよ。今から思うとどうなんかな。でもあの時、本当にその患者さんの訴えがすごいリアルで、すごく切実な感じで。そのこと自体がすごい私はショックだったんですね。大泣きしたんですよ。その場で。多分、後にも先にもあれぐらい、ガーンってきた体験っていうのが、本当になくって。その後も、いろんな患者さんのお話を聞くんですけど、やっぱり一番最初のファースト・インパクトっていうか、それはすごいあって。確か、一緒に行ってた〔西淀川患者会の〕永野さんのお父さんに慰めてもらって、帰ってきた記憶があります。

〔二〇二一年七月三十日、片岡法子氏インタビュー〕

自分の今仕事をしているときのミッションって、このためにやってんねんな、みたいなところをすごい感じたのは、〔全国公害被害者〕総行動に行った時でした。総行動に行って、患者会の人たちの気持ちっていったら、普段の患者会の定例会議とかに行って話をするのとは全然温度感が違う。本当にそのことのために、わざわざみんなで体がしんどいのに東京に行って交渉する。僕がもっとすごい小さい時からずっとそれをやってる。〔中略〕財団ってそういった中にあって、公害とかそういった分野の中においては、すごい重要なミッションを持ってやってる団体なんだっていうことを、ものすごい実感して。だから公害地域再生の活動の前段には患者会があっての財団やっていうのはすごい感じたと。

〔二〇二一年十二月十八日、相澤翔平氏インタビュー〕

あおぞら財団の「根っこ」に、被害者が命懸けで闘ってきた歴史があることは、間違いない。しかし、公害被害者運動が「生もの」であった頃の体験を、あおぞら財団研究員がわずかでも共有できる時間には、限りがある。実際、この数年で大阪府内の各患者会から、公害被害者総行動に参加できる患者はごく少数になっている。

西淀川区御幣島の「あおぞらビル」をあおぞら財団と西淀川患者会が購入し同じビルに入居してからは、財団の研究員が公害患者の苦労と願いに触れる機会は日常的にあった。西淀川患者会の役員会・総会に研究員が出席し、出張授業（出前講座）や研修の際の講話はあおぞら財団から西淀川患者会に語り部を依頼している。環境保健部門の事業は公害患者と一緒に取り組むものが多い。「まちづくりたんけん隊」や「ふくの庭」などの初期の活動には多くの公害患者が参加した。西淀川患者会とあおぞら財団は日常的に支え合ってきた。

あおぞら財団研究員の谷内久美子はこれまで、何人かの公害患者に「あおぞら財団は私らの子ども」といった言葉をかけられ、「ほんまに見守ってもらっているな」と感じたという［二〇二二年一月十四日、あおぞら財団インタビュー］。

今、あおぞら財団がやってることを〔患者さんは〕そのまま望んでるわけではないんやろうなと思うんですけど、めっちゃずれてるとも思わなくて。やっぱり地域の中で公害患者さんを受け入れてもらうというか、あおぞら財団にいろんな地域の方が来るようになるっていうのは、ある意味、患者さんにとっては、直接聞いたことはないですけど、すごくいいことやと思うんですね。

［二〇二二年一月十四日、あおぞら財団インタビュー］

谷内は、財団の事業活動が公害患者の願いからずれていないことを確認しながらも、あおぞら財団の「飛躍」が、本当に公害患者の思いに沿うているのかを自問する。

患者さんが今でもこんなしんどい思いをして、国とか、官公庁と対等に話をしようとする場ってすごいことだなっていうのと、あおぞら財団がやってることとのギャップっていうのをすごく感じてるんです。〔中略〕例えば公害を伝えるっていうところで、資料館とか語り部の授業っていうのは、比較的ギャップが少ないほうだと思うんですよ。〔自分が担当する〕にしよど親子防災部とかはギャップがあると思うんですね。患者さんは、皆さん公害を伝えたいとか、公害地域の再生っていうところなんだけど、防災っていうのは直接的には公害に関係ないし。

〔二〇二二年一月十四日、あおぞら財団インタビュー〕

しかし、公害地域再生は公害患者ら、あるいは西淀川患者会という組織にとっても、正解のない未知のものだった。栗本知子は、森脇君雄の思いを次のように推しはかる。

地域の活動で森脇さんが一番、多分、喜んでるのはみてアートなんですよ。「あんなことやって、どこから人が湧いてくんねんって思った」って言ってはったんですけど、本当に地域の人が楽しくやってるのがあるから、みてアートのときいつも来はるし、カフェ〔くじらカフェ〕にもしょっちゅうお昼食べに行ってはったし、財団の関わってる活動に地域の人が参加してるっていうのを、うれしいと思って見てはるんやなと思うんですよね。

ただ、森脇さんが思ってる地域再生は多分明確にあるんだけど、その絵を患者さんに示されていないので、患者さん全体として、財団って何やるところなんやろっていうのが合致しないかなというような、さっき谷内さんが言ったようなギャップも感じるところあるんです。でも、そういう意味では、森脇さん自身も患者会の延長である、まちづくりは何やねんっていうのは、考えながらやってたと思うんで。〔中略〕森脇さん自身も手探りで、職員も手探りでここまでやってきたのかなっていう感じでは。

［二〇二二年一月十四日、あおぞら財団インタビュー］

公害地域再生を掲げた公害患者の地域への思いも、変化してきた。森脇君雄は、財団設立二〇周年を特集テーマとした機関誌『りべら』で次のようにコメントしている。

財団を作ったら、企業も自治体も共にやってくれると信じていたのに、裁判の「しこり」、運動の「しこり」が残っていて、行政との関係性や、地元の人たちとの関係性がうまくいきませんでした。裁判をしていた時は「しこり」に気がついていませんでした。本当は、まちづくり案は地域の人たちと創らなければならなかったと、今では思いますが、当時はこちらが大きな希望を出せば出すほど、地域からは反発を受けてしまいました。当時の私たちの態度は運動的で、地域の人たちと対話ができていなかったと思います。最近の財団の手法は、患者会とは「角度が違う」と思います。特に自転車などは、違いを感じるが成果を出しているのを見るとそれでいいと思っています。たくさんの人が西淀川に研修に来て、患者会は語り部として協力していますが、あおぞら財団が西淀川公害のことを広く伝えようとがんばっているのがよく伝わってきます。私たちも、西淀川公害が地域の中で、日本社会の文脈の中で、消えかけていることを実感することが多くなってきました。あおぞら財団が公害を受け継ぎ、伝えるということに必死になっているから、私たちは信頼しています。スタッフが公害のことを理解し、公害患者を思い、活動しているのが伝わっています。芯さえしっかりしていてくれたら、どこから切り出しても大丈夫だと思っています。

［公害地域再生センター 2016c］

財団研究員の一人ひとりにそれぞれの思いや葛藤があり、公害地域再生は予定調和的に進行してきたわけではない。制度・政策の存在が向かい風にも追い風にもなってきた。その中で、公害患者があおぞら財団に託した「公害地域再生」を、当初想定されていたフレームから拡張し、多くの人が参加・協働することで「公害地域再生」に近づいていくのだと示してきたことは、患者たちの希望になっているに違いない。それは、公害患者の普遍的な願いとしての財団のミッションを、地域コミュニティの文脈に合わせて具体的な事業に翻訳して表現する――過去と現在の間、公害の体験者と非体験者の間の「飛躍」を伴う――、財団研究員の力量によって可能になったものだろう。田代優秋は、財団のミッションとその具現化について次のように語った。

「手渡したいのは青い空」っていうスローガン、これは絶対に揺るぎないよねって確認できたんですよね。その解釈を時代によって変えればいいじゃんっていう話をちょっとした。当時、公害がひどいときは、「手渡したいのは青い空」っていうのは本当に、グレーの空じゃなくて青い空をつくることが目的だった。今、それが科学的な数値としては、やっぱり当時よりは明らかにきれいになってますね。その状態で「手渡したいのは青い空」って言われると、多分、もう一回、また汚れないような社会のしくみをつくってくことが手渡すほうだよねとか。あとは、そういう汚れた空気をつくらない人をつくってくことだよねとか。そういう、「手渡したいのは青い空」っていうスローガンに対する解釈を、時代によって少しずつ変えていくことが大事なんじゃないかって、当時、思いました。だから常に職員間とかいろんな人と議論を続けて、ちょっとずつ変えて。時代に合わせてとか、職員に合わせてちょっとずつ変えていくってのがいいのかなと思ってます。

［二〇二二年二月二十六日、田代優秋氏インタビュー］

そうだとすれば、「公害地域再生」には今のところ、正解も終わりもない。藤江が「［あおぞら財団は］何かができたから終わるっていうふうには、ちょっと思えない」［二〇二二年一月十四日、あおぞら財団インタビュー］と言うように、あおぞら財団は組織の目標のために、目的合理的な活動をするのではない。その意味でも、あおぞら財団が取り組む公害地域再生は、活動の意義や目的自体を模索し続ける、経験運動としての性格を持っていると言えるだろう。時代が変化してもあおぞら財団があるからこそ実現できる事業に、多様なパートナーとの協働によって取り組み続けられる体制をつくることが、当面のあおぞら財団の課題となるだろう。

そのためには、あおぞら財団が「根っこ」に宿している普遍的な価値を、あおぞら財団だけではなく多様なパートナーがその人の経験に即して語り、形にしていく取り組みを、意識的に作っていく必要があるように思う。本書を執筆している間に、筆者が知る限られた範囲でも、みてアートにおける公害を題材としたアート作品制作、西淀川の人びとが語りあう「ニシヨド編集部」[5]などの発信の場とメディアが創出されるなど、あおぞら財団ではない個人や集団による表現活動が活性化している。これらの活動は、公害の経験から目を背けていない。あおぞら財団が西淀川の地に張った「根っこ」は、すでに着実に芽を出しつつあるのではないだろうか。

注

（1）二〇二一年にＷＨＯが発表した「WHO global air quality guidelines」では、二酸化窒素の日平均値の99％値の年間推奨値は10 μg／m³、1日推奨値は25 μg／m³、微小粒子状物質の年間推奨値は5 μg／m³、24時間推奨値は15 μg／m³である。二酸化窒素の国内環境基準はppm（空気1ℓ中のμℓ）を単位として設定されているため、μg／m³を単位とするＷＨＯガイドラインとは単純な比較はできないが、微小粒子状物質については、西淀川区内の測定値は国内環境基準を下回るものの、ＷＨＯガイドラインの推奨値を超えている。

（2）地域にある防災関連の施設・設備を制限時間内に多く回り、点数の多さを競う競技である。

（3）予示的運動と戦略的運動がどのように接続されるのかは理論的、実践的課題である。青木［2020］は、ドイツの原子力施設反対運動において予示的な運動が「結果として」政策転換につながった例を示し、運動が「時間稼ぎ」

となり政策転換を準備したと解釈する。

（4）自動車NO_x・PM法（自動車から排出される窒素酸化物及び粒子状物質の特定地域における総量の削減等に関する特別措置法）は、二〇二〇年度までに対策地域で二酸化窒素と浮遊粒子状物質の環境基準を確保することを目標とした。二〇二一年度には、中央環境審議会大気・騒音振動部会自動車排出ガス総合対策小委員会において、環境基準の達成状況などを評価したうえで「今後の自動車排出ガス総合対策の在り方について（答申）案」を検討した。対策地域内で自動車窒素酸化物排出量、自動車浮遊粒子状物質排出量が概ね目標を達成しているとして、一部都道府県から対策地域指定解除の申し出があったことから、二〇二二年一月十九日に開催された小委員会で、指定解除の考え方を整理し検討している。答申（案）では現状の環境を悪化させないため、指定解除は行なわないことが示され、了承されている［環境省 2022］。議事録によれば、環境省は小委員会開催の直前に全国公害患者の会連合会への意見聴取を行なっている。

（5）「ニショド編集部」は、西淀川区内の様々な地域活動などを行なう人に、主宰者の藤原武志（藤工作所）がインタビュー形式で話を聞き、語り合う「西淀川の人のための編集部」である。筆者は二〇二四年六月十四日に「ゲスト編集長」として登壇し、「西淀川公害の記憶をなぜ忘れてはならないのか」について参加者と語りあった。あおぞら財団の鎗山善理子も二〇二四年六月二十五日に「ゲスト編集長」として登壇し、「西淀川公害とは何か」を語った。

あとがき

公害が、激甚な汚染や悲惨な被害のイメージのみで捉えられることに、もどかしさを感じていた。公害を起こさない社会をつくろうと努力してきた人びとが「ここにいる！」と大声で叫びたかった。未だ誰も成し遂げたことのない挑戦である公害地域再生に、信念を持って奮闘する人びとの存在は社会の希望である、と言いたかった。さらに言えば、公害研究者たちが、「西淀川の公害被害者が公害地域再生をめざしてあおぞら財団をつくった」ところで話を終わらせていることが不満だった。私たちの社会が真の意味で公害を克服していくには、公害地域再生という挑戦が達成したこと、そして未だなしえていないことを丹念に調べて評価する必要があるのではないか。そんな思いで本書を綴ってきた。

公害地域再生の理念がどのように形成され、地域において公害地域再生はどのような形で具現化されてきたのか。またその過程を担う主体がどう生まれ、彼らは何を生み出し、どのような困難を抱えてきたのか。そして、「公害を起こさない社会をつくる」という普遍的な願いは、どのようにして世代を超えて受け継がれてきたのか。本書はこれらの問いに、大阪・西淀川のあおぞら財団の活動の軌跡に依拠して答えてきた。つまるところ、あおぞら財団は「公害を起こさないまち」をつくる「人」をつくってきた。しかも「公害」という人間の光と影が交錯する問題について、あるいは「公害」を背景に持つ地域において、立場や経験の違いを越え「人」をつなげて協働の「ネットワーク」をつくってきた。「権限も財源もない」あおぞら財団がネットワークに埋め込まれることで、物質的な地域環境をも変えていく可能性を示した。公害被害者を含む地域の歴史を語る資料は、西淀川のまちづくりに一つの「根拠」を与えるストックとなる可能性を持っている。

しかしながら、本書は多くの課題を残している。まず、公害地域再生を学問的対象と位置付けたと言うには、議論の熟度が不足していることである。第1章で示した三つの視角は、公害地域再生の分析枠組みとしては粗く、その材料となる先行研究の吟味は生煮えの部分がある。西淀川という地域の、あるいはあおぞら財団という組織のエスノグラフィーとして見ても、不十分さが残る。本書はあおぞら財団という存在の全体像を示すことを優先したため、それをさらに学術的に意味づける作業は、今後の研究課題とせざるを得ない。公害地域再生の実践が、学術的・理論的な研究にどのような意味を持つ題材となりうるのか。本書を端緒として、さらに考察を深めていきたい。

次に、あおぞら財団の歴史の「記録」として見た際に、その妥当性が十分に検証されているとは言えないことである。筆者としてもっとも重要な課題であると考えているのは、あおぞら財団の外部で事業に関わり協力した人びとに、ほとんどインタビュー調査を行なえなかったことである。本書の第5章はインタビュー調査の内容を中心に記述しているため、多様な協力者との協働で事業が進められてきたにもかかわらず、あおぞら財団からの一方的な視点で書いた「記録」となっている。実際には様々な人がそれぞれの思いを持って取り組んだ事業を平面的に描くことになり、その本質を捉え損ねる危険性を排除できない。実は、この段階で書籍にすべきかどうかをかなり悩んだのだが、途中段階であっても一つのまとまりある記述と言えるならば刊行し、課題については読者から批判をいただいた方が建設的であると考えた。

これまで、多くの方々の導きとご協力のおかげで本書をまとめることができた。

多数の業務を抱え多忙を極める中で、資料提供、インタビュー、研究会での議論等に応じてくださり、本書をともに作り上げてくださったあおぞら財団の皆さんに、まず感謝申し上げたい。そしてずいぶん長い時間が経過しているにもかかわらず、インタビューで非常に詳細かつ鮮明にあおぞら財団研究員としての経験を語ってくださり、本書の草稿を丁寧に確認してくださった元研究員の皆さんにもお礼申し上げる。

あおぞら財団の皆さんとともに議論し、時に悩み、壁にぶつかりながら、自分も公害地域再生の道をいくらかは一緒に歩んでいるような気でいた。しかし、本書をまとめる作業をとおして、筆者が見ていたのはごく一部の、しかも表面でしかなかったことを実感し、現場で財団の事業を担ってきた方々の見識と志の深さに感じ入った。本書のように、現在進行形で活動する組織について、役員とはいえ第三者が事細かに書くことを許されるのはまれなことではないかと思うが、同じように困難な課題に取り組む組織や地域の人びとの参考になればと受け入れてくださったことも、心強いことだった。

本書でまとめたあおぞら財団の軌跡は、二〇一九年からあおぞら財団内に設置された西淀川地域再生研究会のテーマの一つであった。財団の事業が多様化し、あおぞら財団の全体像が財団内部でも共有しづらくなっていた状況で、財団自身が今後の方向性を考える材料とするために始めた研究だった。この研究会をともに立ち上げてくださった除本理史先生（大阪公立大学教授／あおぞら財団評議員）には、公害地域再生研究の先達として多くの有益な助言をいただいた。また、小田康徳先生（大阪電気通信大学名誉教授／あおぞら財団付属西淀川公害と環境資料館館長）には、かつては西淀川地域研究会等で、最近では西淀川公害資料集作成に向けた勉強会で、西淀川公害について理解を深める機会をいただいている。小田先生の資料研究の様子を傍で見聞きすることが、筆者にとっては貴重な学びとなっている。

エコミューズ所蔵資料の閲覧・複写においては、是澤匠さん、大島美奈子さんに大変お世話になった。あおぞら財団の事業報告書や『Libella／りべら』などの資料整理においては、小橋伸一さん、東里紗さん、川北友梨香さん、小松右詩さんにお世話になった。多くの方の力を借りてきたが、当然ながら本書の内容に関する責任はすべて、筆者にある。

これまでの研究生活を振り返れば、大学院からご指導いただいた植田和弘先生から受けた学恩は計り知れない。本書をもって、長年出せずにいた宿題をようやく提出したような気持ちである。しかし本書は、植田先生が期待されていたものとは違っているような気もする。もし叶うならば本書を書く過程でもう一度先生と議論したかったが、この先も学恩に報いるべく、地道に研究を重ねるしかない。また、博士号を取得してすぐに、佐藤哲先生（愛媛大学特命教授）のもとで「レジデント型研究者」の概念と、それを体現する人びとと出会えたことは、何ものにも代え難い経験であった。その経験があったからこそ、あおぞら財団という対象に向きあうことができたと思う。龍谷大学では、教員の自律的な教育・研究活動が尊重される環境のもと、様々な面で支援を受けた。授業やゼミで学生とともに西淀川で学んだことも、本書を書く原動力となった。その他にも、お世話になった方々のお名前をすべてあげることはできないが、一つひとつの出会いによって今があることに、感謝を申し上げたい。

西淀川の公害患者さんとは、それほど密な関係があったわけではなかったが、患者さんの存在は常に意識にあった。大学院生の頃に、西淀川道路連絡会を傍聴したことや、全国公害被害者総行動に同行させていただいたことは、あおぞら財団研究員の皆さんと同様に衝撃的な体験であった。この頃の患者さんには厳しいイメージもあったが、若い人にはあたたかかった。最近は、筆者が学生を連れていくと「本当は今日来たくなかってん」と言いながらも、最後には「今日はみんなと話せてうれしかった。みんなも頑張って。私ももう少し頑張るわ」と微笑んでくれる患者さんの存在に、心から励まされている。本書が、微力ながら患者さんの願いを実現する一助となるのなら、本望である。

本書は、これまでに発表してきた下記の論考をベースとしているが、いずれも大幅な加筆修正を施し再構成した。

第1章　清水（2008）；清水（2024）；清水（2021）；清水（2023a）；清水（2023b）

第3章　清水（2022）

第5章　清水（2024）；藤江・谷内・清水（2013）

本書は、科学研究費補助金（18078001, 26870718, 19K12464, 22K12507）、龍谷大学社会科学研究所二〇二一年度個人研究プロジェクト「公害経験継承としての地域再生運動―個人史アプローチによる分析―」、二〇二三年度倉田奨励金（人文・社会科学研究部門）「非体験者の公害経験継承実践による学習効果の検証―公害地域の生活史制作を通した価値観形成―」（二〇二四年三月～二〇二五年二月）、令和五年度公益財団法人上廣倫理財団研究助成「非体験者の公害経験継承実践による倫理教育効果の検証―環境正義をめぐる生活史制作を通して―」（二〇二四年三月～二〇二五年二月）による研究成果である。また、本書の出版には二〇二四年度龍谷大学出版助成を受けた。記して感謝いたします。

本書を世に送りだしていただいた藤原書店の藤原良雄社長には、たいへんお世話になった。藤原社長はまとまらない筆者の話を聞いてくださり、本書を意味あるものとするための貴重な助言をくださった。藤原社長との縁は矢作弘先生（龍谷大学研究フェロー）からいただいたものである。娘の行く末を案じる父親のようなお気持ちからか、本書の執筆に向かうよう筆者の背中を押してくださった。また、大学院生の頃からいつも筆者の研究を気にかけてくださっている大矢野修先生（元龍谷大学教授）には、本書の構想段階から完成まで伴走していただいた。そして、藤原書店の刈屋琢さんには、筆者の筆の遅さと定まらなさゆえに、相当にご苦労をおかけしてしまった。本書を無事に読者のもとに届けることができたのは、ひとえに刈屋さんの丁寧で手堅い仕事のおかげである。心より感謝申し上げます。

最後に、家族と、私たち家族を支えてくださるすべての方に、感謝の気持ちを伝えたい。一冊の本を書き上げるために、家族との時間の多くを犠牲にせざるを得なかった。幼い子どもたちに我慢を強いたこともたびたびあった。そうしなければ生きられない不器用な私を受け容れ、支えてくれる人びとがいることは、無上な幸せであると、本書は私に教えてくれた。

二〇二五年一月

清水万由子

本書関連年表（一九二五―二〇二二）

年	西淀川・あおぞら財団関連の出来事・事業	大阪・全国の出来事
一九二五	4大阪市第二次市域拡張により西淀川区誕生	
一九五〇	9ジェーン台風により西淀川区全域で大きな被害が生じる	
一九六九	5「大野川緑地化推進委員会」設立 7永大石油鉱業公害事件 10淀協が大和田に千北病院を開設	12「公害に係る健康被害の救済に関する特別措置法」制定
一九七〇	2西淀川区医師会が千北病院内に「公害被害者検査センター」を設置 8「西淀川から公害をなくす市民の会」発足	11「公害国会」が召集される
一九七一		4大阪府知事に黒田了一氏が当選 7環境庁発足
一九七二	10**「西淀川公害患者と家族の会」結成**	7四日市公害訴訟地裁判決
一九七三	5森脇君雄が「青年法律家協会」を訪ねて西淀川での訴訟について相談	6「公害健康被害補償法」制定 6大阪市公害被害者の救済に関する規則制定
一九七四		4財団法人「ひかり協会」設立 9関西電力尼崎第一発電所が廃止される
一九七五	6姫島に「西淀川区医師会立西淀川公害医療センター」開所	
一九七六		3関西電力尼崎第二発電所が廃止される
一九七七	8大和田小学校で開かれた西淀川患者会臨時総会にて提訴を決議	
一九七八	4**西淀川公害第一次訴訟提訴**	7二酸化窒素の新環境基準告示（基準緩和）
一九八一		5「全国公害患者の会連合会」結成 英国でグラウンドワーク事業開始
一九八三		11倉敷公害訴訟提起
一九八四	7西淀川公害第二次訴訟提訴	

年	西淀川・あおぞら財団関連の出来事・事業	大阪・全国の出来事
一九八五	5西淀川公害第三次訴訟提訴	
一九八八	3原告団・弁護団が中之島公会堂で「西淀川公害裁判早期結審、勝利判決めざす三・一八府民大集会」を開催	3改定公健法施行（第一種地域指定解除）
一九九〇	9~10原告団・弁護団が大阪府内で「手渡したいのは青い空」地域集会（共感ひろば）を開催	
一九九一	3**西淀川患者会が「西淀川再生プラン」Part 1を発表**／西淀川第一次訴訟訴訟地裁判決 12「第一回アジア・太平洋NGO環境会議」（タイ）に公害患者が参加	5全国公害患者の会連合会が「大気汚染公害患者の全面解決要求（案）」を発表
一九九二	1西淀川患者会が被告企業に全面解決を申し入れ 4西淀川公害第四次訴訟提訴	6「自動車NO_x法」公布／ブラジルのリオ・デ・ジャネイロで「地球サミット」開催
一九九三	12西淀川患者会が関西電力との交渉（こがらし行動）	11「環境基本法」成立
一九九四	6西淀川患者会が「西淀川再生プラン」Part 2発行 12西淀川患者会が「西淀川再生プラン」Part 3発行	5水俣病犠牲者慰霊式で吉井正澄市長（当時）が犠牲者への謝罪と「もやい直し」に言及
一九九五	1西淀川患者会が「西淀川再生プラン」Part 3（追補）発行／「西淀川再生プラン」Part 4発行 2西淀川患者会が「西淀川再生プラン」Part 5発行 3西淀川患者会が「西淀川再生プラン」Part 6発行／**被告企業との和解成立** 7西淀川公害第二~四次訴訟地裁判決	1阪神・淡路大震災により阪神都市圏で大きな被害が生じる
●第Ⅰ期		
一九九六	3「公害地域再生センター」設立準備会事務所が開設される 6「まちづくりたんけん隊」活動開始 8「西淀川こどもエコクラブ」発足 9**環境庁があおぞら財団設立を許可** 12「西淀川地域資料室」開設	5東京大気汚染公害訴訟第一次提訴 12川崎公害訴訟で被告企業との和解成立／倉敷公害訴訟で被告企業との和解成立
一九九七	1「西淀川の震災展」開催 4第一回「西淀川道路提言研究会」 7「地球環境市民大学校西日本校」開校 12合同製鐵の高炉取り壊し	6「環境アセスメント法」成立 12神戸市西須磨地区の住民が公害紛争調停を申し立て

一九九八	4「西淀自然文化大学」開講 6「にしよどがわ会議」開催 7西淀川公害第二～四次訴訟地裁判決／「道路提言」Part 1発表／国・阪神高速道路公団との和解成立 **10第一回「西淀川道路連絡会」開催** 11「西淀自然文化協会」発足／「西淀川道路環境対策検討会」発足 12「総合環境学習ゾーン」拠点施設に選定	3「特定非営利活動促進法（ＮＰＯ法）」成立
一九九九	1第一回「公害問題資料保存研究会」 4「ふくの庭」活動開始 6「道路提言」Part 2発表 9第一回「矢倉海岸再生ワークショップ」開催	2尼崎公害訴訟で被告企業との和解成立 3パブリック・コメント制度導入 5川崎公害訴訟で国・道路公団との和解成立
二〇〇〇	3「西淀川地域再生マスタープラン」発表／「道路提言」Part 3発表 5Ｇ8環境大臣会合にてＮＧＯとの懇談 8「道路提言」Part 4発表 10「西淀川公害に関する学習プログラム作成研究会」発足	3倉敷で「みずしま財団」設立 12尼崎公害訴訟で国・道路公団との和解成立
二〇〇一	4「ひまわりの家」での活動開始 5「道路提言」Part 5発表 8第一回「西淀川地域研究会」 9「環境紛争処理日中国際ワークショップ」開催 11「北九州国際会議」開催	3「尼崎南部研究室」が活動を始める 4環境庁から環境省に再編 4「情報公開法」施行 6「自動車NO_x・ＰＭ法」成立 12関西電力尼崎第三発電所、尼崎東発電所が廃止される

●第Ⅱ期

二〇〇二	1『参加型アセスメントの手引き』発行／リバティおおさか企画展「西淀川公害と地域の再生」 4「仕事おこしワークショップ」開催 9傘木宏夫が退職 11「水中リラックス教室」セミナー・体験会開催 12「子どもの参画べんきょう会」発足	4小学校で「総合的な学習の時間」導入 10尼崎市大気汚染被害防止あっせん申請

年	西淀川・あおぞら財団関連の出来事・事業	大阪・全国の出来事
二〇〇三	4第Ⅰ期「道路環境市民塾」開催／西淀川高校で「あおぞらプラン」開始 7韓国司法修習生の研修受け入れ 11中島工業団地でのエコドライブ実証実験開始	6尼崎市大気汚染被害防止あっせん合意 7「環境保全活動・環境教育推進法」成立
二〇〇四	7藤江徹が入職 10「公害病認定患者に対する環境保健活動の効果測定に関する調査研究」（二〇〇四年環境省調査の分析）／西淀川患者会が総会で「高齢患者のための福祉対策の推進」を特別決議	
二〇〇五	1全国認定患者のフォローアップ調査・公健法担当課調査 5企画展示「写真と映像で見る西淀川地域と人びと」 8企画展示「夏休みワクワク資料室　大野川緑陰道路であそぼう」 10西淀川高校で第一回「環境フェスタ」開催 ＊当年度に、ＮＥＤＯ補助事業によるエコドライブ推進事業の実施	3愛・地球博（愛知万博）開催 5「交通バリアフリー法」成立
二〇〇六	3**西淀川公害と環境資料館（エコミューズ）開館**／「**道路提言**」**Part 6発表**／「西淀川区地域福祉アクションプラン」策定 6大和田にデイサービスセンター「あおぞら苑」開所 10水島協同病院との協働で呼吸ケアリハビリプログラムの開発に着手	12「バリアフリー新法」施行
●第Ⅲ期		
二〇〇七	9環境省「ＥＳＤモデル地域事業」開始 12環境省職員の研修受け入れを開始 ＊当年度に、「大気汚染情報発信事業」による国際交流開始	4環境省「戦略的環境アセスメント導入ガイドライン」を通知 6「自動車NO_x・ＰＭ法」の一部改正法成立 8東京大気汚染公害訴訟の和解成立
二〇〇八	5教材『西淀川の自然と歴史にふれあおう』作成／「自転車文化タウンづくりの会」設立 ＊当年度に、展示パネル「公害みんなで力を合わせて」作成	8東京都が大気汚染医療費助成制度の拡大を施行

二〇〇九	1「日中の公害・環境問題を考える学生セミナー」開催 6第一回「西淀川交通まちづくり意見交換会」開催 8「公害地域の今を伝えるスタディツアー」（富山）実施 10「日中環境問題サロン」開催 ＊当年度に、環境再生保全機構ウェブサイト「記録で見る大気汚染と裁判」作成	9「微小粒子状物質に係る環境基準」告示
二〇一〇	1第Ⅰ期「環境フロンティア講座」開始 7「ぜん息患者こんだん会」開始 11中国環境ＮＧＯの李力が来日 12「あおぞらイコバ」開設	
二〇一一	3第一回「西淀川から住まいと暮らしを考える環境住宅研究会（Green）」 4東日本大震災被災地支援開始 7**あおぞら財団が公益財団法人に移行** 10第一回「御堂筋サイクルピクニック」開催	3東日本大震災の発生 4「改正環境アセスメント法」成立による戦略的環境アセスメントの制度化 6「環境教育等促進法」成立 11橋下徹大阪府知事（当時）が辞職し大阪市長選挙に出馬、当選
二〇一二	3「楽らく呼吸会」による呼吸ケアリハビリの普及 4「大阪でタンデム自転車を楽しむ会」設立 9第一回「西淀川区親子ハゼ釣り大会」開催	4「大阪府立学校条例」制定 7「大阪市市政改革プラン」策定

●第Ⅳ期

二〇一三	3『西淀川公害の40年』刊行 11第一回「西淀川区災害時要援護者の支援に関する研修会」開催 12**第一回「みてあーと・御幣島芸術祭」**／「公害資料館連携フォーラム in 新潟」開催、「公害資料館ネットワーク」設立／第一回「あおぞらイコバでみせ」(佃)開催	6尼崎道路連絡会にて和解条項およびあっせん合意事項の履行に係る意見交換を終結
二〇一四	8「エコでつながる西淀川推進協議会」発足／「ニショドガワノラシゴト」開催 12「地域におけるＣＯＰＤ対策事業」開始	8大阪維新の会が二〇二五年の万博開催案を発表

年	西淀川・あおぞら財団関連の出来事・事業	大阪・全国の出来事
二〇一五	3西淀川道路連絡会実務者ワーキング開始 5『中島大水道まち歩きマップ』完成 11『西淀川・環境学習プログラム』作成	3名古屋南部地域道路連絡会にて和解条項履行に係る意見交換を終結 9国連総会で持続可能な開発目標（ＳＤＧｓ）採択
二〇一六	3西淀川区福祉避難所合同訓練 4西淀川区まちづくりセンターの運営を共同企業体で受託 5「公害に関する参加型アクティビティ開発およびプログラム研究会」開始	12「自転車活用推進法」成立
二〇一七	9古長屋を改修し「姫里ゲストハウスいこね&くじらカフェ」オープン ＊当年度に、「公害にかかるオーラル・ヒストリー作成」開始	
二〇一八	10「にしよど親子防災部」キックオフミーティング開催 11「市民自転車学校プロジェクト（ＣＣＳＰ）」法人化	6大阪北部地震（Ｍ６・１、最大震度６弱） 11二〇二五年の大阪万博開催決定
二〇一九	3西淀川高校が閉校、淀川清流高校に統合	3新型コロナウイルス感染症が蔓延
二〇二〇	7「西淀川区地域福祉計画・地域福祉活動計画」策定 8もと歌島橋バスターミナルでの西淀川アートターミナル（ＮＡＴ）展示開始	
二〇二一	9「西淀川公害資料集」編集委員会・勉強会開始 12「公害健康被害補償法被認定者の療養生活にかかる先行調査」開始 ＊当年度に、ＪＡＮＰＩＡ事業「外国人と共に暮らし支え合う地域社会の形成」開始 ＊当年度に、アジア地域とのネットワーク形成・交流 ＊当年度に、「気候変動を構造的に捉え未来につなげる教育プログラムづくり」開始	
二〇二二	6「地域防災・減災に関する連携強化事業」開始 ＊当年度に、「公害健康被害補償法被認定者の療養生活に係る調査業務」開始	

出典：西淀川公害患者と家族の会［2008］、除本・林［2013］、公害地域再生センター事業報告書（一九九七～二〇二三年度）をもとに筆者作成

インタビュー調査記録

（所属については、あおぞら財団との関係のみ記した。）

2020年3月26日　山田龍太氏（元 御幣島芸術祭プロデューサー）
2020年8月18日　藤江徹氏（あおぞら財団研究員・事務局長・理事）
　　　　　　　　村松昭夫氏（あおぞら財団理事長・西淀川公害訴訟弁護団）
2021年6月3日　藤江徹氏
　　　　　　　　栗本知子氏（元 あおぞら財団研究員）
　　　　　　　　谷内久美子氏（あおぞら財団研究員）
2021年7月2日　鎗山善理子氏（あおぞら財団研究員）
2021年7月30日　片岡法子氏（元 あおぞら財団研究員）
2021年8月11日　傘木宏夫氏（元 あおぞら財団研究主任）
2021年8月20日　片岡法子氏
2021年10月9日　上田敏幸氏（元 あおぞら財団研究員・あおぞら財団評議員・西淀川公害患者と家族の会事務局長）
2021年11月12日　林美帆氏（元 あおぞら財団研究員）
2021年11月28日　長洲智子氏（元 あおぞら財団研究員）
2021年12月18日　相澤翔平氏（元 あおぞら財団研究員）
2022年1月12日　林美帆氏
2022年1月14日　藤江徹氏／栗本知子氏／谷内久美子氏
2022年2月9日　村松薫氏（元 あおぞら財団研究員）
2022年2月26日　田代優秋氏（元 あおぞら財団研究員）
2022年2月26日　三宅雅美氏（元 あおぞら財団研究員）
2022年7月19日　上田敏幸氏
2023年2月4日　傘木宏夫氏
2023年12月26日　森脇君雄氏（あおぞら財団顧問）
　　　　　　　　早川光俊氏（あおぞら財団評議員・西淀川公害訴訟弁護団）
　　　　　　　　上田敏幸氏
2024年11月18日　村松昭夫氏／藤江徹氏／谷内久美子氏
2025年1月7日　村松昭夫氏／藤江徹氏／谷内久美子氏／鎗山善理子氏

その他、インタビューを兼ねてあおぞら財団内での西淀川地域再生研究会を多数開催し、本書の一部草稿に村松昭夫氏、藤江徹氏、谷内久美子氏、鎗山善理子氏、栗本知子氏、除本理史氏、小橋伸一氏よりコメント及び追加的な情報提供をいただいた。

年12月23日取得、https://nac04.exblog.jp）
ひかり協会（2014）「森永ヒ素ミルク中毒被害者の恒久救済実現に向けて」（2024年12月23日取得、https://www.mhlw.go.jp/file/06-Seisakujouhou-11130500-Shokuhinanzenbu/0000092111.pdf）
水島地域環境再生財団（みずしま財団）（2024）「みずしま財団とは」（2024年12月23日取得、https://mizushima-f.or.jp）．
MURATA, Nozomi（2024）YouTubeチャンネル「アートプロジェクト『そこにある声を聞きなおす～公害から環境共生へ～ 回遊型展覧会 アケルナルの光をみる』記録映像」（2024年12月23日取得、https://www.youtube.com/watch?v=BbiwA2BGfP0）
メイドインニシヨド（2023）「フクマチ、ハリガネ、みてアート」（2024年12月23日取得、https://madeinnishiyodo.jp/news/951.html）

大阪公立大学「EJ ART」人材育成プログラム（2024）「そこにある声を聞きなおす～公害から環境共生へ～」（2025 年 1 月 26 日取得、https://eandjart.jp/2023/program/85）
大阪市学童保育連絡協議会（2015）「大阪市の学童保育の現状と課題」（2024 年 12 月 23 日取得、https://osakagakudou.com/now/）
大阪府立西淀川高等学校（2019）「大阪府立西淀川高等学校メモリアルサイト」（2024 年 12 月 23 日取得、https://www.osaka-c.ed.jp/nishiyodogawa/）
環境再生保全機構（2017）「記録で見る大気汚染と裁判」（2024 年 12 月 23 日取得、https://www.erca.go.jp/yobou/saiban/index.html）
――（2024）「汚染負荷量賦課金申告のご案内――制度の概要」（2024 年 12 月 23 日取得、https://www.erca.go.jp/fukakin/seido/）
環境省（2022）「中央環境審議会大気・騒音振動部会自動車排出ガス総合対策小委員会（第 16 回）議事録」（2024 年 12 月 23 日取得、https://www.env.go.jp/council/07air-noise/16_4.html）
――（2024a）YouTube チャンネル「公害健康被害補償法被認定者インタビュー（40 代女性）」（2025 年 1 月 12 日取得）https://youtu.be/VPPNXZ4sKIw?si=Fp79M7SjMDeKvwRj
――（2024b）YouTube チャンネル「公害健康被害補償法被認定者インタビュー（60 代男性）」（2025年1月12日取得）https://youtu.be/9uGfck6bPUQ?si=He8Qg328fX7VC_Q7
関西 NGO 協議会（2022）「関西 NGO 大学とは」（2024 年 12 月 23 日取得、https://kansaingo.net/project/kncuniversity.html）
キープ協会（2024）「キープ協会について」（2024 年 12 月 23 日取得、https://www.keep.or.jp/about_keep.html）
公害資料館ネットワーク（2024）「公害資料館ネットワーク」（2025 年 1 月 12 日取得、https://kougai.info）
公害地域再生センター（2015）「あおぞら財団ブログ：どう教えてる？「西淀川公害」事業実践報告会～高校編（7/3）～」（2024 年 12 月 23 日取得、https://aozora.or.jp/archives/23492）
――（2021）「アジアの環境活動でつながろう！――李力氏（北京市環友科学技術研究センター）の環境レポート」（2024 年 12 月 23 日取得、https://aozora.or.jp/kokusai/china/c2021）
――（2023）「あおぞら財団ブログ：みんなの #おもろいわ西淀川　を発掘！」（2024 年 12 月 23 日取得、https://aozora.or.jp/archives/39236）
――（2024）「和解に至るステークホルダー間のコミュニケーション　山岸公夫さん・上田敏幸さん」（2025 年 1 月 26 日取得、https://aozora.or.jp/kougai_lecture/tool/oral_history/）
自転車文化タウンづくりの会（2007）「自転車文化タウンづくりの会設立趣意書」（2025 年 1 月 12 日取得、https://cycletownosaka.jimdofree.com/seturitu/）
市民自転車学校 CCSP（2024）「一般社団法人市民自転車学校　自転車安全教室プログラム」（2024 年 12 月 23 日取得、https://ccsp.jp）
名古屋南部地域再生センター（2011）「NPO 法人名古屋南部地域再生センター」（2024

成過程に関する研究」『OCU-GSB Working Paper』No. 201807.
吉井正澄（2016）『「じゃなかしゃば」新しい水俣』藤原書店.
吉田隆之（2019=2021）『芸術祭と地域づくり――“祭り”の受容から自発・協働による固有資源化へ』水曜社.
吉本哲郎（2008）『地元学をはじめよう』岩波書店.
龍谷大学政策学部清水ゼミ（2024）「みてアート 2023・にしよど音楽祭参加者ヒアリング報告書」.
若狭健作（2024）「歴史を面白がり共感を生むために」『Link――地域・大学・文化』11, 28–33.
渡辺豊博・松下重雄（2010）『英国発 グラウンドワーク――「新しい公共」を実現するために』春風社.
渡部淳・獲得型教育研究会（2018）『参加型アクティビティ入門』学事出版.
Burt, R. S. (2001) “Structural Holes versus Network Closure as Social Capital,” in Lin, N., K. Cook and Ronald Burt (eds.), *Social Capital: Theory and Research*, Routledge, 31–56.
Coleman,J.S. (1988) “Social Capital in the Creation of Human Capital,” *American Journal of Sociology*, 94, 95–120.
Granovetter, M. S. (1985) “Economic Action and Social Structure: The Problem of Embeddedness,” *American Journal of Sociology*, 91(3), 481–510.
―― (1973) “The Strength of Weak Ties,” *American Journal of Sociology*, 78(6), 1360–80.
Narayan, D. (1999) *Bonds and Bridges: Social Capital and Poverty*, World Bank.
Lebel, L. et al.（2010）The role of social learning in adaptiveness: insights from water management. *International Environmental Agreements*, 10: 333–353.
Loorbach, D.（2007）*Transition Management: New Mode of Governance for Sustainable Development*, International Books.
Pahl-Whostl., C., Craps, M., Dewulf, A., Mostert, E., Tabara, D. & Aillieu, T.（2007）“Social Learning and Water Resources Management,” *Ecology and Society*, 12（2）, 5.
Rose, Julia（2016）*Interpreting Difficult History at Museums and Historic Sites*, Lowman & Littlefields.
World Health Organization（2021）WHO global air quality guidelines. Particulate matter（PM2.5 and PM10), ozone, nitrogen dioxide, sulfur dioxide and carbon monoxide. Geneva.

〈ウェブサイト〉

阿賀野川流域再生プロジェクト（2013）「運営団体」（2024 年 12 月 23 日取得、http://aganogawa.info/top/aboutus/）
尼崎南部再生研究室（2024）「南部再生」（2024年12月23日取得、http://www.amaken.jp）
――（2003）「尼いものすべて」（2024 年 12 月 23 日取得、http://www.amaken.jp/amaimo/）
大阪から公害をなくす会（2023）「声明・訴え・提言・申し入れ」（2024 年 12 月 23 日取得、http://oskougai.com/modules/policyproposal/）

――（2014）『戦後日本公害史論』岩波書店.
――編（1977）『公害都市の再生・水俣』筑摩書房.
宮本憲一・斎藤幸平（2022）「特別対談　人新世の環境学へ（第一回）――SDGsは「大衆のアヘン」か？」『世界』2022年4月号，150–158.
宗田好史・北元敏夫・神吉紀世子・あおぞら財団（2000）『都市に自然をとりもどす――市民参加ですすめる環境再生のまちづくり』学芸出版社。
村瀬りい子（2003）「学んだことは子どもたちに――西淀自然文化協会の活動」『Libella』71，2–3.
本橋哲也（2018）「岩波文庫版解説　危険な花びら――保苅実と〈信頼の歴史学〉」保苅実『ラディカル・オーラル・ヒストリー――オーストラリア先住民アボリジニの歴史実践』岩波書店，363–382.
守友裕一（2019a）「地域の再生とグラウンドワーク（前）――形成と初期の実践」『小学論集』88（1–2），71–91.
――（2019b）「地域の再生とグラウンドワーク（後）――現在の実践活動」『小学論集』88（3），77–96.
モーリス‐スズキ，テッサ、田代泰子訳（2014）『過去は死なない――メディア・記憶・歴史』岩波書店.
森脇君雄（2010）「約束――きれいな空気と青い空を子どもたちに手渡すために」『環境研究』156，35–44.
「森脇君雄さん、豊田誠さんの古稀を祝う会」実行委員会（2005）『森脇君雄さん、豊田誠さんの古稀を祝う会』.
山岸公夫（2013）「被告企業からみた西淀川公害訴訟」除本理史・林美帆編『西淀川公害の40年――維持可能な環境都市をめざして』ミネルヴァ書房，188–216.
山本信次（2021）「書評　藤川賢・石川秀樹編著『ふくしま復興――農と暮らしの復権』『環境と公害』51（2），71.
除本理史（2007）『環境被害の責任と費用負担』有斐閣.
――（2013）「公害反対運動から「環境再生のまちづくり」へ――大阪・西淀川からうまれた現代都市政策の理念」除本理史・林美帆編著『西淀川公害の40年――維持可能な環境都市をめざして』ミネルヴァ書房，3–30.
――（2016）『公害から福島を考える――地域の再生をめざして』岩波書店.
――（2024）「「困難な過去」の定義について」『経営研究』74（3），89–96.
除本理史・入江智恵子・尾崎寛直・林美帆（2010）「「環境再生のまちづくり」の理論と運動――大阪・西淀川という「場」を介した両者の相互規定的な展開について」『環境と公害』39（4），64–70.
除本理史・佐無田光（2020）『きみのまちに未来はあるか――「根っこ」から地域をつくる』岩波書店.
除本理史・林美帆編著（2022）『「地域の価値」をつくる――倉敷・水島の公害から環境再生へ』東信堂.
除本理史・林美帆・小橋伸一・栗本知子・小田康徳（2018）「西淀川公害訴訟の訴状形

藤江徹・谷内久美子・清水万由子（2013）「公害地域から持続可能なまちづくりへ――西淀川・あおぞら財団の取り組み」阿部大輔・的場信敬編『地域空間の包容力と社会的持続性』日本経済評論社，178–201.
藤江徹・鎗山善理子（2009）「大気汚染被害経験に関する日中交流」中国環境問題研究会編『中国環境ハンドブック 2009–2010 年版』蒼蒼社，187–199.
藤江徹・吉田長裕・鎗山善理子（2016）「参加型イベント「御堂筋サイクルピクニック」を通じた自転車まちづくりへの展開の可能性――運営と参加者意識、車道におけるアピール走行、走行リーダーの育成」『日本都市計画学会関西支部研究発表会講演概要集』14，97–100.
藤川賢・友澤悠季（2023）『シリーズ環境社会学講座　なぜ公害は続くのか』新泉社.
藤田研二郎（2019）『環境ガバナンスと NGO の社会学――生物多様性政策におけるパートナーシップの展開』ナカニシヤ出版.
藤原園子（2022）「倉敷公害訴訟和解から二十五年を迎えて――倉敷市水島における環境再生のまちづくりの報告」『岡山県立記録資料館紀要』17，41–16.
保苅実（2004=2018）『ラディカル・オーラル・ヒストリー――オーストラリア先住民アボリジニの歴史実践』岩波書店.（2004 年に御茶の水書房より刊行、2018 年に岩波現代文庫として再刊）
堀田恭子（2002）『新潟水俣病問題の受容と克服』東信堂.
まちづくりたんけん隊実行委員会（1998）『西淀川の原風景をたずねる――まちづくりたんけん隊活動報告書 1996 ～ 1998』.
町村敬志・吉見俊哉（2005）『市民参加型社会とは――愛知万博計画過程と公共圏の再創造』有斐閣.
松浦隆幸（2001）「土木の風景　榴緑地（大阪市西淀川区）廃棄物処分場の跡地を市内唯一の自然護岸に」『日経コンストラクション』275，86–90.
松尾英輔（1998）『園芸療法を探る――癒しと人間らしさを求めて』グリーン情報.
松田尚之（2021）「地域循環共生圏に関する政策展開」『廃棄物資源循環学会誌』32（3），181–188.
松村暢彦・松井克行・片岡法子（2002）「道路公害を対象とした環境教育の教材開発と実践」『土木計画研究講演集』26.
道場親信（2006）「1960–70 年代「市民運動」「住民運動」の歴史的位置――中断された「公共性」論議と運動史的文脈をつなぎ直すために」『社会学評論』57（2），240–258.
三村浩史（1998）「西淀川地域再生マスタープランづくりにむけた今後の課題」『「にしよどがわ会議」資料』.
三宅雅美（1997）「公害患者たちの原風景をたずねて」『Libella』15，8–9.
宮垣元（2020）『入門ソーシャルセクター――新しい NPO ／ NGO のデザイン』ミネルヴァ書房.
宮永健太郎（2011）『環境ガバナンスと NPO』昭和堂.
宮本憲一（1989）『環境経済学』岩波書店.
――（1999）「「環境の世紀」の公共政策」『環境と公害』28（3），2–7.

――（1991c）「西淀川まちづくりトラスト（仮）設立のための提案」.
西淀川公害訴訟原告団・弁護団（1990）「トーク＆コンサート“『手渡したいのは青い空』地域集会”開催のお願い」.
西淀川工業協会（1996）『社団法人西淀川工業協会創立50周年記念誌』.
西淀川道路提言研究会（1998）『地域から考えるこれからの日本の道路――西淀川道路環境再生プランの提言』.
西淀川道路環境対策検討会（1999）『西淀川道路環境再生プラン part 2――道路環境対策先導地区形成モデル事業の提案』.
――（2000）『西淀川道路環境再生プラン part 3』.
――（2000）『阪神地域・環境 TDM 社会実験の提案』.
――（2001）『阪神地域における貨物自動車・環境 TDM の提案』.
――（2007）『西淀川発！　これからの交通まちづくり――低速交通のすすめ』.
新田保次（2016）「道路交通関連の社会資本整備の理念転換」大久保規子編著『緑の交通政策と市民参加――新たな交通価値の実現に向けて』大阪大学出版会，43–62.
長谷川公一（2020）「社会運動の現在」長谷川公一編『社会運動の現在――市民社会の声』有斐閣，1–28.
ハート，ロジャー（2000）［IPA 日本支部訳］『子どもの参画――コミュニティづくりと身近な環境ケアへの参画のための理論と実際』萌文社.
濱西栄司（2005）「集合的アイデンティティから経験運動へ」『ソシオロジ』50(2), 69–85.
――（2016）『トゥレーヌ社会学と新しい社会運動理論』新泉社.
林美帆（2000）「大気汚染公害問題の被害者・住民運動資料整理作業に携わって」『Libella』48，6.
――（2008a）「西淀川の ESD 紹介（2007）」『Libella』103，4.
――（2008b）「フードマイレージ買物ゲーム――大阪万博の時代と現代の買物スタイルの違いが見えてくる」『食農教育』60，112–115.
――（2009）「西淀川での ESD を振り返って」『Libella』109，4–5.
――（2014）「公害と環境再生――大阪・西淀川の地域づくりと公害教育」鈴木敏正・佐藤真久・田中治彦編『環境教育と開発教育――実践的統一への展望：ポスト2015 の ESD へ』筑波書房，81–97.
――（2016）「公害地域の「今」を伝えるスタディツアーが公害教育にもたらしたもの」『開発教育』63号，70–75.
――（2021a）「公害資料館ネットワークにおける協働の力」『環境と公害』50(3), 9–15.
――（2021b）「公害反対運動と資料館――あおぞら財団のフィールドミュージアム構想からの展開」『歴史評論』849，62–73.
平山ユミ子（1999）「ふくの庭から…」『Libella』37，6.
廣田学（2009）「地域に根づいた ESD の要素とは」『Libella』109，2–3.
藤江徹（2016）「市民からの提案「道路の使い方を変えたい！」」大久保規子編『緑の交通政策と市民参加―新たな交通価値の実現に向けて』大阪大学出版会，181–204.
――（2022）「コンソーシアムの成果と今後の展望」『JSURP 会報 Planners』97，24.

91–119.
鶴見和子（1996）『内発的発展論の展開』筑摩書房.
寺田良一（2016）『環境リスク社会の到来と環境運動――環境的公正に向けた回復構造』晃洋書房.
――（2018）「エコロジー運動、環境運動、環境正義運動――新しい社会運動としての環境運動の制度化と脱制度化」『環境社会学研究』24，22–37.
寺西俊一・西村幸夫編（2006）『地域再生の環境学』東京大学出版会.
都市と公園ネットワーク（1994）『大阪発 公園SOS――私たちの公園感覚（コモンセンス）』都市文化社.
富永京子（2016）『社会運動のサブカルチャー化――G8サミット抗議行動の経験分析』せりか書房.
――（2017）『社会運動と若者――日常と出来事を往還する政治』ナカニシヤ出版.
長井美知夫（1998）「自然・ボランティア・生涯学習――大阪シニア自然大学の経験から 西淀自然文化大学開設を目指して」『Libella』24，6–7.
中村剛治郎・佐無田光（2006）「環境再生と地域経済の再生――ポスト工業化時代の大都市圏臨海部再生」寺西俊一・西村幸夫編『地域再生の環境学』東京大学出版会，163–203.
成田龍一（2010=2020）『増補「戦争経験」の戦後史――語られた体験／証言／記憶』岩波書店.
西川日奈子（2022）『地域の「よっしゃ」を子どもに――ひなやんと西淀川子どもセンターの15年』藤工作所.
西城戸誠（2008）『抗いの条件――社会運動の文化的アプローチ』人文書院.
西淀川公害患者と家族の会（1973–1975）「西淀川区の公害資料（1）～（4）」.
――（1991）「西淀川再生プラン Part 1 手渡そう川と島とみどりの街 公害被害者による西淀川再生プラン（素案）」.
――（1994a）「西淀川再生プラン Part 2 手渡そう、川と島とみどりの街」.
――（1994b）「西淀川再生プラン Part 3 私たちは企業等に何を求めているのか」.
――（1995a）「西淀川再生プラン Part 3 私たちは企業等に何を求めているのか 追補」.
――（1995b）「西淀川再生プラン Part 4 西淀川簡易裁判所跡地利用への提案」.
――（1995c）「西淀川再生プラン Part 5 公害道路改造への緊急提言」.
――（1995d）「西淀川再生プラン Part 6 財団法人公害地域再生センター（仮称）の提案」.
――（1995e）「手渡そう川と島とみどりの街 西淀川再生プラン　公害患者によるまちづくり提案」.
――（2004）『西淀川公害患者と家族の会第33回総会議案書』.
――（2007）『西淀川公害患者と家族の会40年誌　公害と闘い環境再生の夢を』.
――（2008）『西淀川公害を語る』本の泉社.
西淀川公害患者と家族の会・大阪都市環境会議（1991a）「にしよど・淀川右岸再生プラン91」.
――（1991b）「大野川緑陰道路リフレッシュ計画」.

資料館」『環境と公害』50（3），2–8.
——（2022）「大阪市・西淀川における公害地域再生運動の展開と到達点（1）　道路環境対策から交通まちづくりへ」『社会科学研究年報』（5），87–102.
——（2023a）「現在・未来に生きる公害経験——「記憶」の時代における継承」清水万由子・林美帆・除本理史編『公害の経験を未来につなぐ』ナカニシヤ出版，3–18.
——（2023b）「「記憶」の時代における公害経験継承と歴史実践」藤川賢・友澤悠季編『シリーズ講座環境社会学 1　なぜ公害は続くのか——潜在・散在・長期化する被害』新泉社，238–258.
——（2024）「公害地域再生運動のダイナミズムと協働——あおぞら財団の事例をもとに」『環境経済・政策研究』17（1），71–75.
進士五十八（1992）『アメニティ・デザイン——ほんとうの環境づくり』学芸出版社.
菅豊（2019a）「パブリック・ヒストリーとは何か？」菅豊・北條勝貴（編）『パブリック・ヒストリー入門——開かれた歴史学への挑戦』勉誠出版，3–68.
——（2019b）「パブリック・ヒストリー ——現代社会において歴史学が向かうひとつの方向性」菅 豊・北條勝貴（編）『パブリック・ヒストリー』勉誠出版,（1）–（12）.
菅豊・北條勝貴（2019）『パブリック・ヒストリー入門——開かれた歴史学への挑戦』勉誠出版.
鈴木照世（1998）「『矢倉海岸』の将来像」『大阪春秋』90，84–87.
砂原庸介（2012）『大阪』中央公論社.
高原耕平・正井佐知・林田怜菜（2023）「災厄のミュージアムにおける『対話』の理念——災厄の表現の『有意味な不安定化』をめざして」『日本災害復興学会論文集』21，31–41.
高山真（2016）『〈被爆者〉になる——変容する〈わたし〉のライフストーリー・インタビュー』せりか書房.
竹内雄亮・新田保次・松村暢彦・吉田雄亮・藤江徹（2005）「車載機器を用いたエコドライブ支援の効果」『土木計画学研究・論文集』22（2），305–314.
竹沢尚一郎編（2015）『ミュージアムと負の記憶——戦争・公害・疾病・災害：人類の負の記憶をどう展示するか』東信堂.
田崎智宏・亀山康子・増井利彦・高橋潔・鶴見哲也・原圭史郎・堀田康彦・小出瑠（2023）「サステイナビリティ・サイエンスの展開——人新世の時代を見据えて」『環境科学会誌』36（2），53–82.
田代優秋・嶋田大樹（2015）「「セミのぬけがら調査」からみた公害地域再生に果たしたあおぞら財団の役割」『Libella』138，9–10.
達脇明子（1997）「「西淀川の震災展」に取り組んで」『Libella』14.
——（1999）「1998 年度公害問題資料保存活動報告と今後の展望」『Libella』40.
田中千代恵・金谷邦夫（n. d.）「公害健康被害補償法の現状と公害運動における民医連院所の役割」.
谷内久美子・藤江徹（2016）「道路公害訴訟に係る道路連絡会の意義と課題」大久保規子編『緑の交通政策と市民参加—新たな交通価値の実現に向けて』大阪大学出版会、

——（2016c）「2015 年度決算報告書」（同前、第 17 回理事会資料，2016 年 6 月 5 日）.
——（2016d）『りべら』142，4.
——（2017a）「2016 年度事業報告書」（同前、第 20 回理事会資料，2017 年 6 月 4 日）.
——（2017b）「2016 年度決算報告書」（同前、第 20 回理事会資料，2017 年 6 月 4 日）.
——（2017c）『Libella』143.
——（2018a）「2017 年度事業報告書」（同前、第 25 回理事会資料，2018 年 5 月 30 日）.
——（2018b）「2017 年度決算報告書」（同前、第 25 回理事会資料，2018 年 5 月 30 日）.
——（2019a）「あおぞら財団第 7 次事業計画（2019–2021）」（同前、第 27 回理事会資料，2019 年 3 月 8 日）.
——（2019b）「2018 年度事業報告書」（同前、第 28 回理事会資料，2019 年 5 月 27 日）.
——（2019c）「2018 年度決算報告書」（同前、第 28 回理事会資料，2019 年 5 月 27 日）.
——（2020a）「2019 年度事業報告書」（同前、第 34 回理事会資料，2020 年 5 月 26 日）.
——（2020b）「2019 年度決算報告書」（同前、第 34 回理事会資料，2020 年 5 月 26 日）.
——（2021a）「2020 年度事業報告書」（同前、第 37 回理事会資料，2021 年 5 月 31 日）.
——（2021b）「2020 年度決算報告書」（同前、第 37 回理事会資料，2021 年 5 月 31 日）.
——（2022a）「あおぞら財団第 8 次事業計画（2022–2024）」.
——（2022b）「2021 年度事業報告書」（同前、第 41 回理事会資料，2022 年 5 月 31 日）.
——（2022c）「2021 年度決算報告書」（同前、第 41 回理事会資料，2022 年 5 月 31 日）.
——（2023a）「2022 年度事業報告書」（同前、第 44 回理事会資料，2023 年 5 月 24 日）.
——（2023b）「2022 年度決算報告書」（同前、第 44 回理事会資料，2023 年 5 月 24 日）.
——（2023c）『りべら』161.
——（2024）『りべら』165.
小浦誠吾（2013）「日本における園芸療法の現状と今後の可能性」『園芸学研究』12（3），221–227.
小杉亮子（2018）『東大闘争の語り——社会運動の予示と戦略』新曜社.
小林傳司（2007）『トランス・サイエンスの時代——科学技術と社会をつなぐ』NTT 出版.
小山仁示（1988）『西淀川公害——大気汚染の被害と歴史』東方出版.
——（1996）「西淀川に博物館を」『Libella』7，3.
斎藤幸平（2020）『人新世の「資本論」』集英社新書.
佐藤正久・関正雄・川北秀人（2020）『SDGs 時代のパートナーシップ——成熟したシェア社会における力を持ち寄る協働へ』学文社.
清水万由子（2007）「書評論文：公害地域再生の環境学」『財政と公共政策』41，142–150.
——（2008）「公害地域再生の理論的検討——持続可能な発展に向けて」『環境社会学研究』14，185–201.
——（2010）「討議による住民意見の熟成——西淀川交通まちづくり意見交換会の取組みから」『交通科学』41（1），20–31.
——（2017）「公害経験継承の課題と可能性」『大原社会問題研究所雑誌』2017 年 11 月号，32–43.
——（2021）「公害経験継承の課題——多様な解釈を包むコミュニティとしての公害

常理事会，2004 年 6 月 20 日）.
――（2004d）『Libella』81.
――（2004e）『公害病認定患者の生活実態に関する調査報告書――西淀川公害患者と家族の会会員の生活実態と課題』.
――（2005a）「2004 年度事業報告書」（同前、第 25 回通常理事会，2005 年 6 月 26 日）.
――（2005b）「2004 年度決算報告書」（同前、第 25 回通常理事会，2005 年 6 月 26 日）.
――（2005c）『Libella』82.
――（2005d）「子どもの参画べんきょう会　報告書」.
――（2006a）「2005 年度事業報告書」（同前、第 27 回通常理事会，2006 年 6 月 25 日）.
――（2006b）「2005 年度決算報告書」（同前、第 27 回通常理事会，2006 年 6 月 25 日）.
――（2007a）「2006 年度事業報告書」（同前、第 29 回通常理事会，2007 年 6 月 24 日）.
――（2007b）「2006 年度決算報告書」（同前、第 29 回通常理事会，2007 年 6 月 24 日）.
――（2008a）「2007 年度事業報告書」（同前、第31回通常理事会資料，2008年6月22日）.
――（2008b）「2007 年度決算報告書」（同前、第31回通常理事会資料，2008年6月22日）.
――（2008c）「将来構想委員会（仮称）の設置についての提案」（同前、第 31 回通常理事会資料，2008 年 6 月 22 日）.
――（2008d）『Libella』104.
――（2009a）「2008 年度事業報告書」（同前、第33回通常理事会資料，2009年6月26日）.
――（2009b）「2008 年度決算報告書」（同前、第33回通常理事会資料，2009年6月26日）.
――（2009c）「将来構想 その 1」（同前、第 33 回通常理事会資料，2009 年 6 月 26 日）.
――（2010a）「あおぞら財団第 4 次事業計画（2010–2012）」（同前、第 34 回通常理事会資料，2010 年 3 月 20 日）.
――（2010b）「2009 年度事業報告書」（同前、第35回通常理事会資料，2010年6月5日）.
――（2010c）「2009 年度決算報告書」（同前、第35回通常理事会資料，2010年6月5日）.
――（2011a）「2010 年度事業報告書」（同前、第37回通常理事会資料，2011年6月26日）.
――（2011b）「2010 年度決算報告書」（同前、第37回通常理事会資料，2011年6月26日）.
――（2012a）「2011 年度事業報告書」（同前、第39回通常理事会資料，2012年6月10日）.
――（2012b）「2011 年度決算報告書」（同前、第39回通常理事会資料，2012年6月10日）.
――（2013a）「あおぞら財団第 5 次事業計画（2013–2015）」（公益財団法人公害地域再生センター第 6 回理事会資料，2013 年 2 月 23 日）.
――（2013b）「2012 年度事業報告書」（同前、第 7 回理事会資料，2013 年 6 月 9 日）.
――（2013c）「2012 年度決算報告書」（同前、第 7 回理事会資料，2013 年 6 月 9 日）.
――（2014a）「2013 年度事業報告書」（同前、第 10 回理事会資料，2014 年 6 月 1 日）.
――（2014b）「2013 年度決算報告書」（同前、第 10 回理事会資料，2014 年 6 月 1 日）.
――（2015a）「2014 年度事業報告書」（同前、第 13 回理事会資料，2015 年 5 月 31 日）.
――（2015b）「2014 年度決算報告書」（同前、第 13 回理事会資料，2015 年 5 月 31 日）.
――（2016a）「あおぞら財団第 6 次事業計画（2016–2018）」（同前、第 16 回理事会資料，2016 年 2 月 22 日）.
――（2016b）「2015 年度事業報告書」（同前、第 17 回理事会資料，2016 年 6 月 5 日）.

――（2000）『つくってみよう！　身のまわりの環境診断マップ』.
喜多幡龍次郎（1998）「矢倉海岸と市民運動」『なぎさ街道ワークショップ報告書』vol. 8.
北元敏夫（2000）「見つけよう　みんながてきる自然環境調査のすすめ」宗田好史・北元敏夫・神吉紀世子・あおぞら財団『都市に自然をとりもどす――市民参加ですすめる環境再生のまちづくり』学芸出版社，72–132.
栗本裕見（2024）「コミュニティ組織再編と行政――地域間関係の課題：大阪市のコミュニティ施策実施体制調査より」『政策創造研究』18，49–66.
河野通博・加藤邦興（1988）『阪神工業地帯――過去・現在・未来』法律文化社.
公害地域再生センター（1996）「財団法人公害地域再生センター　設立趣意書」.
――（1997）「第 4 回通常理事会議事録」（財団法人公害地域再生センター第 4 回通常理事会，1997 年 10 月 26 日）.
――（1998a）「都市再生シンボルプロジェクト企画案」（同前、第 5 回通常理事会，1998 年 3 月 30 日）.
――（1998b）「中長期事業計画策定委員会検討結果報告書」（同前、第 5 回通常理事会，1998 年 3 月 30 日）.
――（1998c）「1997 年度事業報告書」（同前、第 6 回通常理事会，1998 年 6 月 22 日）.
――（1998d）「1997 年度決算報告書」（同前、第 6 回通常理事会，1998 年 6 月 22 日）.
――（1998e）『Libella』24.
――（1999a）「あおぞら財団第 3 回評議員会議事録」（同前、第 8 回通常理事会，1999 年 3 月 22 日）.
――（1999b）「1998 年度事業報告書」（同前、第 9 回通常理事会，1999 年 6 月 21 日）.
――（1999c）「1998 年度決算報告書」（同前、第 9 回通常理事会，1999 年 6 月 21 日）.
――（1999d）『大気汚染と公害被害者運動がわかる本』.
――（1999e）『Libella』41.
――（2000a）「1999 年度事業報告書」（同前、第 11 回通常理事会，2000 年 6 月 25 日）.
――（2000b）「1999 年度決算報告書」（同前、第 11 回通常理事会，2000 年 6 月 25 日）.
――（2000c）『手渡そう 川と島とみどりのまち　西淀川地域の環境再生にむけたあおぞら財団の提案（第一次）』.
――（2000d）「環境アセスメント事業の検討について」（同前、第 12 回臨時理事会，2000 年 12 月 4 日）.
――（2001a）「2000 年度事業報告書」（同前、第 14 回通常理事会，2001 年 6 月 30 日）.
――（2001b）「2000 年度決算報告書」（同前、第 14 回通常理事会，2001 年 6 月 30 日）.
――（2002a）「2001 年度事業報告書」（同前、第 17 回通常理事会，2002 年 6 月 16 日）.
――（2002b）「2001 年度決算報告書」（同前、第 17 回通常理事会，2002 年 6 月 16 日）.
――（2003a）「2002 年度事業報告書」（同前、第 20 回通常理事会，2003 年 6 月 23 日）.
――（2003b）「2002 年度決算報告書」（同前、第 20 回通常理事会，2003 年 6 月 23 日）.
――（2004a）「2003 年度事業報告書」（同前、第 23 回通常理事会，2004 年 6 月 20 日）.
――（2004b）「2003 年度決算報告書」（同前、第 23 回通常理事会，2004 年 6 月 20 日）.
――（2004c）「あおぞら財団第 2 次事業計画（2004–2007）」（あおぞら財団第 23 回通

大槻高（1991）「守る会運動の歴史から「三者会談方式」を学ぶ――編纂委員からの問題提起」『恒久救済』52，4–9.
大野川緑陰道路の教材づくり研究会（2008）『西淀川の自然と歴史にふれあおう』.
岡部美香（2017）「災害の社会的な記憶とは何か――出来事の〈物語〉を〈語り－聴く〉ことの人間学的意味について」山名淳・矢野智司編著『災害と厄災の記憶を伝える――教育学は何ができるのか』勁草書房，151–173.
岡本充弘（2020）「パブリック・ヒストリー研究序論」『東洋大学人間科学総合研究所紀要』22，67–88.
尾崎寛直（2013）「地域医療からとらえる西淀川公害――「医療の社会化」運動から公害問題へ」除本理史・林美帆編『西淀川公害の40年――維持可能な環境都市をめざして』ミネルヴァ書房，31–64.
尾崎寛直・藤原園子（2022）「公害経験を踏まえた健康づくり――「くらしきCOPDネットワーク」による地域連携の意義」除本理史・林美帆編『「地域の価値」をつくる――倉敷・水島の公害から環境再生へ』東信堂，87–110.
小田康徳（1987）『都市公害の形成――近代大阪の成長と生活環境』世界思想社.
――（2017）「歴史学の立場から見る公害資料館の意義と課題」『大原社会問題研究所雑誌』（709），18–31.
――（2023）「大阪西淀川地域の工業地化と公害被害者・住民の意識――体験者の語りを生かした戦前・戦後初期西淀川公害形成史の試み」『ヒストリア』300，252–270.
――（2024）『歴史学の課題と作法――「人と地域が見える日本近現代史研究」追求の経験を語る』阿吽社.
傘木宏夫（n. d.）「西淀川再生プラン研究会」.（記載内容から1992年10月28日に開催された研究会の記録（メモ）と推測された。）
――（1995）「公害地域再生は住民主体で」『読売新聞』1995年8月26日.
――（2000）「環境再生にむけた取り組みに各国から共感――G8環境大臣会合にむけたNGO共同行動」『Libella』47，2–3.
――（2016）「「再生プラン」の思い出と期待」『Libella』142，7.
――（2023）「日本の公害経験と住民アセス――環境アセスメント制度を生み出した原動力」『2023年度環境アセスメント学会大会報告要旨』.
片岡法子（2007）「地域の環境再生と環境診断マップづくり」石川聡子編著『プラットフォーム環境教育』東信堂，87–106.
門野里栄子（2005）「〈親の背中〉が語る時――沖縄反戦地主二世にみる平和の継承」『ソシオロジ』50（2），19–35.
環境再生保全機構編集・発行（2015）『公害健康被害補償予防制度　40年のあゆみ』.
環境事業団（2004）『市民活動のための環境アセスメント講座運営の手引き』.
環境省（2002）『参加型アセスの手引き――よりよいコミュニケーションのために』（編集：あおぞら財団）.
環境庁（1996）『平成8年度版環境白書』.

参考文献

相川泰（2011）「日中交流の展望――公害・環境問題の解決に向けて」『Libella』118.

饗庭伸・山崎亮編（2024）『コミュニティデザインの現代史――まちづくりの仕事を巡る往復書簡』学芸出版社.

青木聡子（2020）「原子力施設をめぐる社会運動――ドイツにおける抗議行動と政策転換」長谷川公一編『社会運動の現在――市民社会の声』有斐閣，94–117

あおぞら財団付属 西淀川・公害と環境資料館（2007）『エコミューズ活動報告書』1.

――（2009）『エコミューズ活動報告書』2・3.

――（2011）『エコミューズ活動報告書』4・5.

鰺坂学・徳田剛（2019）「大都市の発展と住民統治・地域住民組織政策の変遷」鰺坂学・西村雄郎・丸山真央・徳田剛編著『さまよえる大都市・大阪――「都心回帰」とコミュニティ』ミネルヴァ書房，127–149.

アメニティ・ミーティング・ルーム（AMR）編（1991）『まちづくりとシビック・トラスト』ぎょうせい.

淡路剛久・寺西俊一・吉村良一・大久保規子編（2012）『公害環境訴訟の新たな展開――権利救済から政策形成へ』日本評論社.

飯島伸子（1976）「わが国における健康破壊の実態」『社会学評論』26（3），16–35.

――（1989=1993）『改訂版　環境問題と被害者運動』学文社.

――（2000）『環境社会学』有斐閣.

池田理知子・伊藤三男［編集］、矢田恵梨子［マンガ］（2016）『空の青さはひとつだけ――マンガがつなぐ四日市公害』（有）くんぷる.

礒野弥生・除本理史（2006）『地域と環境政策――環境再生と「持続可能な社会」をめざして』勁草書房.

入江智恵子（2013）「大気汚染公害反対運動と消費者運動の合流――「環境再生のまちづくり」を支える運動ネットワークの形成」除本理史・林美帆編『西淀川公害の40年――維持可能な環境都市をめざして』ミネルヴァ書房，131–161.

宇沢弘文（2000）『社会的共通資本』岩波書店.

遠藤宏一・岡田知弘・除本理史編（2008）『環境再生のまちづくり』ミネルヴァ書房.

江守央・伊澤岬・横山哲（2009）「市民参加型まちづくりの変遷に関する基礎的研究」『土木計画学研究・講演集』184，39.

大久保規子（2020）「権利に基づくパートナーシップ」佐藤真久・関正雄・川北秀人編著『SDGs時代のパートナーシップ』学文社，178–192.

大阪都市環境会議（1980）『おおさか原風景――水都再生へのパースペクティブ』関西市民書房.

大阪都市協会（1996）『西淀川区史』西淀川区制七十周年記念事業実行委員会.

は 行

ま 行

や 行

ら 行

わ 行

た　行

な　行

さ行

地名・事項索引

や 行

ら 行

主要人名索引

本文中の主要な人名を採り，姓名の五十音順で配列した。

著者紹介

清水万由子（しみず・まゆこ）
1980年生まれ。龍谷大学政策学部教授。
京都大学大学院地球環境学舎博士課程修了、博士（地球環境学）。長野大学博士号取得研究員、総合地球環境学研究所特任助教、龍谷大学政策学部講師、同准教授を経て、2024年4月より現職。
主な著作に、『公害の経験を未来につなぐ――教育・フォーラム・アーカイブズを通した公害資料館の挑戦』（林美帆・除本理史との共編著、ナカニシヤ出版、2023年）、*Environmental Pollution and Community Rebuilding in Modern Japan* (Co-edited author with Yokemoto, M., M. Hayashi and K. Fujiyoshi, Springer, 2023)、『シリーズ講座環境社会学1　なぜ公害は続くのか――潜在・散在・長期化する被害』（藤川賢・友澤悠季編、新泉社、2023年）ほか。

「公害《こうがい》地域《ちいき》再生《さいせい》」とは何《なに》か
――大阪《おおさか》・西淀川《にしよどがわ》「あおぞら財団《ざいだん》」の軌跡《きせき》と未来《みらい》

2025年2月28日　初版第1刷発行©

著　者　清水万由子
発行者　藤原良雄
発行所　株式会社　藤原書店

〒162-0041　東京都新宿区早稲田鶴巻町523
電　話　03（5272）0301
FAX　03（5272）0450
振　替　00160-4-17013
info@fujiwara-shoten.co.jp

印刷・製本　中央精版印刷

落丁本・乱丁本はお取替えいたします
定価はカバーに表示してあります
Printed in Japan
ISBN978-4-86578-450-3

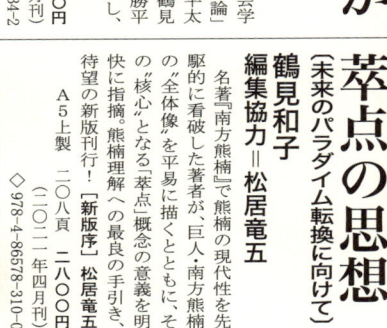

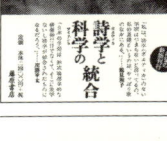

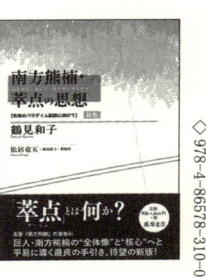

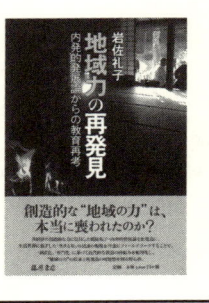

「都市思想の変革者」の全体像！

別冊『環』㉒ ジェイン・ジェイコブズの世界 1916-2006

編集＝塩沢由典・玉川英則・中村仁・細谷祐二・宮﨑洋司・山本俊哉

〈座談会〉片山善博＋塩沢由典＋中村仁＋平尾昌宏
〈特別寄稿〉槇文彦
〈寄稿〉矢作弘／玉川英則／五十嵐太郎／管啓次郎／石川初／中村仁／大西隆／細谷祐二／荒木隆人／平尾昌宏／塩沢由典／宮﨑洋司／鈴木俊治／中野恒明／佐藤滋／窪田亜矢／山崎亮／宇沢弘文／山本俊哉／間宮陽介／松本康／吉永明弘／佐々木雅幸／吉川智教／牧野光朗／松島克守／岡本信広／内田奈芳美／アサダワタル／岡部明子／渡邊泰彦／山形浩生／中村達也
〈資料〉略年譜（1916-2006）／著書一覧

菊大判　三五二頁　**三六〇〇円**
（二〇一六年五月刊）
◇978-4-86578-074-1

日本・イタリアの事例研究の最新成果

食と農のソーシャル・イノベーション

（持続可能な地域社会構築をめざして）

大石尚子編

過度の市場主義が世界に浸透する中、農と食の持続可能性をいかに守るか。「中山間地域における小農中心」という点で類似した日本とイタリアを対比し、農と食を結ぶローカルなイノベーションの事例を紹介。地域・国家レベルでの食農・地域振興政策を提言する、画期的な国際的共同研究の成果。

Ａ５上製　二八八頁　**四四〇〇円**
（二〇二四年一月刊）
◇978-4-86578-411-4

「水の都」の歴史・現在・未来

「水都」大阪物語

（再生への歴史文化的考察）

橋爪紳也

文明の源であり、人間社会の生命線でありながら、他方では、人々の営みを一瞬にして破壊する恐るべき力ももつ「水」。水と陸とのあわいに育まれてきた豊饒な文化を歴史のなかに辿り、「水都」大阪再生へのヴィジョンを描く。

Ａ５上製　二二四頁　**二八〇〇円**
（二〇一一年三月刊）
◇978-4-89434-791-5

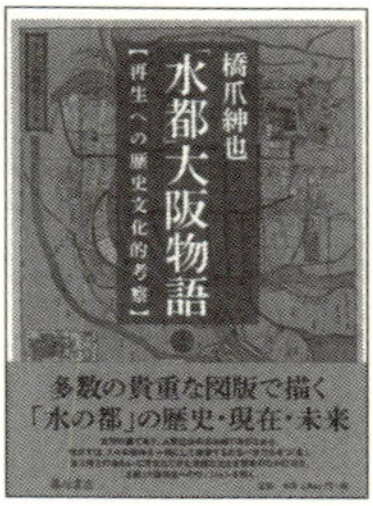

いかにして「フィアット城下町」から脱却したか？

トリノの奇跡

（「縮小都市」の産業構造転換と再生）

脱工業化都市研究会編著

大石尚子／岡部明子／尾野寛明／清水裕之／白石克孝／松永桂子／矢作弘／和田夏子／M・ボルゾーニ

自動車産業依存を脱し、スローフード振興、スモールビジネスの促進など、新たな産業都市への転換を果たした都市、トリノ。人口減少下の都市の未来像を提起する最新の学際的論集。

Ａ５上製　二七二頁　**カラー口絵八頁**　**三三〇〇円**
（二〇一七年二月刊）
◇978-4-86578-114-4

❸ **苦海浄土** ほか　第３部 天の魚　関連エッセイ・対談・インタビュー
「苦海浄土」三部作の完結！　解説・加藤登紀子
608 頁　**6500 円**　◇978-4-89434-384-9（2004 年 4 月刊）

❹ **椿の海の記** ほか　エッセイ 1969-1970　解説・金石範
592 頁　**6500 円**　**品切**◇978-4-89434-424-2（2004 年 11 月刊）

❺ **西南役伝説** ほか　エッセイ 1971-1972　解説・佐野眞一
544 頁　**6500 円**　**品切**◇978-4-89434-405-1（2004 年 9 月刊）

❻ **常世の樹・あやはべるの島へ** ほか　エッセイ 1973-1974　解説・今福龍太
608 頁　**8500 円**　◇978-4-89434-550-8（2006 年 12 月刊）

❼ **あやとりの記** ほか　エッセイ 1975　解説・鶴見俊輔
576 頁　**8500 円**　**在庫僅少**◇978-4-89434-440-2（2005 年 3 月刊）

❽ **おえん遊行** ほか　エッセイ 1976-1978　解説・赤坂憲雄
528 頁　**8500 円**　**在庫僅少**◇978-4-89434-432-7（2005 年 1 月刊）

❾ **十六夜橋** ほか　エッセイ 1979-1980　解説・志村ふくみ
576 頁　**8500 円**　◇978-4-89434-515-7（2006 年 5 月刊）

❿ **食べごしらえ おままごと** ほか　エッセイ 1981-1987　解説・永六輔
640 頁　**8500 円**　◇978-4-89434-496-9（2006 年 1 月刊）

⓫ **水はみどろの宮** ほか　エッセイ 1988-1993　解説・伊藤比呂美
672 頁　**8500 円**　**品切**◇978-4-89434-469-3（2005 年 8 月刊）

⓬ **天　湖** ほか　エッセイ 1994　解説・町田康
520 頁　**8500 円**　◇978-4-89434-450-1（2005 年 5 月刊）

⓭ **春の城** ほか　解説・河瀬直美
784 頁　**8500 円**　◇978-4-89434-584-3（2007 年 10 月刊）

⓮ **短篇小説・批評**　エッセイ 1995　解説・三砂ちづる
608 頁　**8500 円**　**品切**◇978-4-89434-659-8（2008 年 11 月刊）

⓯ **全詩歌句集** ほか　エッセイ 1996-1998　解説・水原紫苑
592 頁　**8500 円**　**品切**◇978-4-89434-847-9（2012 年 3 月刊）

⓰ **新作 能・狂言・歌謡** ほか　エッセイ 1999-2000　解説・土屋恵一郎
758 頁　**8500 円**　◇978-4-89434-897-4（2013 年 2 月刊）

⓱ **詩人・高群逸枝**　エッセイ 2001-2002　解説・臼井隆一郎
602 頁　**8500 円**　**品切**◇978-4-89434-857-8（2012 年 7 月刊）

別巻 **自　伝**　〔附〕未公開資料・年譜　詳伝年譜・渡辺京二
472 頁　**8500 円**　◇978-4-89434-970-4（2014 年 5 月刊）

〝鎮魂〟の文学の誕生

「石牟礼道子全集・不知火」プレ企画

不知火《しらぬひ》

〔石牟礼道子のコスモロジー〕

石牟礼道子・渡辺京二
大岡信・イリイチほか

インタビュー、新作能、童話、エッセイの他、石牟礼文学のエッセンスと、気鋭の作家らによる石牟礼論を集成し、近代日本文学史上、初めて民衆の日常的・神話的世界の美しさを描いた詩人の全体像に迫る。

菊大並製　二六四頁　二二〇〇円
（二〇〇四年二月刊）
◇978-4-89434-358-0